"十二五"职业教育国家规划教材
经全国职业教育教材审定委员会审定

Web编程技术

——PHP+MySQL动态网页设计

主　编　刘书伦　刘秋菊

副主编　杨　艳　张沛朋　李　飞

参　编　陈　平

北京师范大学出版集团
BEIJING NORMAL UNIVERSITY PUBLISHING GROUP
北京师范大学出版社

图书在版编目(CIP)数据

Web 编程技术：PHP｜MySQL 动态网页设计 / 刘书伦，刘秋菊主编. —3 版. —北京：北京师范大学出版社，2024.7
ISBN 978-7-303-28597-6

Ⅰ.①W… Ⅱ.①刘… ②刘… Ⅲ.①PHP 语言－程序设计－高等职业教育－教材②关系数据库系统－高等职业教育－教材③MySQL Ⅳ.①TP312.8②TP311.138

中国版本图书馆 CIP 数据核字(2022)第 258676 号

图书意见反馈：gaozhifk@bnupg.com 010-58805079
营销中心电话：010-58802755 58800035

出版发行：北京师范大学出版社 www.bnupg.com
北京市西城区新街口外大街 12-3 号
邮政编码：100088
印　　刷：北京天泽润科贸有限公司
经　　销：全国新华书店
开　　本：787 mm×1092 mm 1/16
印　　张：22.75
字　　数：480 千字
版　　次：2024 年 7 月第 1 版
印　　次：2024 年 7 月第 1 次印刷
定　　价：52.50 元

策划编辑：周光明　　　　　责任编辑：周光明
美术编辑：焦　丽　　　　　装帧设计：焦　丽
责任校对：陈　民　　　　　责任印制：马　洁　赵　龙

内容简介

本书以高职高专人才培养为目标，结合网站建设与 Web 开发的工作岗位需求，采用基于工作过程的设计思路，把工作过程划分为若干个工作子任务，着力培养高级网站建设与管理人才。本书内容循序渐进，任务由浅入深，通过完整的实例系统全面地介绍了 Apache＋PHP＋MySQL 环境下的网络后台开发技术。

第 1 章至第 7 章介绍 Web 编程技术概述、Web 编程技术基础、构建基于 PHP 的 Web 编程运行环境、PHP 程序设计基础、MySQL 数据库基础、人机交互和会话、PHP 和 MySQL 数据库编程。每章的实例都围绕学生选课系统来介绍，通过前 7 章的学习，学生可以完整理解选课系统的开发流程及设计思路。第 8 章至第 12 章介绍用 PHP＋MySQL 开发留言板、用 PHP＋MySQL 开发内容管理系统、用 PHP＋MySQL 开发网络考试系统、PHP面向对象编程、面向对象＋Smarty 开发新闻发布系统。实例的选择与学生紧密联系，容易理解。

本书适合高职高专学生、电脑和网络爱好者，对于具有网页设计制作基础、从事网站后台开发的人员可以作为参考用书，同时本书也适用于各类相关的动态网站制作培训。

相关资源下载

前 言

在网络迅速发展的今天，网站建设后台系统 Web 应用开发人员严重短缺，关于如何建站、如何进行后台开发成为新一代信息技术专业人才培养的目标之一。面对市场上形形色色的 Web 编程与网站建设相关的书籍，如何选择 Web 编程技术成为一个难题。最初制作一个动态网站是从学习 ASP 开始的，然后又学习后继课程 ASP. NET 制作基于 B/S 的系统或网站，同时又出现了 PHP 制作动态网站的技术。目前，由于 Linux 源代码的开放以及它强大的网络功能，基于 Linux 的网站制作逐渐多起来。PHP 是目前最流行的 Web 服务器端编程语言之一，能够根据用户请求或者服务器端的数据生成动态网页。PHP 是一种跨平台的 HTML 内嵌式语言，可以在 Windows、Linux 等不同平台上运行，兼容性强且程序移植方便。

MySQL 是一个多用户、多线程的数据库软件，支持 SQL 标准化语言。PHP 和 MySQL 都是简单易学、运行速度快且功能强大的开源程序，两者成为构建动态 Web 网站的强有力组合，近年来被越来越多地应用于 Web 网站的建设中。因此，越来越多的技术人员选择 PHP＋MySQL 进行 Web 编程技术及网站后台开发。

本书以习近平新时代中国特色社会主义思想为指导，全面贯彻落实党的二十大精神，旨在培养优秀高技能型人才。作者结合多年来使用 PHP 开发网站应用程序和教学的经验，在查阅国内外大量 PHP 文献的基础上，以最新的 PHP 为编程工具、MySQL 5.1 为 Web 数据库编写了此书。本书的编写结合网站建设与管理的工作岗位，采用基于工作过程的设计思路，把工作过程划分为若干个工作子任务，着力培养高级网站建设与管理人才。内容循序渐进，任务由浅入深，通过完整的实例系统全面地介绍了 Apache＋PHP＋MySQL 环境下的网站后台开发技术。本书是在第 1 版的基础上进行了修订，根据网站制作技术的发展，很多网站都采用面向对象以及模板技术，因此，本次修订把面向对象的内容进行了部分调整，使其更具模块化。本书共 12 章，是省级精品课程、省级精品资源共享课程"Web 编程技术"的配套教材、省级立体化教材。本书教学资源丰富，教材开发人员大部分参与了省级精品课程、省级精品资源共享课程、省级立体化教材的建设工作，而且该教材获得河南省信息技术教育优秀成果二等奖。

本书中所有程序全部在 Apache＋PHP＋MySQL 环境下运行通过，并提供

所有程序源代码及相关文档。

　　本书由刘书伦、刘秋菊任主编，杨艳、张沛朋、李飞任副主编，陈平参编。其中第 1、第 2 章由杨艳编写、第 3、第 5 章由李俊雅编写，第 4 章由刘书伦、陈平编写，第 6、第 11 章由张沛朋编写，第 7 章由王东霞编写，第 8、第 12 章由李飞编写，第 9 章由刘秋菊编写，全书统稿由刘秋菊承担。

　　本书的编写过程自始至终得到了深圳职业技术学院张健老师的大力支持和帮助，济源传媒集团的贺向红针对网站建设、网页美工、网页特效以及网站推广工作提出了建设性意见。他们为本书的成稿付出了辛勤的劳动，并提出了诸多建议，在此致以诚挚的谢意。

　　限于编者的水平，加之技术的不断发展更新，书中难免存在不足之处，敬请同行、读者提出宝贵意见并批评指正。

编　者

目 录

第 1 章　Web 编程技术概述

Web（World Wide Web）即全球广域网，也称为万维网，是一种基于超文本和 HTTP 的、全球性的、动态交互的、跨平台的分布式信息系统。它是建立在 Internet 上的一种网络服务，随着 Internet 技术的发展，它不断地改变着信息处理的面貌，已经成为一种广泛并有效的媒介，是信息时代人们进行信息交流不可缺少的工具。几乎所有的信息技术领域都受到 Web 的影响，从而 Web 技术越来越被人们关注。同时，随着越来越多的动态网站技术的出现，Internet 也显得更加丰富多彩。

🎓 工作过程

我们要使用 Internet 就需要了解什么是 Internet，了解什么是网页，什么是动态网页，什么是动态网站，网站常用的制作技术有哪些。我们通过访问互联网中的网址可以接收到丰富多彩的信息，这些信息出自哪里？是怎么传送过来的？

👑 知识领域

早期的网页所缺乏的是动态的内容。动态网站与静态网站各有什么特点？各适合于哪些用户？常用的动态网站制作技术有哪些？各有什么优缺点？

📞 学习情境

了解 Web 的工作原理。
了解常用的 Internet 术语。
了解 Web 页的常见元素。
了解静态网站与动态网站。

▶ 1.1　初识 Web 编程技术

任务 1　初步了解 Web 的工作原理

1. 什么是 Web

Web 是存储在 Internet 计算机中、数量巨大的文档集合。这些文档称为页面，它是一种超文本（Hypertext）信息，可以用于描述超媒体（Hypermedia）。文本、图形、视频、音频等多媒体称为超媒体。

Web 页面就是我们在浏览器里看到的网页，这些页面文件通过技术手段被整合为一个整体，页面文件的位置在浏览器的地址栏中采用 URL 规则指定。

2. Web 工作原理

从本质上讲，Web 是基于客户端-服务器端的一种体系结构，一般来讲，用户使用的计算机称为客户端，用于提供服务的计算机称为服务器端。在 Web 方式下客户端常用浏览器访问服务器端，如图 1-1 所示。客户端向服务器端发送请求，要求执行某项任务，而服务器端执行此项任务，并向客户端返回响应。Web 客户端程序称为浏览器（Browser），而浏览

器程序的开发基本上都遵循统一标准。

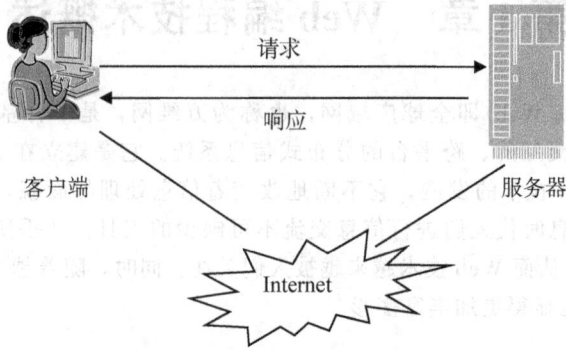

图 1-1　客户端-服务器端模型

在客户端-服务器端体系结构中，通过物理介质处理客户端-服务器端的请求与响应，实际上是客户端-服务器端上相应的应用程序在处理这些请求与响应。

基于 Web 的数据库应采用 3 层客户端-服务器端结构。第 1 层为浏览器，第 2 层为 Web 服务器，第 3 层为数据库服务器。浏览器是用户输入数据和显示结果的交互界面，用户在浏览器表单中输入数据，然后将表单中的数据提交并发送到 Web 服务器，Web 服务器应用程序接收、处理用户的数据，并从数据库中查询用户数据或把用户数据录入数据库。最后 Web 服务器生成 HTML 页面，传送到客户端，在浏览器中显示出来，如图 1-2 所示。

图 1-2　三层客户机-服务器结构

任务 2　了解 Web 页面

1. 什么是 Web 页

Web 页(Web page)，即我们俗称的网页。是网站中的一页，通常是 HTML 格式(文件扩展名为 .html、.htm、.asp、.aspx、.php 或 .jsp 等)。

Web 页中可以嵌入文本、图形、音频、视频等信息。HTML 本身只能描述静态的 Web 页面。在 HTML 中可以嵌入 Java、JavaScript、ActiveX、VBScript、VRML 等语言，以完成具有动态效果的网页。

打开一个网页后，如图 1-3 所示，选择"查看"菜单中的"源文件"，就可以通过记事本看到网页的实际内容。我们可以看到，网页实际上只是一个纯文本文件，如图 1-4 所示，它通过各式各样的标记对页面上的文字、图片、表格、声音等元素进行描述(如字体、颜色、大小)，而浏览器则对这些标记进行解释并生成页面，于是就得到我们现在所看到的画面。

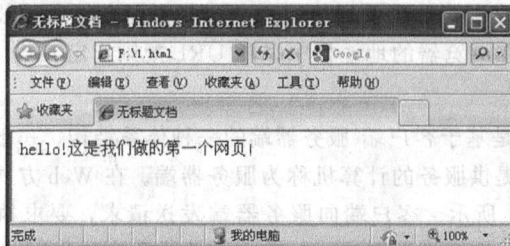

图 1-3　用浏览器浏览名为 1.html 的 Web 页

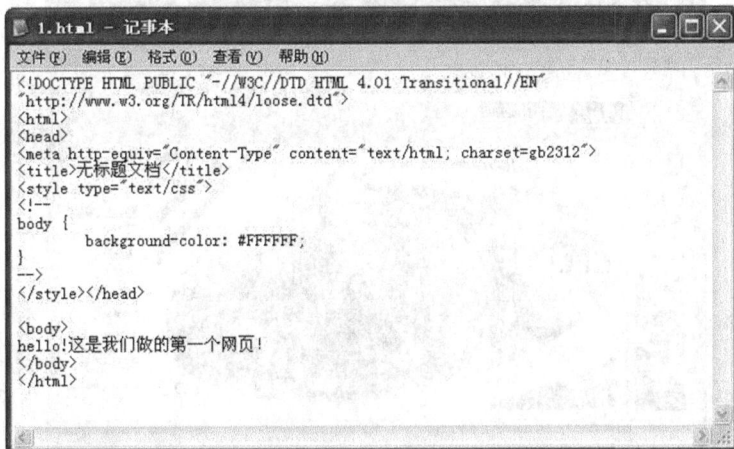

图 1-4　Web 页源文件

2. Web 页的基本组成元素

（1）网页中的文本。文本是网页中最基本的元素，也是网页的主体。规划合理、美观的文本能带给浏览者一种清新的感觉。文本的添加方式既可以手工逐字逐句地输入，也可以把别的应用程序中的文本直接粘贴到网页编辑窗口中。

在网页中输入文本时，除需要设计与页面搭配的美观字体外，还需要设置一种默认的字体，以便在用户电脑不支持这种字体时可以使用其他指定的字体替代。

此外，文本的大小、颜色和其他样式也需要仔细考虑，然后再配合精美的图片，才能创造精美的页面。如图 1-5 所示即为搜狐新闻的文字风格。

图 1-5　Web 页中的文字

（2）网页中的图片。图片在网页中的作用也是无可替代的，一幅精美合适的图片，往往可以很好地吸引浏览者的眼球。如图 1-6 所示即为某公司的宣传网站页面，在页面中文本搭配了适当的图片，使得页面极具美食诱惑。

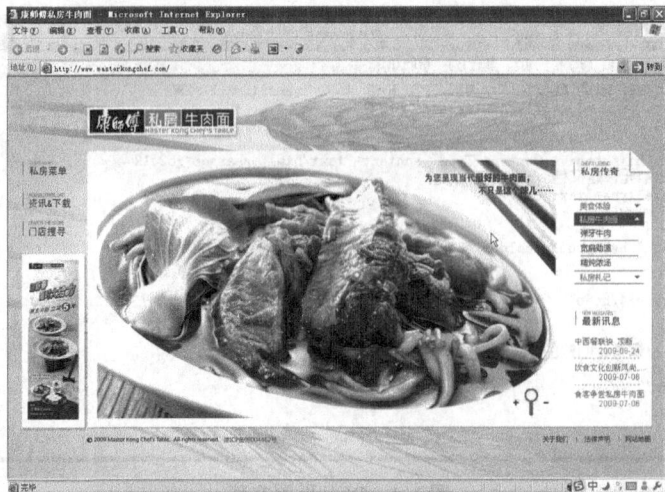

图 1-6　Web 页中的图片

　　(3)网页中的动画。如果让一个网站有更好的表现力,仅有文字和图片是远远不够的。适当地添加一些精美的动画,不仅可以让网页如虎添翼,而且可以使展示的内容变得栩栩如生。

　　(4)其他元素。绝大多数网站还需要有一个属于自己的漂亮的 Logo。Logo 就是网站的形象标志,网站 Logo 就是指网站标志,像公司名片上印上的公司标志一样,通常企业网站的 Logo 与公司标志相同。

　　对于某些具有商业性质的网站而言,在主页面或浏览量较大的页面上还会有一些Banner。Banner 是指横幅广告或通栏广告,在网页中,除了小图片、图标和文字外,通常还有一个占较大篇幅和重要位置的广告位,往往称其为 Banner。

1.2　网络术语与 Internet 通信协议

任务 3　理解 IP 地址、域名和 URL

1. IP 地址

　　为了让用户在网络中能够访问站点,必须为发布站点的设备分配一个网络地址,这个地址即称为 IP 地址,IP 地址(Internet Protocol Address)是指互联网协议地址,又译为网际协议地址。IP 地址是一种统一的地址格式,它为互联网上的每一个网络和每一台主机分配一个逻辑地址,以此来屏蔽物理地址的差异。IP 地址分为 IPv4 和 IPv6,我们所说的 IP 地址指的是 IPv4 的地址。替代 IPv4 的是 IPv6。

　　IP 地址用 32 位二进制数表示,通常为了阅读方便用 4 个从 0 到 255 之间的十进制数字段表示,格式为:×××.×××.×××.×××,如 202.116.0.54。但设备只识别二进制数的 IP 地址。由网络解析这个地址,以确定每个用户的身份。

　　IP 地址可分成 5 类,其中常用的有 3 类。IP 地址的组成如图 1-7 所示。

　　A 类地址用于规模很大、主机数目非常多的网络。A 类地址第 1 字节为网络地址,网络地址范围为 1～126,后面 X. Y. Z 为主机地址。

　　B 类地址用于中型到大型的网络。B 类地址前面两个字节为网络地址,网络地址范围为128. X～191. X,后面 Y. Z 为主机地址。

A类地址　**1.0.0.0~126.255.255.255**

| 0 | Network(7bit) | Host(24bit) |

B类地址　**128.0.0.0~191.255.255.255**

| 1 | 0 | Network(14bit) | Host(16bit) |

C类地址　**192.0.0.0~223.255.255.255**

| 1 | 1 | 0 | Network(21bit) | Host(8bit) |

D类地址　**224.0.0.0~239.255.255.255**

| 1 | 1 | 1 | 0 | 组播地址 |

E类地址　**240.0.0.0~255.255.255.255**

| 1 | 1 | 1 | 1 | 0 | 保留 |

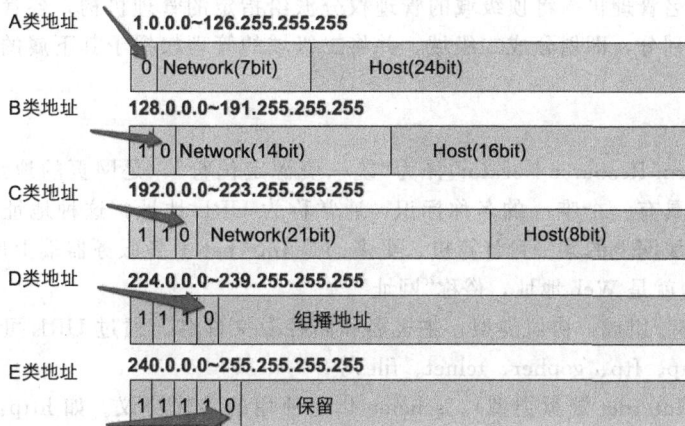

图 1-7　IP 地址的组成

C 类地址用于小型本地网络。C 类地址前面 3 个字节为网络地址，网络地址范围为 192.X.Y~223.X.Y，后面 Z 为主机地址。有效主机地址不能取 0 和 255 两个数，这两个数字分别代表网络地址和广播地址。

2. 域名

IP 地址是数字化的，比较难记，因此有人发明了一种新方法来代替这种数字，即"域名"地址，域名由几个英文单词组成，如 www.sina.com.cn，其中 cn 代表中国(China)，com 代表商业网，sina 代表新浪，www 代表互联网(或称万维网 World Wide Web)，整个域名合起来就是新浪网站的域名地址。

域名地址和 IP 地址实际上代表同一个内容，只是形式上不同而已。在访问一个站点的时候，可以输入整个站点的 IP 地址，也可以输入它的域名地址，这里就存在一个域名地址和对应的 IP 地址相转换的问题，这些信息实际上是存放在 ISP 中称为域名服务器(DNS)的计算机上，当输入一个域名地址时，域名服务器就会解析与其对应的 IP 地址，然后访问到该 IP 地址所表示的站点。

Internet 中的域名采用分级命名机制，其基本结构如下。

计算机名.三级域名.二级域名.顶级域名

下面介绍域名划分方式。首先 DNS 将整个 Internet 划分成多个域，称为顶级域，并为每个顶级域规定国际通用的域名。顶级域名划分采用组织模式和地理模式两种划分模式。有 7 个域对应于组织模式，随着 Internet 的发展而壮大；其余的域对应于地理模式，如 cn 代表中国，us 代表美国，jp 代表日本等。组织模式下顶级域名的含义如表 1-1 所示。

表 1-1　组织模式下顶级域名的含义

com	商业组织
edu	教育机构
gov	政府部门
mil	军事部门
net	网络中心
org	上述以外的组织
int	国际组织

互联网的域名管理机构将顶级域的管理权分派给指定的管理机构,各管理机构对其管理的域继续进行划分,即划分成二级域,并将二级域的管理权授予其下属的管理机构,依此类推。

3. URL

URL(Uniform Resource Locator)译为"统一资源定位符",是网页的地址。Internet 上的每一个网页都具有一个唯一的名称标识,通常称为 URL 地址,这种地址可以是本地磁盘,也可以是局域网上的某一台计算机,更多的是 Internet 上各服务器端上所存放的站点。简单地说,URL 就是 Web 地址,俗称"网址"。

URL 由三部分组成:协议类型、主机名和路径及文件名。通过 URL 可以指定的协议类型主要有:http、ftp、gopher、telnet、file 等。

(1)scheme(Internet 资源类型)。scheme 指定使用的传输协议。如 http://表示 WWW 服务器,ftp://表示 FTP 服务器,gopher://表示 Gopher 服务器,而 new:表示 newgroup 新闻组。最常用的是 HTTP 协议,它也是目前 WWW 中应用最广的协议。

(2)hostname(服务器地址或者主机名)。hostname 是指存放资源的服务器的域名系统(DNS)主机名或 IP 地址。有时,在主机名前也可以包含连接到服务器所需的用户名和密码(格式:username:password)。

(3)port(端口号)。各种传输协议都有默认的端口号,如 http 的默认端口为 80。如果输入时省略,则使用默认端口号。有时候出于安全或其他考虑,可以在服务器上对端口进行重定义,即采用非标准端口号,此时,URL 中就不能省略端口号这一项。

(4)path(路径)。path 是由零或多个"/"符号隔开的字符串,一般用来表示主机上的目录或文件地址。

URL 地址格式为 scheme://host:port/path,如 http://220.166.97.84:8080/user 就是一个典型的 URL 地址。

任务 4　理解几种 Internet 通信协议

1. 什么是协议

计算机通信网是由许多具有信息交换和处理能力的节点互联而成的。在网络中,通常一个物理设备代表一个节点。要使整个网络有条不紊地工作,就要求每个节点必须遵守一些事先约定好的有关数据格式及时序等的规则。这些为实现网络数据交换而建立的规则、约定或标准就称为网络协议。简言之,协议就是通信双方为了实现通信而设计的约定或通话规则。

2. Internet 通信协议

Internet 协议(Internet Protocol),是一个协议簇的总称,其本身并不是任何协议。Internet 协议一般指文件传输协议、电子邮件协议、超文本传输协议、通信协议等。

(1)文件传输协议(File Transfer Protocol,FTP)。文件传输协议是用于 Internet 上的控制文件的双向传输。同时,它也是一个应用程序(Application)。用户可以通过它把自己的计算机与世界各地所有运行 FTP 协议的服务器相连,访问服务器上的大量程序和信息。

FTP 的主要作用就是让用户连接上一个远程计算机(这些计算机上运行着 FTP 服务器程序),查看远程计算机有哪些文件,然后把文件从远程计算机上复制(下载)到本地计算机,或把本地计算机的文件送(上传)到远程计算机去,如图 1-8 所示。

(2)电子邮件协议。我们大部分人对电子邮件已经司空见惯,但它的顺利运行牵涉两个服务协议：邮件接收协议和邮件发送协议。当你给别人发送邮件时，使用的是简单邮件传输协议（SMTP）；当你接收邮件时，使用的是邮局协议（POP，现在是 POP3）和 Internet 信息存取协议（IMAP）。

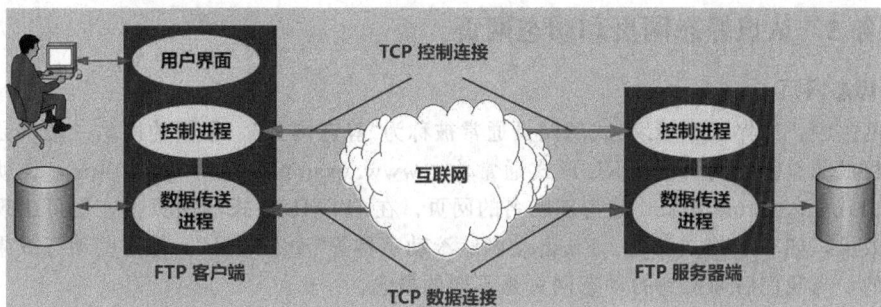

图 1-8　文件传输协议工作模式

（3）超文本传输协议（HTTP）。超文本传输协议是一组在 Web 上传输文件的规则，如传输文本、图形图像、声音、视频和其他多媒体文件。网页浏览器和网页服务器通常使用这一协议。当网页浏览器用户输入网址或单击超级链接的方式请求一个文件的时候，浏览器便建立一个 HTTP 请求并把它发送到服务器，目标机器上的网页服务器收到请求后进行必要的处理，再将被请求的文件和相关的媒体文件发送出去进行应答，如图 1-9 所示。

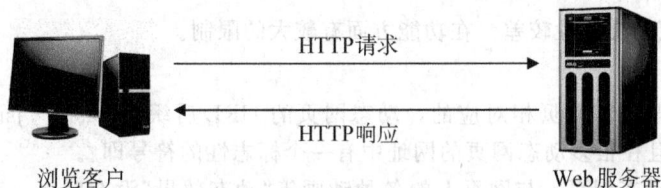

图 1-9　HTTP 传输模式

HTTPS 为超文本传输安全协议。HTTPS 主要由两部分组成：HTTP＋SSL/TLS，也就是在 HTTP 上又加了一层处理加密信息的模块。HTTPS 是由 SSL＋HTTP 构建的可进行加密传输、身份认证的网络协议，要比 HTTP 安全，可防止数据在传输过程中被窃取、改变，确保数据的完整性。

（4）通信协议。目前常见的通信协议主要有：NetBEUI、IPX/SPX、NWLink、TCP/IP，在这几种协议中用得最多、最为复杂的是 TCP/IP。

TCP/IP 全称是：Transmission Control Protocol/Internet Protocol，即传输控制协议/网际协议。它是微软公司为了适应不断发展的网络，实现自己主流操作系统与其他系统间不同网络的互联而收购开发的，它是目前最常用的一种 Internet 通信协议，也是网络通信协议的一种通信标准协议，同时它也是最复杂、最庞大的一种协议。

TCP/IP 是用于计算机通信的一组协议，我们通常称它为 TCP/IP 协议族。它是 20 世纪 70 年代中期美国国防部为其 ARPANET 开发的网络体系结构和协议标准，以它为基础组建的 Internet 是目前国际上规模最大的计算机网络，正因为 Internet 的广泛使用，TCP/IP 成了事实上的标准。

之所以说 TCP/IP 是一个协议族，是因为 TCP/IP 包括 TCP、IP、UDP、ICMP、RIP、TELNET、SMTP、ARP、FTP 等许多协议，这些协议一起被称为 TCP/IP。

▶ 1.3 动态 Web 工作模式

任务 5 认识静态网页和动态网页

1. 静态网页

在网站中，纯粹 HTML 格式的网页通常被称为"静态网页"，早期的网站一般都是由静态网页组成的。静态网页的 URL 形式通常为：www.example.com/eg/eg.htm，也就是以.htm、.html、.shtml、.xml 等为扩展名的网页。在 HTML 格式的网页上，也可出现各种动态的效果，如 GIF 格式动画、Flash 动画、滚动字幕等"动态效果"。但这些动态效果只是视觉上的，与我们后面提到的动态网页是不同的概念。

静态网页具有以下特征。

(1)每个静态网页都有一个固定的 URL，且网页 URL 以.htm、.html、.shtml、.xml等形式为后缀，而不包含?、＝等特殊字符。

(2)网页内容一经发布到网站服务器上，即成为实际存在的保存在服务器上的文件，每个网页都是一个独立文件。

(3)静态网页的内容相对固定，容易被搜索引擎检索。

(4)静态网页没有数据库支持。采用静态网页技术的网站，在制作和维护方面的工作量较大。

(5)静态网页的交互性较差，在功能方面有较大的限制。

2. 动态网页

动态网页是与静态网页相对应的，动态网页的 URL 后缀是.asp、.jsp、.php、.perl、.cgi 等形式，并且在很多动态网页的网址中有一个标志性的符号即?。

这里所说的动态网页，与网页上的各种动画等"动态效果"没有联系，动态网页可以是纯文字内容，无论网页是否具有动态效果，采用动态网站技术生成的网页都被称为动态网页。

从网站访问者的角度来看，无论是动态网页还是静态网页，都可以展示基本的文字和图片等信息，但从网站开发、管理、维护的角度来看，静态网页和动态网页之间是有很大区别的。动态网页一般具有以下特点。

(1)动态网页以数据库技术为基础，可以大大降低网站建设、维护的工作量。

(2)采用动态网页技术的网站可以实现更多的功能，如用户管理、在线调查、订单管理、在线办公等。

(3)动态网页实际上并不是独立存在于服务器上的网页文件，只有当用户发送请求时才能生成一个完整的网页。

(4)动态网页中的"?"等字符对搜索引擎存在问题。搜索引擎一般不能从一个网站的数据库中访问全部网页，或者出于技术方面的考虑，搜索引擎不去检索网址中"?"后面的内容，因此采用动态网页的网站在进行网站推广时需要作一定的技术处理。

3. 静态网站

静态网站都是由静态网页组成的，网页中只有文字、图像等，用户只能被动地接收这些信息。

静态网站仅提供单向的信息服务。静态网站具有以下特点。

(1)由静态网页组成。

(2)无法提供交互功能。

(3)静态网站中的所有网页都是真实存在的。

静态网站适合规模小、内容少的企业和个人建立站点的需求。它具有响应用户请求快，打开迅速等特点。这是因为静态网站中的静态网页在接收到用户请求时，只需把目标网页发送到用户端即可。

4. 动态网站

动态网站是指这个网站使用了动态网页技术，如 PHP、ASP、.NET、JSP、Python 等技术，网站使用了数据库管理网站的信息及数据，可以执行交互操作，如注册用户、发表文章、管理网站信息等。动态网站也可包含静态网页，通常动态网站是在静态网页的基础之上加入动态网页技术制作的。

动态网站具有如下特点。

(1)网站中使用了动态网页技术，如 PHP 等。

(2)网站中使用了数据库管理信息。

(3)网站提供后台管理系统、注册用户、用户登录等交互功能。

动态网站适合开发中型和大型网站，当用户的目标网站是信息量较大、更新工作频繁的网站时，就需要将这个网站建立成动态网站。动态网站的更新维护比较方便，因为使用动态网页技术和数据库，可以根据需要开发出网站后台管理系统，通过这个系统的合法用户都可以快速地对网站进行更新和维护。

5. 动态网站和静态网站的关系

(1)动态网站与静态网站的联系。

1)都是信息的载体。

2)建站的宏观过程相同，都需要策划、设计和制作三个阶段。

3)组成网站的基本要素相同。

4)存放网站的服务器端和访问网页的用户端基本相同。

(2)动态网站和静态网站的技术关系。早期的网站都是静态网站，网站中的网页都使用 HTML 语言制作，HTML5 是当前使用比较多的 HTML 语言，大部分浏览器都能正确解析 HTML5。

当前的动态网页制作技术并不是独立于静态网页技术的。它们都可以与静态网页紧密结合，可以直接在静态网页中使用这些动态网页的命令，也可以直接在动态网页中加入静态网页的部分。动态网站的建设也无法脱离静态网页技术，从应用角度来看，动态网页技术更像是静态网页技术的补充和扩展。

(3)动态网站与静态网站的区别。

1)制作网页形式不同。静态网站的网页在制作时就需要手动设定好所有的网页信息、链接关系；动态网页是制作好信息的类别与链接关系，根据后台数据库中的输入内容显示网页信息。

2)管理方式不同。静态网站一般不存在后台管理系统；动态网站一般都包含一个后台管理系统，通过后台管理系统实现网站的管理及更新。

3)互动方式不同。静态网站无法提供互动操作；动态网站可以提供各种互动性很强的操作，如论坛、留言板等。

6. 静态页面与动态页面的关系

静态页面与动态页面的关系见表 1-2。

表 1-2　静态页面与动态页面的关系

项目	静态页面	动态页面
内容	网页内容固定	网页内容动态生成
文件名后缀	htm、html 等	asp、php、jsp、aspx、cgi 等
优点	下载、浏览速度快	维护简单，修改方便，交互性好
缺点	交互性差，维护烦琐	占用系统资源，开发相对复杂

任务 6　认识动态 Web 的工作模式

1. 用户端动态 Web 的工作模式

用户端动态网页是指在用户机的浏览器上执行的程序，从远程数据库获取数据动态生成网页。目前，可以实现与服务器交互的用户端动态网页开发技术主要有以下两种。

(1)Java Applet 程序。通过 JDBC 提供的数据库支持，实现了用户端的浏览器与数据库服务器之间的数据交互。

(2)ActiveX 控件。用户下载了 ActiveX 程序，并且安装、执行 ActiveX 程序，就可以不通过 Web 服务器而直接向数据库发送数据或者从数据库获取数据。

2. 服务器端动态 Web 的工作模式

服务器端动态网页是通过在 Web 服务器上执行应用程序，从后台数据库中获取数据而动态生成的网页。常见的 Web 服务器动态网页技术有 CGI、PHP、ASP、ASP. NET、JSP、Python 等。下面分别对它们进行简单的介绍。

(1)CGI 即公共网关接口(Common Gateway Interface，CGI)，是 Web 服务器与外部应用程序之间交换数据的标准接口软件，是最早的创建动态网页的机制。

(2)PHP 即 Hypertext Preprocessor(超文本预处理器)，其语法大量借鉴了 C、Java、Perl 等语言，但只需要很少的编程知识你就能使用 PHP 建立一个真正交互的 Web 站点。因为 PHP 为开源，所以为广大的编程者所喜好，它也是当今比较流行的脚本语言之一，PHP 与 HTML 语言具有非常好的兼容性，使用者可以直接在脚本代码中加入 HTML 标签，或者在 HTML 标签中加入脚本代码，从而更好地实现页面控制。PHP 提供了标准的数据库接口，数据库连接方便，兼容性强、扩展性强，而且还可以进行面向对象编程。

PHP 具有以下优点。

①学习简单：只要了解一些基本的语法就可以开始进行 PHP 编程。

②数据库连接：PHP 可以编译成与许多数据库连接的函数。PHP 与 MySQL 是常用的组合。

③可扩展性：PHP 已进入了高速发展时期。对于 PHP 程序员来说，对 PHP 进行扩展功能并不困难。

④面向对象编程：PHP 提供了类和对象，基于 Web 的编程工作非常需要面向对象编程的功能。

(3)ASP(Active Server Pages)是一种类似 HTML(超文本标记语言)、Script(脚本)与 CGI 的结合体，它没有提供自己专门的编程语言，而是允许用户使用许多已有的脚本语言编写 ASP 的应用程序。与 HTML 相比，ASP 程序编制更为方便，也更为灵活。

ASP 的最大好处是可以包含 HTML 标签，也可以直接存取数据库及使用无限扩充的 ActiveX 控件，因此在程序编制上要比 HTML 方便且更富有灵活性。通过使用 ASP 的组件和对象技术，用户可以直接使用 ActiveX 控件，调用对象方法和属性，以简单的方式实现强大的交互功能。

但 ASP 技术基本上是局限于微软的操作系统平台之上，主要工作环境为微软的 IIS 应用程序结构，又因 ActiveX 对象具有平台特性，所以 ASP 技术不能很容易地实现在跨平台 Web 服务器上工作，一般只适合一些中小型站点。但目前由 ASP 升级演变而来的 ASP. NET 可支持大型网站的开发，不过因其开放性低，目前应用还不是非常普遍。

（4）ASP. NET。设计初衷是解决 ASP 程序开发复杂、烦琐等问题，ASP. NET 彻底抛弃了脚本语言，代之以编译式语言（如 VB. net、C#），为开发者提供了很大的选择余地，是功能完善的编程语言。

（5）JSP（Java Server Pages）。JSP 是基于 Java Servlet 以及整个 Java 体系的 Web 开发技术，是由 SUN MICROSYSTEM 公司于 1999 年 6 月推出的新技术，它与 ASP 有一定的相似之处，特别在技术上，但 JSP 能在大部分的服务器上运行，而且其应用程序相对易于维护和管理。

（6）Python。Python 是一种解释型、面向对象、动态数据类型的高级程序设计语言，可用于网络爬虫、自动化运维与自动化测试、大数据开发与数据分析、Web 编程开发、机器学习与人工智能等。

▶ 实训项目 1

主题：访问目标网站，了解 Web 页中的常用元素及网站使用的技术和工作模式。

1. 参考知识点

（1）常用的 Internet 术语。

（2）网站使用的技术。

（3）网站的工作模式。

2. 参考技能点

（1）动态网站常用的技术。

（2）HTML 与 HTML5。

3. 实训训练目的

（1）理解网站的工作模式。

（2）理解网页显示的原理。

（3）了解常用的网站制作技术。

4. 提交材料

（1）访问网站首页的 HTML 源文件。

（2）分析访问网站中使用的元素。

（3）分析以下动态网站使用的技术。

①http://www.tcl.com/。

②http://www.lenovo.com.cn/。

③http://www.gree.com.cn/index.jsp。

④http://www.php100.com/。

第 2 章 Web 编程技术基础

Web 前端编程属于静态 Web 编程的范畴，是动态 Web 编程的基础。Web 前端编程技术主要有 HTML、CSS 和 JavaScript 技术。其中 HTML 用于控制网页的结构，CSS 用于控制网页的外观，而 JavaScript 控制着网页的行为。HTML 是网页设计语言，CSS 是描述页面外观的层叠样式表，DIV＋CSS 模式是当前页面布局的主流技术，JavaScript 常用于表单验证以及网页菜单等网页特效制作。

🎓 工作过程

随着网络的不断普及，网站与网页已经为大多数人所熟悉。大家每天浏览的各个网站都是由一页一页的网页构成的。但是这些页面是怎样搭建起来的呢？又是怎样显示的呢？其实网页是由一种简单的标记语言 HTML 构成的。本章我们将学习 HTML 的语法及编辑；另外，在 Web 2.0 中，常用 DIV＋CSS 来布局页面，在这里我们也将学习 DIV＋CSS 的基本知识；JavaScript 常用于制作网页特效及表单验证，本章我们将作简单介绍。

👑 知识领域

本章主要学习 HTML/XHTML 文档结构、常用标记、页面常见表格制作技术；CSS 美化网页、DIV＋CSS 页面布局原理与实现技术；JavaScript 语言的语法、内置对象和 JavaScript 的应用技术。

📞 学习情境

学习如何使用 HTML 制作页面。
学习如何使用 DIV＋CSS 布局页面。
学习 JavaScript 实现网页中的表单验证。
学习 HTML5 与 CSS3。

▶ 2.1 HTML 语言

任务 1 了解 HTML 语言的结构

1. 什么是 HTML

HTML(HyperText Markup Language，超文本标记语言)是描述网页的标记语言，是浏览器能解释的语言。目前的 HTML 标记有 100 多个，这些标记描述 HTML 文档中数据的显示格式，它们可以定义文本/图形/表格的格式、指向其他页面的链接，以及提交数据的表单等。HTML 网页是 HTML 描述的文本文件。HTML 文件由 Web 服务器发送给用户端浏览器，用户端浏览器按 HTML 描述的格式将其显示在浏览器窗口内，呈现给读者多姿多彩的页面。HTML 文件通过 HTTP 通信协议，可以在互联网上顺畅地进行文件交换和访问。

HTML 文件是纯文本文件格式，可以用文本编辑器进行编辑制作，如记事本、Editplus

等，也可以使用专业的网页编辑工具(如 DreamWeaver、Hbuilder、VSCode)来完成。

2. HTML 文件结构

(1) HTML 的标记与属性。HTML 标记也称 HTML 标签，是用＜和＞括起来的标识符，括号中间的标识符为标记名，如标记＜body＞，标记名为 body。HTML 标记通过指定某块信息为段落或标题等来标识文档的某个部分。

HTML 的标记分单标记和成对标记两种。成对标记由开始标记＜标记名＞和结束标记＜/标记名＞构成，并配套使用，如开始标记＜html＞和结束标记＜/html＞配套使用。成对标记只作用于开始标记和结束标记之间的文档。单标记只有开始标记，如＜p＞，如果使用单标记，只要在文档的相应位置插入单标记即可。

属性是标记中的参数选项。大多数标记都有一些自己的属性，有些标记也有共用的一些属性，各属性之间无先后顺序，如果省略属性则采用默认值。如果要定义标记的属性，可在标记名后加空格，再书写属性名并给其赋值，属性的一般使用格式如下。

＜标记名 属性 1 ="属性值" 属性 2 ="属性值" … ＞内容＜/标记名＞

例如：

＜body text = "blue" link = "red"＞

body 为标记名，text、link 为属性，blue 和 red 分别为 text 和 link 的属性值。

(2)文档头与文档体。HTML 文件必须以＜html＞标记开头，并以＜/html＞标记结束，这表明该文件为 HTML 超文本文档。一个完整的 HTML 文档分为文档头和文档体两部分。文档头信息包含在＜head＞与＜/head＞标记之间，在＜head＞和＜/head＞标记之间可以包含有关此网页的标题、导入样式表等信息。文档体包含在＜body＞和＜/body＞标记之间，是网页的主体部分。＜html＞和＜/html＞标记将文档头和文档体包含在其内。例如，创建一个简单但较完整的文件名为 2_1.html 的 HTML 文件，文件内容如下。

```
行号        代码
1        <html>
2            <head>
3                <title>第一个页面</title>
4            </head>
5            <body>
6                <p>大家好！
7                <p>欢迎大家！
8                <p>让我们共同学习 PHP！
9            </body>
10       </html>
```

3. 创建网页文件

创建网页文件我们可以使用以下两种方法。

(1)使用文本文档编写。使用文本文档编写网页文件的步骤如下。

①在文件夹中创建文本文件。

②写入相关代码并保存文件。

③将文件的扩展名改为 .html 或 .htm。

(2)使用 DreamWeaver。

①启动 DreamWeaver(软件可在相关网站下载，建议使用 CS6 或以上版本)。

②单击"文件→新建"命令，将弹出如图 2-1 所示的对话框，页面类型选择"HTML"，布局选择"无"，文档类型选择"无"，单击"创建"按钮。

图 2-1　DreamWeaver 新建文档对话框

③修改代码并保存。

使用浏览器查看 2_1. html，页面效果如图 2-2 所示(扩展名为 . html 的静态网页可直接双击，用浏览器浏览，也可在 DreamWeaver 中，使用 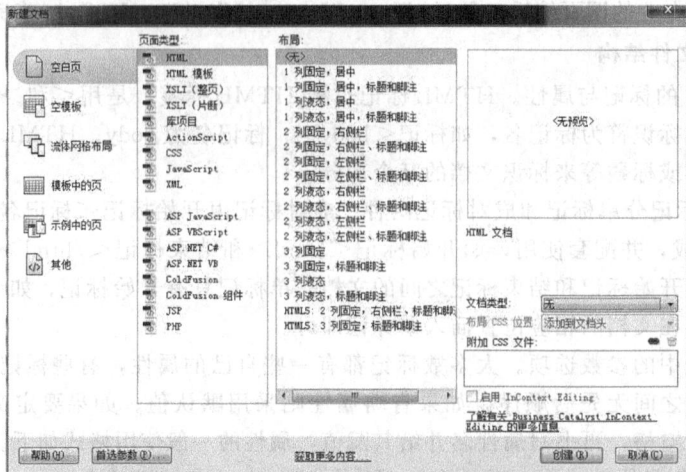"在浏览器中预览/调试→预览在 IExplore"命令进行浏览)。

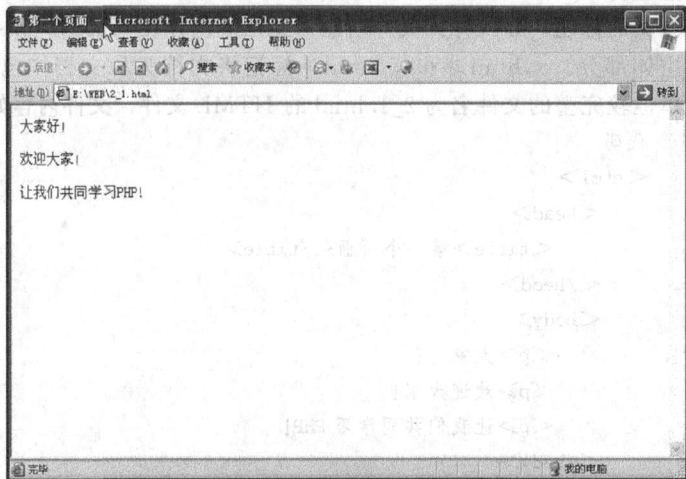

图 2-2　页面浏览效果

分析文档 2_1. html，<html>和</html>在文档的最外层，表示文档是以 HTML 描述的。<head>与</head>是文档的头部标记，在浏览器中头部信息不显示在浏览器的正文显示区里，此标记中可以插入其他标记，用以说明文档文件的一些公共属性。<body>与</body>标记之间的文档是正文。

任务 2　常用 HTML 标记

1. 基本标记

(1)<html>和</html>表明这是一个 HTML 文件，并指明了文件的开始位置和结束位置。所有的文本和标记都包含在这对标记之间。

（2）＜head＞和＜/head＞是网页的头部标记。＜head＞和＜/head＞构成 HTML 文档的开头部分，在此标记之间可以使用＜title＞＜/title＞、＜script＞＜/script＞等标记对，这些标记对都是描述 HTML 文档相关信息的标记，＜head＞和＜/head＞标记之间的内容是不会在浏览器上显示出来的，＜head＞和＜/head＞必须成对使用。

（3）＜title＞和＜/title＞是网页的标题标记，用于显示网页的标题。在写标题名称时要简洁清楚，使网页内容一目了然。

（4）＜body＞和＜/body＞是网页的主体标记，用于编写网页文件的主体。在 body 部分可以设置背景颜色、背景图片和主体部分的字体大小等信息。

2.＜meta＞特殊信息标记

＜meta＞标记用来描述一个 HTML 网页文档的属性，如作者、日期和时间、网页描述、关键词、页面刷新等。如：

＜meta http-equiv = "Content-Type" content = "text/html; charset = gb2312"＞。

其作用是指定了当前文档所使用的字符编码为 gb2312，也就是简体中文字符。根据这一行代码，浏览器就可以识别出这个网页应该用中文简体字符显示。

常见的编码方式有以下三种。

（1）utf-8 是目前最常用的字符集编码方式，包含全世界所有国家需要用到的字符。

（2）gb2312 简单中文。

（3）BIG5 繁体中文。

3.＜hn＞网页子标题标记

在 HTML 中，用户可以通过＜hn＞标记符来标识文档中的标题和副标题，其中：n 是 1～6 的数字；＜h1＞表示最大的标题，＜h6＞表示最小的标题。使用标题样式时，必须使用结束标记符。

＜hn＞会自动换行，因此在不同的子标题之间不用加换行标记。另外，如果想改变文本的对齐方式，可以通过 align＝left/center/right 来设定。如下代码是＜hn＞标记的用法。

行号	代码
1	＜html＞
2	＜head＞
3	＜title＞hn 标记的用法＜/title＞
4	＜/head＞
5	＜body＞
6	＜h1 align = "left"＞标题一 ＜/h1＞
7	＜h2 align = "left"＞标题二＜/h2＞
8	＜h3 align = "center"＞标题三＜/h3＞
9	＜h4 align = "right"＞标题四＜/h4＞
10	＜h5＞标题五＜/h5＞
11	＜h6＞标题六＜/h6＞
12	＜/body＞
13	＜/html＞

用浏览器浏览，结果如图 2-3 所示。

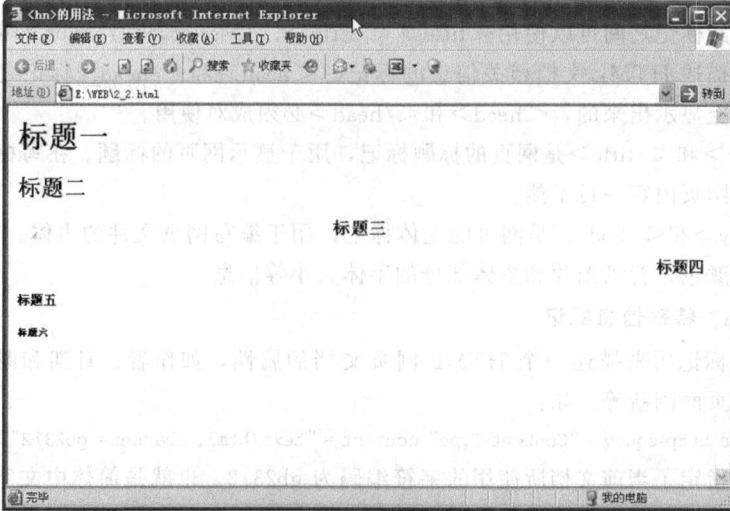

图 2-3　不同标题的显示效果

4. ＜p＞段落标记和＜br＞换行标记

这两个标记有相似之处也有不同之处；它们都表示另起一行，但＜p＞表示另起一行并加一空行，常用于产生一个新的段落；而＜br＞用于产生没有空行的新行，通常用于段落内部的换行，使用时要注意加以区分。如下代码是＜p＞标记和＜br＞标记的应用。

```
行号        代码
1          <html>
2            <head>
3              <title>p 和 br 标记的用法</title>
4            </head>
5            <body>
6              <p>下面是一个居中的段落</p>
7              <p align = "center">段落中的语句之间没有空行
8              <br>段落中的语句之间没有空行
9              </p>
10             <p>段落结束了</p>
11           </body>
12         </html>
```

浏览器显示效果如图 2-4 所示。

5. ＜hr＞标记

＜hr＞标记可以在 HTML 页面中创建一条水平线。水平分隔线(horizontal rule)可以在视觉上将文档分隔成两个部分。

6. ＜pre＞原文显示标记

可以把原文件中的空格、回车、换行、Tab 键表现出来，＜pre＞＜/pre＞是成对出现的，以＜pre＞开始，以＜/pre＞结束。＜pre＞标记的用法如下代码所示。

图 2-4　段落标记和换行标记的显示效果

行号	代码
1	`<html>`
2	`<head>`
3	`<title>&lt;pre&gt;标记的用法</title>`
4	`</head>`
5	`<body>`
6	`<pre>`
7	`*`
8	`*   *`
9	`*       *`
10	`*   *`
11	`*`
12	`--- php 学习`
13	`</pre>`
14	`</body>`
15	`</html>`

显示效果如图 2-5 所示。

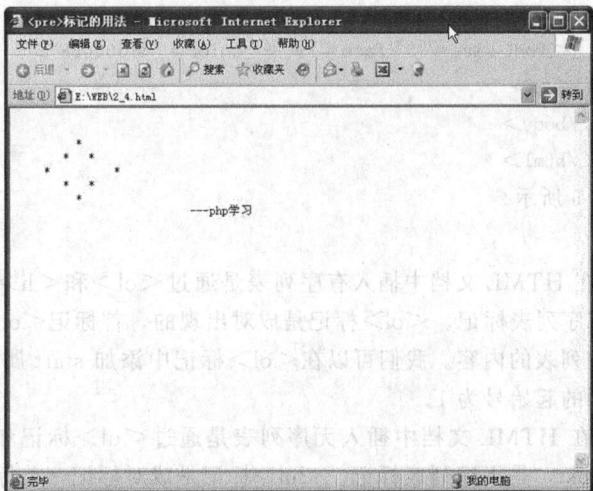

图 2-5　`<pre>`标记显示效果

7. ＜font＞＜/font＞标记

该标记用来控制文字的字体、大小和颜色，在 Web 2.0 中已基本弃用，使用 CSS 来控制文本样式。它的使用格式如下。

＜font　face＝"字体名称"　size＝"字体大小" color＝"字体颜色"＞显示的文字＜/font＞

其中各项说明如下。

(1)face。取值可以是系统所安装的字体的名称，例如"宋体""幼圆""楷体""黑体"等，默认值是"宋体"。

(2)size。取值是从 1 到 7 之间的数字，也可用 3 为基准设置，－1 代表 2，＋1 代表 4，默认值为 3。

(3)color。取值可以用常数表示，如 red，也可用 RGB 表示，如＃00ff00。

＜font＞标记的用法如下代码所示。

```
行号      代码
1        <html>
2        <head>
3          <title>&lt;font&gt;的用法</title>
4        </head>
5        <body>
6         <p>
7          <font size="3">3 号字体</font>
8         </p>
9         <p>
10         <font size="-1">比基准字体小 1 号的字体</font>
11        </p>
12        <p>
13         <font color="red">红色的字</font>
14        </p>
15        <p>
16       <font face="楷体_GB2312">楷体字</font>
17        </p>
18        <p>
19         <font size="5" face="隶书" color="＃0000FF">5 号蓝色隶书</font>
20        </p>
21       </body>
22       </html>
```

显示效果如图 2-6 所示。

8. 列表标记

(1)有序列表。在 HTML 文档中插入有序列表是通过＜ol＞和＜li＞标记来实现的。ol 即 ordered list，是有序列表标记。＜ol＞标记是成对出现的，首标记＜ol＞和尾标记＜/ol＞之间的内容就是排序列表的内容。我们可以在＜ol＞标记中添加 start 属性来指定序列的起始号。缺省时，序列的起始号为 1。

(2)无序列表。在 HTML 文档中插入无序列表是通过＜ul＞标记和＜li＞标记来实现的。ul 即 unordered list，是无序列表标记。＜ul＞标记是成对标记，首标记＜ul＞和尾标记＜/ul＞之间的内容就是无序列表的内容。

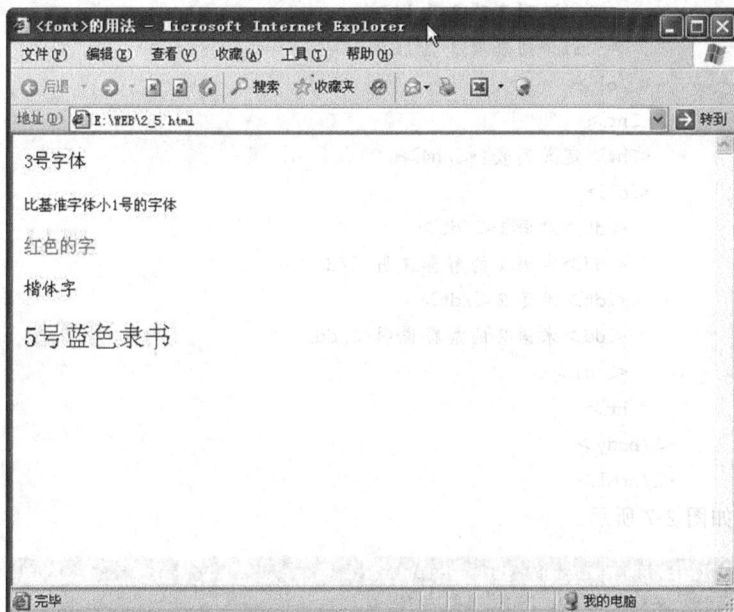

图 2-6　＜font＞标记显示效果

　　（3）描述性列表。HTML 使用＜dl＞＜dt＞和＜dd＞标记来定义描述性列表。dl 即
definition list，是描述性列表标记。＜dl＞标记是成对标记，首标记＜dl＞和尾标记＜/dl＞
之间的内容就是描述性列表的内容，由一系列用描述项标记＜dt＞或解释项标记＜dd＞标
记的列表项组成。＜dt＞和＜dd＞标记都是单独标记，位于列表项的开头，分别表示该项
是描述项和解释项。如下代码是列表标记的使用。

```
行号        代码
1          <html>
2          <head>
3             <title>列表标记示例</title>
4          </head>
5          <body>
6             <h4>使用方块作为列表项标记的无序列表:</h4>
7             <ul type = "square">
8                <li>列表项 1</li>
9                <li>列表项 2</li>
10               <li>列表项 3</li>
11            </ul>
12            <hr>
13            <h4>有序列表:</h4>
14            <ol type = A start = 1>
15               <li>列表项 1</li>
16                  <ol type = a start = 1>
17                     <li>子列表项 1</li>
18                     <li>子列表项 2</li>
19                     <li>子列表项 3</li>
20                  </ol>
```

```
21              <li>列表项 2</li>
22              <li>列表项 3</li>
23         </ol>
24         <hr>
25         <h4>定义列表:</h4>
26         <dl>
27           <dt>术语 1</dt>
28           <dd>术语 1 的解释说明</dd>
29           <dt>术语 2</dt>
30           <dd>术语 2 的解释说明</dd>
31         </dl>
32         <hr>
33      </body>
34      </html>
```

显示效果如图 2-7 所示。

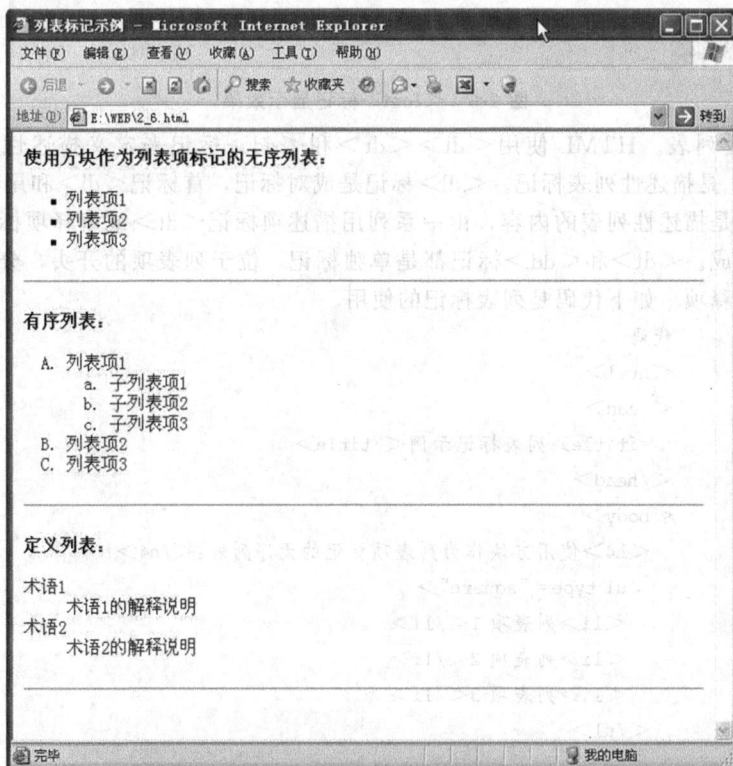

图 2-7　列表标记显示效果

任务 3　在页面中使用超链接

超链接是互联网的灵魂,通过超链接标记将互联网上的资源织成了一张巨大的信息网络,极大地方便了用户的访问。

<a></a>标记为超链接标记,一般使用格式如下。

<a href = "资源地址" target = "窗口名" title = "指向链接时显示的文字">超链接显示名

称 </a>

其中各项说明如下。

(1)href：取值为链接的目标地址，目标地址可以是绝对路径、相对路径。

①绝对路径是 URL 地址，如 http://www.sina.com/web/index.html、ftp://ftp.ncu.edu.cn/、mailto:yxq@163.com 等。

②相对路径是相对于当前网页文件所在目录的路径。

③锚点链接：在使用网页内部链接时，方法如下：首先在链接目标处使用<a>标记的 name 属性，设定 name 名称；然后，使用 href 属性设定指向这个 name 的超链接。其语法如下。

    <a name='lion'>狮子</a>
    <a href=#lion>查看狮子属性</a>

(2)target：取值为链接的目标窗口名，可以是 parent、_blank(新窗口)、_self、_top 等值，也可以是窗口名称或 id，其默认值为原窗口。

(3)title：取值为指向链接时所显示的标题文字。

(4)<a>与</a>之间的"超级链接显示名称"：可以是文本，也可以是<img>图形链接。

超链接标记的用法如下。

行号	代码
1	<html>
2	<head>
3	<title>链接标记示例</title>
4	</head>
5	<body>
6	<h2>超级链接：</h2>
7	<a href="http://www.sohu.com/" target=-blank>搜狐(绝对路径)</a><p>
8	<a href="2_1.html">第一个页面(相对路径)</a><p>
9	<h2>电子邮件链接：</h2>
10	<a href="mailto:jyvtc@163.com">联系我们</a>
11	<h2>锚点链接：</h2>
12	<h3>了解有关动物的更多信息</h3>
13	<p><font size=3 color=blue face=Arial>
14	<ol start=1>
15	<li><a href=#Lion>狮子</a>
16	<li><a href=#Zebra>斑马</a>
17	<li><a href=#Cheetah>印度豹</a>
18	</ol>
19	</font>
20	<hr>
21	<a name=Lion>狮子</a>
22	<p>狮子的吼声从八千米之外就能听到！雄狮(很容易从鬃毛识别出雌雄)的重量高达 250 千克。而雌狮则要小得多，重 180 千克。
23	<hr>
24	<a name=Zebra>斑马</a>
25	<p>没有任何两匹斑马的斑纹完全一样，因此每匹斑马都是独一无二的。斑

马也称为黑白条纹相间的马。大多数动物学家相信斑纹对动物界的活动有重要作用,即可以通过它来区分斑马与其他动物。

26   ＜hr＞
27   ＜a name = Cheetah＞印度豹＜/a＞
28   ＜p＞印度豹以快速奔跑著称,其速度可与飞机媲美。它是所有陆上动物中跑得最快的动物。
29   ＜/body＞
30   ＜/html＞

显示效果如图 2-8 所示。

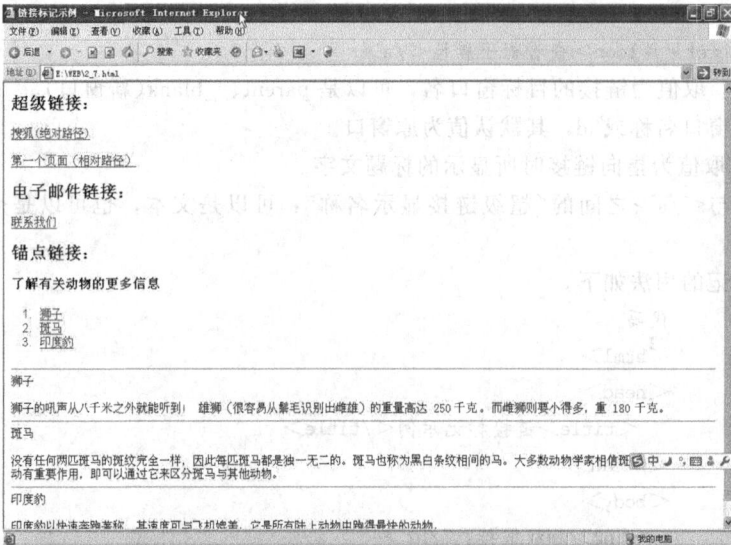

图 2-8　超链接标记

任务 4　在页面中使用图像

图像可以使 Web 页面更加生动美观、富有生机。Web 浏览器可以显示 jpg、gif、png 等格式的图像。

在 HTML 文档中插入图像是通过＜img＞标记来实现的,该标记共有 9 个属性,除属性 src 是不可缺省的外,其他属性都是可选的。

(1)src 属性。src 即 Source,该属性用于指出被引用的图像文件所在位置。src 属性的参数值就是图像文件的 URL,URL 的表示方法有绝对路径表示法和相对路径表示法两种。

①绝对路径表示法范例:＜img src = "http://www.baidu.com/img/baidu_logo.gif"＞。

②相对路径表示法范例:＜img src = "images/star.jpg"＞。

注意:相对路径,就是相对于当前文档的目标文件位置。

(2)width、height 属性。＜img＞标记用 width 和 height 这两个属性来规定图像的显示大小。其中 width 属性用于确定图像的宽度,height 属性用于确定图像的高度,通常以 px(像素)为单位。默认时,Web 原始图像文件的大小和浏览器窗口的大小自动调整图像的显示尺寸。

(3)align 属性。align 属性的参数值为 top、middle 或 bottom,top 是指图像顶端和文字行最高字符以顶端对齐;middle 是指图像的中间线和文字以中部对齐;bottom 是指图像底端和文字以底端对齐。

(4)alt 属性。用户在浏览网页时，常常会为了节省时间或其他原因而选择不下载图片，加入 alt 属性可以在原先显示图片的地方显示一些有关图像的信息。

(5)border 属性。Web 浏览器在调用图像时会根据浏览器窗口和原始图像大小的不同给图像加上不同宽度的边框。我们可以利用 border 属性来指定图像边框的宽度或取消边框(border＝0)。border 属性的参数值也是数字，表示边框宽度所占的像素点数。图像与文本标记综合实例代码如下。

```
行号      代码
1        <html>
2        <head>
3          <meta http-equiv = "Content-Type" content = "text/html; charset = utf-8"/>
4          <title>忆江南</title>
5        </head>
6        <body background = "images/bg. jpg">
7          <center>
8            <p><font color = "#CC3300" size = " + 2" face = "黑体">忆江南</font></p>
9            <p><font size = " + 1" color = "#669900"><b>唐·白居易</b></font></p>
10         </center>
11         <p><img src = "images/jn3. jpg" width = "200" height = "150" hspace = "90" align = "left"/>
12       江南好,风景旧曾谙。
13         <p>日出江花红胜火,春来江水绿如蓝。
14         <p>能不忆江南?
15         <p></p>
16         <p></p>
17         <p><font color = " # CC3300" size = " + 1" face = "黑体">作者介绍:</font></p>
18         <p><font   color = "#669900">白居易(772 年~846 年),汉族,字乐天,
晚年又号香山居士,河南新郑(今郑州新郑)人,我国唐代伟大的现实主义诗人,中国文学史上负有
盛名且影响深远的诗人和文学家,他的诗歌题材广泛,形式多样,语言平易通俗,有"诗魔"和"诗
王"之称。官至翰林学士、左赞善大夫。有《白氏长庆集》传世,代表诗作有《长恨歌》《卖炭翁》《琵
琶行》等。白居易故居纪念馆坐落于洛阳市郊。白园(白居易墓)坐落在洛阳城南琵琶峰。
</font></p>
19         </body>
20       </html>
```

显示效果如图 2-9 所示。

任务 5　在页面中使用表格

表格在网页中的应用非常广泛，早期常被用于网页的布局排版，它能将互相关联的信息元素准确地集中和定位在一起。

HTML 表格是一个二维表格，由行和列组成。在一个 HTML 表格里，通常有下面几个常用的标记。

(1)<table>：表示表格的标记。

(2)<tr>：表示表格的行标记。

(3)<td>：表示表格的单元格。

图 2-9　图像、文本标记

（4）＜caption＞：表示表格的标题标记。

（5）＜th＞：表示表格的列标题。

如下代码是表格标记的用法。

行号	代码
1	＜html＞
2	＜head＞
3	＜title＞使用表格＜/title＞
4	＜/head＞
5	＜body＞
6	＜table border = 2 align = center width = 80 %＞
7	＜caption align = top＞学员成绩信息＜/caption＞
8	＜tr＞
9	＜th＞姓名＜/th＞
10	＜th align = "center"＞性别＜/th＞
11	＜th align = "right"＞分数＜/th＞
12	＜/tr＞
13	＜tr＞
14	＜td＞张三＜/td＞
15	＜td align = "center" bgcolor = blue＞男＜/td＞
16	＜td align = "right"＞80＜/td＞
17	＜/tr＞
18	＜tr＞

```
19              <td>李四</td>
20              <td align = "center" bgcolorr_aqua>女</td>
21              <td align = "right">18</td>
22          </tr>
23      </table>
24  </body>
25  </html>
```

保存上述代码，在浏览器中打开该文件，结果如图 2-10 所示。

图 2-10　表格的用法

表格标记<table>的属性主要有以下几个。

(1)align：表格在页面上水平摆放的位置(left、center、right)。

(2)border：表格边框的宽度，单位为像素。

(3)cellpadding：单元格内容与单元格边界之间的空白距离，单位为像素。

(4)cellspacing：单元格之间的距离，单位为像素。

(5)width：表格宽度，取值单位为像素或页面宽度的百分比。

(6)height：表格高度，取值单位为像素或页面高度的百分比。

行<tr>的属性主要有以下几个。

align、valign(垂直对齐方式，取值为 top、middle、bottom、baseline)、bodercolor、bgcolor、bordercolorlight、bordercolordark、height。含义跟前面表格属性对应属性类似。

单元格<td>和<th>的属性主要有以下几个。

width、height、align、valign、bordercolor、bgcolor、bordercolorlight、bordercolordark、colspan(列合并)、rowspan(行合并)等。单元格合并的代码如下。

```
行号    代码
1   <html>
2   <head>
3       <title>复杂表格设计</title>
4   </head>
5   <body>
6   <table width = "90 %" border = "1">
7       <tr>
8           <th width = "15 %" rowspan = "2" align = "center">内容</th>
9       <th width = "85 %" colspan = "3" align = "center" bgcolor = "#80FF80">信
```

息工程学院</th>

10	</tr>
11	<tr>
12	<th width = "26%" align = "center" bgcolor = "#00FFFF">计算机系</th>
13	<th width = "25%" align = "center" bgcolor = "#00FFFF">电子系</th>
14	<th width = "17%" align = "center" bgcolor = "#00FFFF">自动化系</th>
15	</tr>
16	<tr>
17	<th width = "15%" align = "center" bgcolor = "#00FFFF" scope = "row">

教师</th>

18	<th width = "26%" align = "center" >60</th>
19	<th width = "25%" align = "center">75</th>
20	<th width = "17%" align = "center">58</th>
21	</tr>
22	<tr>
23	<th width = "15%" align = "center" bgcolor = "#00FFFF" scope = "row">学

生</th>

24	<th width = "26%" align = "center" >700</th>
25	<th width = "25%" align = "center">860</th>
26	<th width = "17%" align = "center">680</th>
27	</tr>
28	</table>
29	</body>
30	</html>

显示效果如图 2-11 所示。

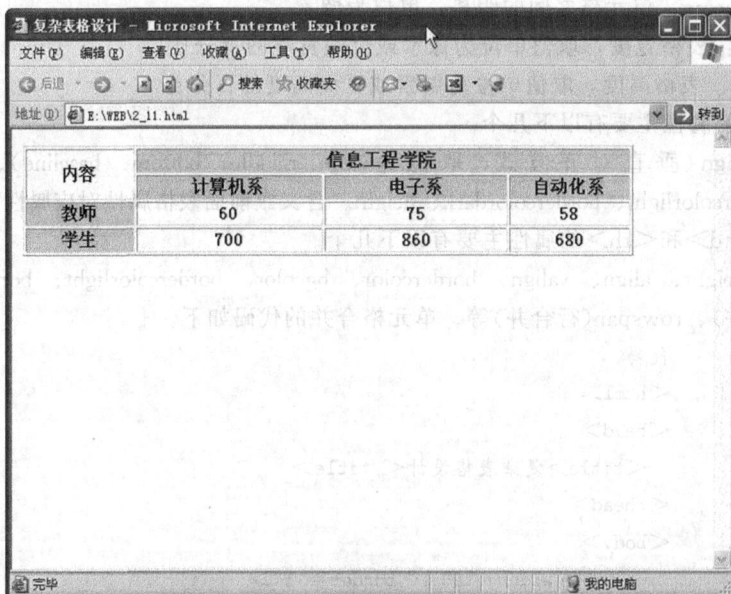

图 2-11　表格的使用

任务 6   在页面中使用框架

通过使用框架，可以在同一个浏览器窗口中显示多个页面。每个 HTML 文档称为一个框架，并且每个框架都独立于其他的框架。

1. 框架和框架集

一般来说，框架(Frames)技术主要通过两种类型的元素来实现，一个是框架集(Frameset)，另一个是框架(Frame)。

所谓框架集，顾名思义，就是框架的集合。框架集实际上是一个页面，用于定义在一个文档窗口中显示多个文档的框架结构。例如，它可以决定文档窗口中显示的文档数目、每个文档的大小，以及文档被载入框架集窗口中的方式等。一般来说，框架集文档中的内容不会显示在浏览器中。所以有时候，我们可以将框架集仅仅看成一个可以容纳和组织多个文档的容器。

所谓框架，就是在框架集中被组织和显示的文档。在框架集中显示的每个框架事实上都是一个独立存在的 HTML 文档。

2. 在页面中使用框架

若在页面中使用框架，框架集文件名为 2_11.html，其代码如下。

```
行号         代码
1           <html>
2           <head>
3           <title>框架结构</title>
4           </head>
5             <frameset rows = "80, * ">
6               <frame src = "top. html" name = "top">
7               <frameset cols = "25 % , * ">
8                 <frame src = "left. html" name = "left" target = "main">
9                 <frame src = "main. html" name = "main">
10              </frameset>
11            </frameset><noframes></noframes>
12          </html>
```

(1)<frameset>标记的常用属性如下。

①cols 属性：用于垂直分割窗口。属性可以用像素、百分比或"*"为单位。根据数字的个数，窗口可被分为若干个。如 cols="3 * , * , 5 * ",窗口被垂直分为三部分，大小比例为 3∶1∶5；如 cols="20%, * "则表示窗口被垂直分为两部分，左边部分占 20%，右边占 80%。

②rows 属性：用于横向分割窗口，方法同上。

(2)<frame>标记常用属性如下。

①src 属性：用于设定框架中要显示的网页。每个框架必须对应一个网页，否则就会产生错误。

②name 属性：用于设定框架的名称，用于在框架之间建立链接。

③noresize 属性：用于设定不允许调整框架大小。

框架文件 left.html 的代码如下所示。

行号	代码
1	`<html>`
2	`<head>`
3	`<title>菜单</title>`
4	`</head>`
5	`<body bgColor="#00cc33">`
6	`<center>`
7	`<h3>标记示例导览</h3>`
8	`<p><a href="../2_2.html" target="main">网页的标题示例</a>`
9	`<p><a href="../2_5.html" target="main">字体标记示例</a>`
10	`<p><a href="../2_6.html" target="main">列表标记示例</a>`
11	`<p><a href="../2_7.html" target="main">链接标记示例</a>`
12	`<p><a href="../2_10.html" target="main">表格标记示例</a>`
13	`<p><a href="../2_8.html" target="main">图像标记示例</a>`
14	`</center>`
15	`</body>`
16	`</html>`

程序代码中第 8 行至第 13 行指定了文字的链接，链接网页在名为 main 的目标框架中显示。

上述定义的框架在浏览器中的显示效果如图 2-12 所示。

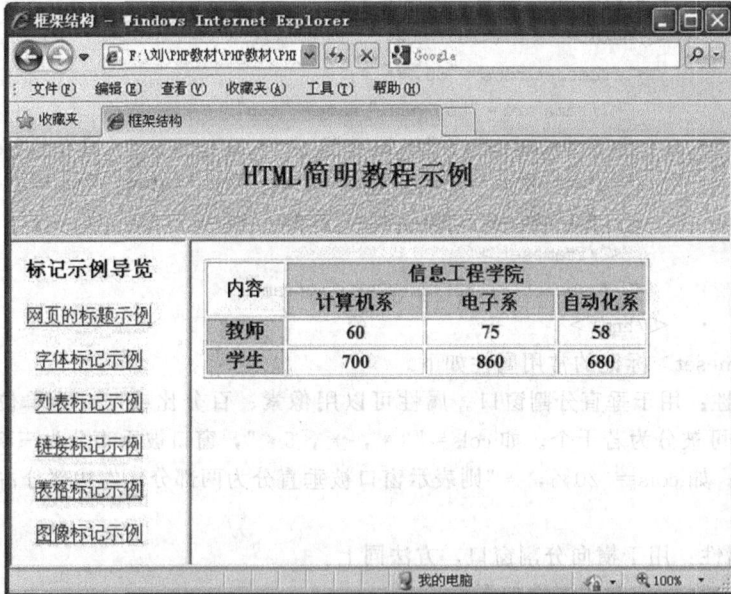

图 2-12　框架的使用

任务 7　在页面中使用表单

表单(Form)在 Web 应用中用于从用户(站点访问者)收集信息，然后将这些信息提交给服务器进行处理。表单中可以包含允许用户进行交互的各种控件，如文本框、列表框、复选框和单选按钮等。用户在表单中输入或选择数据之后将其提交，该数据就会送交给表单处理程序进行处理。表单的使用包括两个部分内容：一部分是用户界面，提供用户输入数据的元件；另一部分是处理程序，可以是客户端程序，在浏览器中执行，也可以是服务器处理程序，处理用户提交的数据，返回结果。这里只介绍如何使用 HTML 的表单标记来设计表单。

1. 表单标记

在 HTML 语言中，表单通过 form 标记来定义。＜form＞＜/form＞标记对可以用来创建一个表单，即定义表单的开始和结束位置，在标记对之间的一切都属于表单的内容。

＜form＞表单具有 Name、Method、Action 和 Target 属性。具体含义如下。

(1) Name：表单的名称，命名表单后，可以使用脚本语言来引用或控制该表单。

(2) Method：定义表单数据传输到服务器的方法，其取值方式为 get 或 post。

(3) Action：处理程序的程序名。

(4) Target：用来指定目标窗口或目标框架。

2. 表单控件

＜input type＝"　"＞标记用来定义一个输入区，可以在其中输入信息，这些标记必须放在＜form＞＜/form＞标记对之间。HTML 表单输入标记中共提供了 9 种类型的输入区域，具体是哪一种类型由 type 属性决定，如表 2-1 所示。

表 2-1　input 标记

Type 属性取值	输入区域类型	输入区域示例
＜input　type＝"text" name＝"　"＞	单行文本域	这是文本域
＜input type＝"submit" value＝""＞	提交按钮	提交按钮
＜input type＝"checkbox" checked＞	复选框	☑
＜input type＝"radio"　checked＞	单选框	◉
＜input type＝"　hidden　"＞	隐藏域	
＜input type＝"image" src＝"" alt＝"" 　　name＝"imgsubmit"＞	图片提交按钮	
＜input type＝"password"＞	密码域	●●●●●●
＜input type＝"file"＞	文件选择器	浏览…
＜input type＝"reset"　value＝""＞	重置按钮	重新填写

此外，这 9 种类型的输入区域有一个公共的属性 name，此属性给每一个输入区域设定一个对应的名字。value 属性是另一个公共属性，它可用来指定输入区域的默认值。处理程序就是通过调用某一区域名字的 value 属性来获得该区域数据的。

3. 其他表单标记

除了使用 input 标记创建输入型表单控件外，也可以使用 textarea 标记创建多行文本框，或者使用 select 标记创建选项菜单，还可以使用 fieldset 标记对表单中的控件进行分组。

(1) 多行文本框 (textarea)。在表单中添加多行文本框可以输入多于一行的文本。创建多行文本框的方法为＜textarea name＝"　" cols＝"" rows＝""＞＜/textarea＞，其中 cols 表示

textarea 的宽度(以行为单位),rows 表示 textarea 的高度(以字符为单位)。

(2)选项菜单(select)。表单中的选项菜单让站点访问者从列表或菜单中选择选项。菜单中可以选择一个选项,也可以选择多个选项。创建选项菜单的方法为＜select name=" " size=" " [multiple]＞＜option value=" "＞选项＜/option＞＜/select＞,其中 name 为选项菜单的名称,size 为列表中一次可看到的选项数目,multiple 为可选项表示是否多选,option 为列表框中的选项。

(3)fieldset 标记对表单控件分组。可以使用 fieldset 标记对表单控件进行分组,从而将表单细分为更小、更易于管理的部分。fieldset 标记必须以 Legend 标记开头,以指定表单组的标题,在 Legend 标记之后可以跟其他表单标记,也可以嵌套 fieldset。创建表单分组的方法为:＜fieldset＞＜Legend＞表单组标题＜/Legend＞组内表单标记＜/fieldset＞。

表单的应用的代码如下。

行号	代码
1	＜html＞
2	＜head＞
3	＜title＞Form 示例＜/title＞
4	＜/head＞
5	＜body＞
6	＜center＞
7	＜h2＞请填写个人信息＜/h2＞
8	＜table border = 1 width = 400＞
9	＜form action = "" method = "post" name = "myform"＞
10	＜tr＞
11	＜td align = "right" width = 200＞姓名:＜/td＞
12	＜td width = 200＞＜input type = "text" name = "user_name"＞＜/td＞
13	＜/tr＞
14	＜tr＞
15	＜td align = "right"＞密码:＜/td＞
16	＜td＞＜input type = "password" name = "user_password"＞＜/td＞
17	＜/tr＞
18	＜tr＞
19	＜td align = "right"＞性别:＜/td＞
20	＜td＞＜input type = "radio" name = "sex" value = "男"＞男
21	＜input type = "radio" name = "sex" value = "女"＞女＜/td＞
22	＜/tr＞
23	＜tr＞
24	＜td align = "right"＞爱好:＜/td＞
25	＜td＞＜input type = "checkbox" name = "love" value = "音乐"＞音乐
26	＜input type = "checkbox" name = "love" value = "计算机"＞计算机
27	＜ input type = "checkbox" name = "love" value = "篮球"＞篮球 ＜/td＞
28	＜/tr＞
29	＜tr＞
30	＜td align = "right"＞从事行业:＜/td＞
31	＜td＞＜select name = "career"＞

```
32                <option value = "教育业">教育业</option>
33                <option value = "金融业" selected>金融业</option>
34                <option value = "制造业">制造业</option>
35                <option value = "旅游业">旅游业</option>
36                <option value = "餐饮业">餐饮业</option>
37                <option value = "IT 业">IT 业</option>
38                <option value = "其他">其他</option>
39             </select>
40          </td>
41       /tr>
42       <tr>
43          <td align = "right">简述：</td>
44          <td><textarea name = "introduction" rows = "4" cols = "25">预设
内容</textarea></td>
45       </tr>
46       <tr>
47          <td align = "right"><input type = "submit" value = "确定"></td>
48          <td><input type = "reset" value = "重新填写"></td>
49       </tr>
50       </form>
51       </table>
52    </center>
53    </body>
54 </html>
```

将文档保存后，在浏览器上的浏览效果如图 2-13 所示。

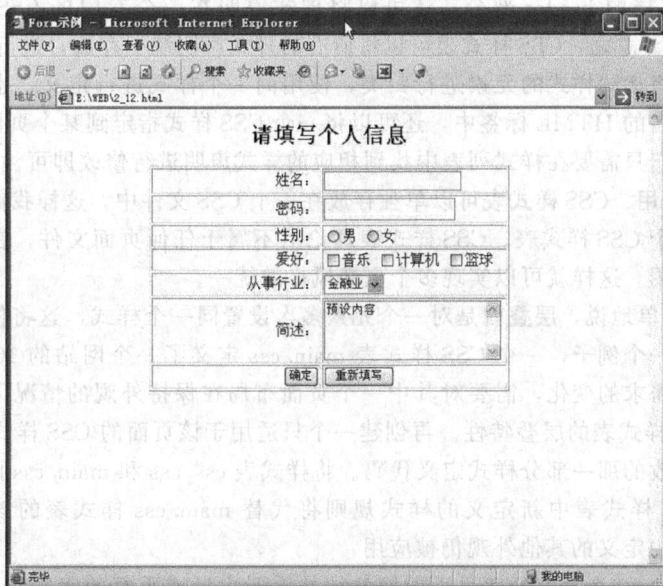

图 2-13　表单的使用

▶ 2.2　基于 DIV＋CSS 的网站构架

任务 8　使用 CSS 层叠样式表

1. CSS 的概念

CSS 是 Cascading Style Sheet 的缩写，中文译为层叠样式表，常称为 CSS 样式表或样式表，其扩展名为 .css。CSS 是用于增强或控制页面样式并允许将样式信息与网页内容分离的一种计算机语言。

W3C 于 1996 年 12 月推出 CSS1.0(Level1)规范，为 HTML4.0 添加了样式。1998 年 5 月又发布了新版本 CSS2.0(Level2)，该版本在兼容旧版本的情况下又扩展了一些其他的内容。2001 年 5 月 23 日 W3C 完成了 CSS3 的工作草案，主要包括盒子模型、列表模块、超链接方式、语言模块、背景和边框、文字特效、多栏布局等模块。CSS 负责为前端开发人员提供丰富的样式来设计网页。CSS 所提供的网页结构内容与表现形式分离的机制大大简化了网站的管理，提高了开发网站的工作效率。CSS 可用于控制任何 HTML 和 XML 内容的表现形式。

在设计页面时，采用 CSS 技术可以有效地对页面的布局、字体、颜色、背景和其他效果实现更加精确的控制。只要对相应的代码做一些简单的修改，就可以改变同一页面的不同部分，或者不同网页的外观和格式。概括来说，CSS 有如下特点。

(1)丰富的样式定义。CSS 提供了丰富的文档样式外观，以及设置文本和背景属性的功能；允许为任何元素创建边框，以及元素边框与其他元素间的距离，以及改变元素边框与元素内容间的距离；允许随意改变文本的大小写方式、修饰方式以及其他页面效果。

(2)易于使用和修改。CSS 可以将样式定义在 HTML 元素的 style 属性中，也可以将其定义在 HTML 文档的 header 部分，还可以将样式声明在一个专门的 CSS 文件中，以供 HTML 页面引用。总之，CSS 样式表可以将所有的样式声明统一存放，进行统一管理。

另外，可以将相同样式的元素进行归类，使用同一个样式进行定义，也可以将某个样式应用到所有同名的 HTML 标签，还可以将一个 CSS 样式指定到某个页面元素中。如果要修改样式，我们只需要在样式列表中找到相应的样式声明进行修改即可。

(3)可重复使用。CSS 样式表可以单独存放在一个 CSS 文件中，这样我们就可以在多个页面中使用同一个 CSS 样式表。CSS 样式表理论上不属于任何页面文件，在任何页面文件中都可以将其引用。这样就可以实现多个页面风格的统一。

(4)层叠。简单地说，层叠就是对一个元素多次设置同一个样式，这将使用最后一次设置的属性值。举一个例子，一个 CSS 样式表 main.css 定义了一个网站的 10 个页面的样式外观，但是由于需求的变化，需要对其中一个页面布局在保持外观的情况下做更改，此时就可以应用 CSS 样式表的层叠特性。再创建一个只适用于该页面的 CSS 样式表 css.css，该样式表中包含修改的那一部分样式定义代码。将样式表 css.css 和 main.css 同时应用在该页面，那么 css.css 样式表中新定义的样式规则将代替 main.css 样式表的该样式规则，而 main.css 样式表中定义的其他外观仍被应用。

(5)页面压缩。一个拥有精美页面的网站往往需要大量或重复的表格和＜font＞标记形成各种规格的文字样式，这样做的后果就是会产生大量的标记，从而使页面文件大小增加。如果将用于描述页面的相似的代码形成块加到 CSS 样式表中，就可以大大地减少页面文件的容积，这样加载页面的时间也会减少。另外，CSS 样式表的复用更大程度地缩减了页面文件的容积，减少了下载的时间。

2. CSS 基础语法

(1)CSS 样式规则。CSS 样式表是由若干条样式规则组成的，这些样式规则可以应用到不同的元素或文档中，从而定义这些元素或文档的显示外观。每一条样式规则都由三部分构成：选择符(selector)、属性(properties)和属性的取值(value)，基本格式如下。

```
selector{property:value}
```

selector 选择符可以采用多种形式，选择符区分大小写。如果定义选择符的属性，则属性和属性值为一组，组与组之间由分号隔开，格式如下。

```
selector{property1:value1;property2:value;…}
```

下面就给出一条样式规则。

```
p{color:red}
```

该样式规则的选择符 p 是指为段落标记<p>提供样式，color 为指定文字颜色的属性，red 为属性值，该规则表示<p>指定的段落文字为红色。

如果属性值由多个字符串和空格组成，那么该属性就必须用双引号。比如设置段落字体为西方 Times New Roman，样式规则如下。

```
p{font-family: "Times New Roman"}
```

如果要为段落标记内容同时设置多种样式，则可以使用下列语句。

```
p{font-family: "隶书"; color:red;font-size:40px;font-weight:bold}
```

一般情况下，为了便于阅读，书写样式规则时可以采用分行的格式，如下所示。

```
p{
font-family: "隶书";
color:red;
font-size:40px;
font-weight:bold;
}
```

(2)CSS 的样式。CSS 代码按照其放置的位置不同可划分为三种 CSS 样式，即内联样式、嵌入样式和外联样式。

①内联样式：内联样式是将样式代码直接内联到标记内，以 style 语句作为属性值，如下所示。

```
<table style = "border-collapse: collapse">
```

这种 CSS 样式与 HTML 标记书写在一起，简单直观并且能够单独控制个别元素的外观。这种方法和传统的外观控制方式没有本质区别，样式代码分布在整个文档中，样式的修改比较困难，而且样式需要重复加载，运行效率较低。因此，一般不推荐使用内联样式。

②嵌入样式：嵌入样式是使用<style>标记将一段 CSS 代码嵌入 HTML 文档中。一般是使用<style>标记将一段 CSS 代码插入 HTML 文档头部，也就是<head></head>标记之间。下面的代码演示了嵌入样式 CSS 的用法。

```
行号     代码
1       <html>
2       <head>
3           <meta http-equiv = "Content-Type" content = "text/html; charset = utf-8"/>
4           <title>忆江南</title>
5           <style type = "text/css">
```

```
6        <! --
7        body {
8                background - image：url(images/bg. jpg)；
9                margin：0px；
10               text-align：center；
11       }
12       p {
13               font-size：14px；font-weight：bold；color：＃9C0；
14       }
15       .ti {
16               font-size：16px；
17               color：＃900；
18       }
19       -- >
20           </style>
21       </head>
22       <body>
23           <p class = "ti">忆江南</font></p>
24           <p>江南好，风景旧曾谙。
25           <p>日出江花红胜火，春来江水绿如蓝。
26           <p>能不忆江南？
27       </body>
28       </html>
```

说明："<! -- …..   -->"是为了不兼容 CSS 的浏览器忽略这段内容，避免出现错误。

程序的运行效果如图 2-14 所示。

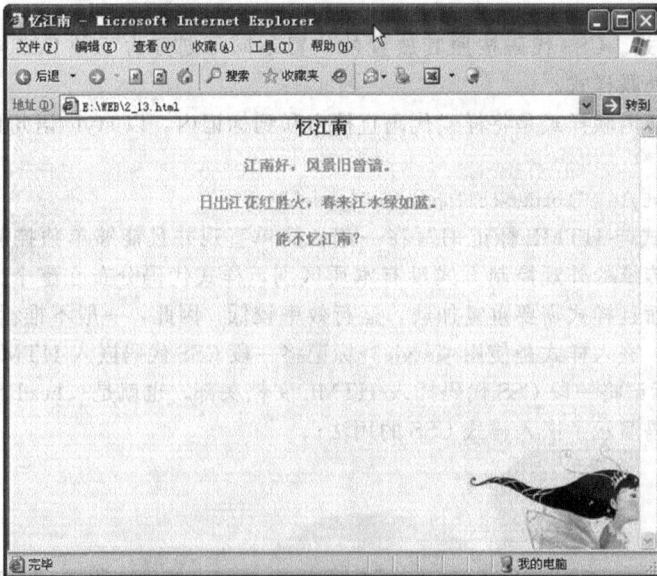

图 2-14   CSS 显示效果

③外联样式：把上例的样式定义部分单独存入一个文本文件，这种文件叫样式文件，扩展名为 .css。需要使用的时候把其导入(链接)到文档中来，这种通过导入(链接)外部的

样式文件的方式叫外联样式。

指定样式文件的标记是<link>，一般使用格式如下。

    <link　rel = "stylesheet"　href = "css/stylesheetl.css"　type = "text/css"/>

该标记一般都放在文档的<head></head>标记之间，href 属性指定了样式文件的路径，type 属性表明这是一个样式文件。

外联式 CSS 样式的应用代码如下所示。

```
行号        代码
1          <html>
2            <head>
3              <meta http-equiv = "Content-Type" content = "text/html; charset = utf-8"/>
4              <title>忆江南</title>
5              <link  href = "images/style.css"  rel = "stylesheet" type = "text/css">
6            </head>
7            <body>
8              <p class = "ti">忆江南</font></p>
9              <p>江南好,风景旧曾谙。
10             <p>日出江花红胜火,春来江水绿如蓝。
11             <p>能不忆江南?
12           </body>
13         </html>
```

(3)选择器。常用的选择器可以分为标记选择器、类选择器、ID 选择器和伪类选择器等。下面分别介绍这些选择符。

①标记选择器：标记选择器是选择符为 HTML 中的标记名称的选择器。我们前面举的例子都是标记选择器，如 p{color：red}，对标记<p>内的内容显示为红色。

标记选择器的作用范围为文档内所使用该标记的所有内容，改变的是该标记的默认显示格式。如：

```
table{background-color:#00FF00;
      border-color:#ff0000;
      }
```

在该文档内的所有表格的背景色为绿色(#00ff00)，边框色为红色(#ff0000)。

②类选择器：使用类选择器能够为相同的标记定义不同的样式，也可以使用到不同的标记上。定义类选择符时，需要在自定义类的名称前面加一个句点 . 。例如，以下为段落标记定义两个类来表示不同的样式。

```
.rr{color:red}
p.green{color:green}
```

在上面两个样式规则中，p 表示样式应用的标记为段落标记<p>，rr、green 为定义的类选择器的类的名称，{}内为样式定义。

将定义的类选择器应用到不同的段落中，只要在<p>标记中指定 class 属性即可。

    <p class = "rr ">红色</p>

    <p class = "green ">绿色</p>

③ID 选择器：在很多方面，ID 选择器类似于类选择器，但有一个重要的区别就是 ID 选择器前不是句点 . ，而是 #。在页面中，具有 ID 属性的标记才能够使用 ID 选择符定义样式，所以与类选择符相比，使用 ID 选择器是有一定局限性的。

    <p id = "fontstyle">段落样式</p>

类选择器与 ID 选择器主要有以下两个区别：类选择器可以给任意数量的标记定义样式，但 ID 选择器在页面的标记中只能使用一次；ID 选择器对给定标记应用何种样式比类选择器拥有更高的优先级。

④伪类选择器：伪类选择器可以被看作一种特殊的类选择器，它是一种能被 CSS 的浏览器自动识别的特殊选择器。伪类选择器的最大作用就是可以对链接的不同状态定义不同的样式效果。伪类选择器定义的样式常应用在定位锚标记＜a＞上，即锚的伪类选择器，它表示动态链接四种不同的状态：未访问的链接(link)、已访问的链接(visited)、激活链接(active)和鼠标停留在链接上(hover)。例如：

    a:link{color:＃FF0000;text-decoration:none}

    a:visited{color:＃00ff00;text-decoration:none}

    a:active{color:＃0000FF;text-decoration:underline}

    a:hover{color:＃FF00FF;text-decoration:underline}

⑤派生选择器：派生选择器也称为上下文选择器或后代选择器，HTML 的标记是有一定的层次关系，标记之间形成一个树形层次结构，CSS 依据元素在其位置的上下文关系来定义样式，这样可以使标记更加简洁。比方说，你希望列表中的 strong 元素变为斜体字，而不是所有的 strong 元素都变为斜体字，可以这样定义一个派生选择器。

行号	代码
1	li strong {
2	font-style: italic;
3	font-weight:normal;
4	}

在上面的例子中，只有列表中的 strong 元素的样式为斜体字，无须为 strong 元素定义特别的 class 或 id，代码更加简洁。

在实际应用中，要注意 CSS 样式的优先级，CSS 样式的优先级为：行内样式＞ID 样式＞类别样式＞标记样式。

(4)盒子模型。CSS 中有个重要的概念，就是盒子模型（Box model），如图 2-15 所示。

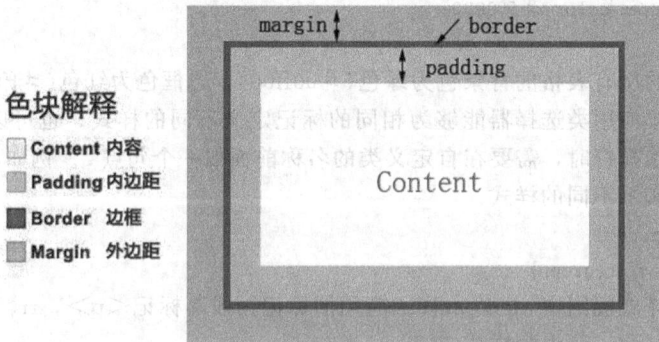

图 2-15　盒子模型

盒子由外至内依次是：margin 外边距、border 边框、padding 内边距、content 内容(文本、图片等)。

下面介绍盒子模型的一些重要属性，这是 CSS 中定位技术的核心部分。

①外边距属性（margin）：用来设置一个元素所占空间的边缘到相邻元素之间的距离。

margin-top：上外边距。

margin-right：右外边距。

margin-bottom：下外边距。

margin-left：左外边距。

margin：上外边距［右外边距　下外边距　左外边距］。

②边框属性（border）：用来设定一个元素的边线（包括线宽、线型、线色）。

border-top-width：上边框宽度。

border-right-width：右边框宽度。

border-bottom-width：下边框宽度。

border-left-width：左边框宽度。

border-width：上边框宽度［右边框宽度　下边框宽度　左边框宽度］。

③内边距属性（padding）：用来设置元素内容到元素边框的距离。

padding-top：上内边距。

padding-right：右内边距。

padding-bottom：下内边距。

padding-left：左内边距。

padding：上内边距［右内边距　下内边距　左内边距］。

④背景属性（background）：指的是 content 和 padding 区域，可设背景颜色或图片背景。

⑤宽高属性（width、height）：指的是 content 区域的宽和高，而不是指整个盒子的宽和高，这在布局时要特别注意。盒子的总宽度＝width＋左右内边距之和＋左右边框宽度之和＋左右外边距之和。盒子的总高度＝height＋上下内边距之和＋上下边框宽度之和＋上下外边距之和。

⑥定位属性：包括定位坐标类型 position 属性、定位坐标（left、top、right、bottom）、文本流 float 属性。

其中，定位坐标有 left、top、right、bottom 四个，一般指盒子一个角，如左上坐标，注意不能同时设定 left/right 或 top/bottom 自相矛盾的坐标，否则出现异常。

position：指定位坐标的类型，有以下几种。

• static：自动定位（默认定位方式），即文本流顺序，从左到右，从上到下，这时指定的定位坐标无效。

• relative：相对定位，相对于"原来的位置"，需设定左上角的偏移量（left、top）。

• absolute：绝对定位，显示在父容器的指定的绝对坐标上。此时将忽略其他对象（块、层、盒子）的存在，会覆盖其他的对象。

• fixed：固定定位，浏览器窗口坐标，固定在窗口的某一位置，不随页面滚动而移动。我们上网常遇到这样的边栏广告，始终显示在窗口的某一位置。

• inherit：继承父容器的 position。

文本流 float：控制文本流的显示方向，可设定为 left、right、none、inherit。取 left 或 right 会影响其他对象（层）的排列。

⑦层叠属性 z-index：控制层（盒子）在 Z 轴上排列次序，为整数，值越大越靠上面。该属性只对 position 设置为 absolute 或 relative 有效。

⑧可见性属性 visibility：控制显示或隐藏，可取 visible、hidden、collapse 和 inherit 等。

说明：盒子模型中的 margin 外边距、border 边框、padding 内边距的四个方向属性可以是不相同的，可分别设置。

任务 9　DIV＋CSS 布局

1. DIV＋CSS 页面布局的优点

在 W3C 标准中，网页主要由三部分组成：结构(Structure)、表现(Presentation)和行为(Behavior)。结构主要用来对网页中的信息进行整理与分类，常用的技术有：HTML、XHTML、XML；表现主要用于对已经被结构化的信息进行显示上的修饰，包括版式颜色大小等，主要技术就是 CSS 层叠样式表；行为主要是指对整个文档内部的一个模型进行定义及交互行为的创建，主要技术有 JavaScript 脚本语言。利用这种模式开发的网页是符合 W3C 设计标准的，有下列优点。

(1)网页开发与维护变得更简单、容易。因为使用了更具有语义和结构化的 XHTML，这让程序员更加容易、快速地理解网页代码。

(2)网页下载、读取速度变得更快。使用 DIV＋CSS 模式开发网页，网页 HTML 代码减少，下载速度更快；因为网页使用相同的 CSS 样式表，不用重复下载和加载，这使得显示速度加快。

(3)网页可访问性和适应性提高。语义化的 HTML 使结构和表现相分离，而使用不同的 CSS 样式表，可以方便地让不同的移动终端等访问，这使网页的表现和内容分离。

2. DIV＋CSS 布局的一般流程

页面布局工作流程，没有统一的规定，是人们在网站开发中不断总结出来的，下面介绍的流程是流行的布局流程。

第一步：使用图形图像制作工具(如 PhotoShop)绘制出网站页面的效果图，以像素为单位，测量出各板块元素的大小及颜色 RGB 值。

第二步：对照效果图，在页面制作工具，如 DreamWeaver、Hbuilder 中，用 DIV＋CSS 代码布局网页框架。

第三步：细化每个板块，填充内容信息。将每个板块的文本，图片、链接等添加到板块中，细化网站的页面。

3. DIV＋CSS 布局实例

(1)设计首页草图。根据我们所做的首页配色及栏目规划，首先我们利用 PhotoShop 等图像处理软件将需要制作的界面布局及首页的效果图进行简单的勾画，图 2-16 是构思好的首页草图。

图 2-16　首页设计草图

（2）网页布局分析。我们需要根据页面设计草图来规划一下页面的布局，仔细分析一下该图，图片大致分为以下几个部分。

①顶部部分，其中又包括了导航、Logo 和一幅 Banner 图片。

②主体部分，又可分为主体内容、侧边栏。

③底部，包括一些版权信息。

经过以上的分析，我们设计出首页的基本布局如图 2-17 所示。

图 2-17　基本布局图

图 2-18 是网页的实际布局，说明一下 DIV 的嵌套关系，这样理解起来就会更简单。

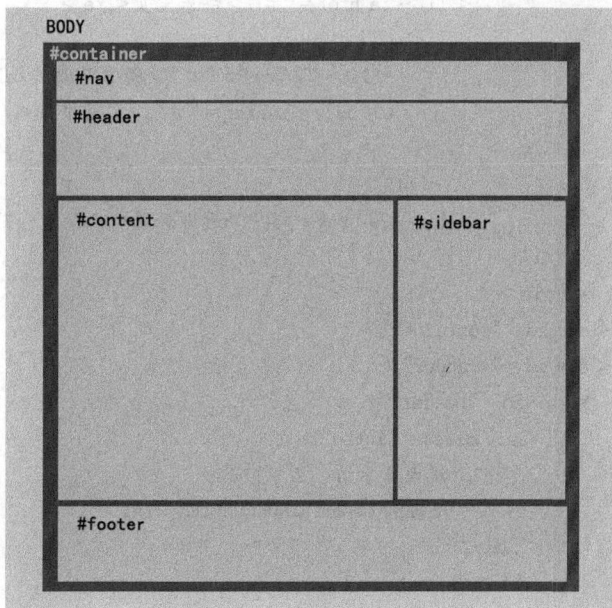

图 2-18　DIV 的嵌套关系

首页文件名 index. html，代码如下。

行号	代码
1	`<html>`
2	`<head>`
3	`<meta http-equiv = "Content-Type" content = "text/html; charset = gb2312"/>`
4	`<title>河南童乐幼儿园</title>`
5	`<link href = "css/style. css" rel = "stylesheet" type = "text/css"/>`
6	`</head>`
7	`<body>`
8	`<div id = "top">`
9	`<ul id = "nav">`
10	`<li><a href = "index. html">首页</a></li>`
11	`<li><a href = "jj. html">幼儿园简介</a>`
12	`<ul>`
13	`<li><a href = "#">幼儿园简介</a></li>`
14	`<li><a href = "#">领导简介</a></li>`
15	`<li><a href = "#">办学理念</a></li>`
16	`</ul>`
17	`</li>`
18	`<li><a href = "#">特色教育`
19	`<ul>`
20	`<li><a href = "#">感觉统合</a></li>`
21	`<li><a href = "#">蒙氏教育</a></li>`
22	`<li><a href = "#">阅读训练</a></li>`
23	`</ul>`
24	`</li>`
25	`<li><a href = "#">快乐宝贝</a>`
26	`<ul>`
27	`<li><a href = "#">精彩活动</a></li>`
28	`<li><a href = "#">宝贝作品</a></li>`
29	`</ul>`
30	`</li>`
31	`<li><a href = "#">教师风采</a></li>`
32	`</ul>`
33	`</div>`
34	`<div id = "container">`
35	`<div id = "wrapper">`
36	`<div id = "header">`
37	`<div class = "intro">`
38	`<h2>河南童乐幼儿园</h2>`
39	`<h1>HENAN TONGLE KINDERGARTEN</h1>`
40	`</div>`
41	`</div>`
42	`<div id = "content">`
43	`<h1>幼儿园简介</h1>`

44   < img src = " images/temp/wsj. jpg" alt = "" width = "240" height = "180"
class = "alignleft"/>幼儿园创办于 1992 年 9 月,一园四址规模,42 个班级,一千多名幼儿,教职
工 220 名。幼儿园在育人环境上充分体现尊重与关爱儿童的理念,每处园所构思新颖、独具一格,
均设有大型室内溜冰场、室内温水游泳池、大型运动器具、翻斗乐、玩沙池、植物园、浴室、洗衣房
等,有设备先进的科技活动室、舞蹈房、建构室、围棋室、图书室、电脑室、钢琴房、古筝室、手风琴房
等。各班均有独立的活动室、卧室、饭厅、洗手间、衣帽间等,并配有多媒体电脑、液晶电视、钢琴、
录像机、投影仪、冷暖……

45   <h1>特色活动</h1>

46   <img class = "alignleft" src = "images/temp/1. jpg" alt = ""/>   幼
儿园在幼儿全面发展的基础上,重视幼儿发展的每一时刻,建构与探索灵活多变的幼儿个性化发
展与社会教育要求共性化的融合。创设条件鼓励幼儿从社会、自然、生活中获得知识和经验。已
形成了有鲜明教学特色的园本化课程体系,"健康课程""探究性课程""环境创设"建设进入全国幼
教改革前列,如溜冰、游泳、现代科技、方案教学等成果已向全国辐射,同样幼儿围棋、陶艺、跆拳
道、钢琴、古筝、乳婴儿亲子活动等全面开花........

47   </div>

48   <div id = "sidebar"><h2>新闻动态</h2>

49   <ul id = "news">

50   <li> < img src = " images/temp/201051916497349. jpg" alt = "" width = "
54"/>

51   <h3>小托班亲子活动</h3>

52   <p>通过这次开展亲子课,发现我们家的宝宝能大胆地在集体场合
下唱歌、玩得那样开心,并能和小朋友分享东西

53   < a href = " # ">More &raquo;</a></p>

54   </li>

55   <li> < img src = "images/temp/2009791156776. jpg" alt = "" width = "
54"/>

56   <h3>五一影展</h3>

57   <p>通过开展这种摄影比赛,主要起到了开拓孩子们的眼界,通过相
片,让孩子们看到更多、了解更多平时自己看不到的事物;更进一步培养孩子的人文关怀素养
     </p>

58   <p>

59   < a href = " # ">More &raquo;</a></p>

60   </li>

61   </ul>

62   <h2>公告</h2>

63   由于近期连续发生几起恶性校园伤害事件,针对以上事件的发生,北京市教育局、
顺义区教委高度重视,五一期间紧急召开校园安全会议,要求各学校自查。做好安全保卫措施,坚
决杜绝校园恶性事件的发生。<span lang = "EN-US" xml:lang = "EN-US"></span> </div>

64   <div id = "footer">

65   <div class = "foot_content">

66   <ul>

67   <li>版权所有:河南童乐幼儿教育</li></ul>

68   <p>All contents copyright &copy;HENAN TONGLE KINDERGARTEN</p>

69   </div> </div>

70   </div>

```
71        </div></div>
72        </body>
73        </html>
```

创建 style.css，并保存到 CSS 文件夹。下面给出部分 CSS 信息，具体 CSS 代码大家可参考相关资料。

```
行号        代码
1         /*页面层容器*/
2         #container {
3             width: 100%;
4             height: 100%;
5             text-align: center;/* IE fix to center the page */
6             position: relative;
7             z-index: 0;
8         }
9         #wrapper {
10            width: 960px;
11            background: url(../images/bg_content.jpg) repeat-y top left;
12            margin: 0 auto;/* center the page in Firefox */
13            text-align: left;
14            position: relative;
15            z-index: 2;
16        }
17        /*页面头部*/
18        #header {
19            width: 100%;
20            height: 214px;
21            background: url(../images/header.jpg) no-repeat;
22            position: relative;
23            z-index: 1;
24            color: white;
25            font-family: "Trebuchet MS",Tahoma, Arial, sans-serif;
26        }
27        /*页面主体*/
28        #content {
29            display: block;
30            float: left;
31            clear: left;
32            width: 635px;
33            padding: 20px;
34            clear: both;
35            text-align: justify;
36            font-size: 0.9em;
37        }
38        /*页面边栏*/
39        #sidebar {
```

```
40              display: block;
41              float: left;
42              width: 255px;
43              padding-left: 15px;
44              margin-bottom: 30px;
45              font-size: 0.8em;
46              background: url(../images/sidebar_bg.jpg) no-repeat 0 0;
47          }
48          /* 页面底部 */
49          #footer {
50          clear: both;
51              width: 960px;
52              height: 100px;
53              background: #F4F4EA url(../images/footer_bg.jpg) repeat-x 0 0;
54              color: #999;
55              font-size: 0.9em;
56              margin-top: 0px;
57              margin-right: auto;
58              margin-bottom: 0px;
59              margin-left: auto;
60          }
```

通过上面详细的实例介绍，大家可以从中理解 DIV＋CSS 如何进行页面布局，为以后使用 PHP 进行 Web 编程奠定扎实的基础。

2.3 JavaScript 客户端脚本语言

任务 10 初识 JavaScript 语言

1. JavaScript 概述

JavaScript 是由 Netscape 公司开发的一种基于对象(Object)和事件驱动(Event Driven)并具有安全性能的脚本语言，或称为描述语言，主要用于 Internet 的用户端。

用户将 JavaScript 代码嵌入普通的 HTML 网页里，由浏览器解释执行，通过操作用户端的对象，实现用户和 Web 用户交互作用，实现实时动态的效果，也可以开发客户端的应用程序等。JavaScript 的出现，使得信息和用户之间不仅只是一种显示和浏览的关系，而是实现了一种实时的、动态的、交互式的表达能力，从而使得基于 CGI 静态的 HTML 页面可提供动态实时信息，并对用户操作进行响应。

JavaScript 具有以下几个基本特点。

(1)它是一种脚本语言。JavaScript 是一种脚本语言，它采用小程序段的方式实现编程。像其他脚本语言一样，JavaScript 同样是一种解释性语言。

(2)它是基于对象的语言。JavaScript 是一种基于对象的脚本语言，它不仅可以创建对象，也能使用现有的对象。

(3)它具有动态性。JavaScript 是动态的，它可以直接对用户或用户输入做出响应，采用以事件驱动的方式进行。比如，按下鼠标、移动窗口、选择菜单等都可以视为事件。当

事件发生后，可能会触发相应的事件响应。

(4)它具有跨平台性。JavaScript 依赖于浏览器本身，与操作环境无关，只要能运行浏览器的计算机，并支持 JavaScript 的浏览器就可以正确执行。

(5)它可节省 CGI 的交互时间。JavaScript 是一种基于用户端浏览器的语言，用户填表、验证的交互过程只是通过浏览器对调入 HTML 文档中的 JavaScript 源代码进行解释执行来完成的，即使是必须调用 CGI 部分，浏览器也只是将用户输入验证后的信息提交给远程的服务器，这大大减少了服务器的负担。

2. 在网页中插入 JavaScript

在页面中引入 JavaScript，只要加上＜script＞标记，再设置一下所用的语言就可以了。如下代码就是在页面中插入 JavaScript。

行号	代码
1	＜html＞
2	＜head＞
3	＜meta http-equiv = "Content-Type" content = "text/html; charset = utf-8"/＞
4	＜title＞JavaScript＜/title＞
5	＜/head＞
6	＜body＞
7	＜script type = "text/javascript"＞
8	document. write("你好,在浏览器上写数据");
9	＜/script＞
10	＜/body＞
11	＜/html＞

上例中使用 type 属性定义脚本语言为 JavaScript 语言，语句"document. write()"的功能是向浏览器里输出括号内的字符串(注意：JavaScript 区分大小写，HTML 不区分大小写)，显示结果如图 2-19 所示。

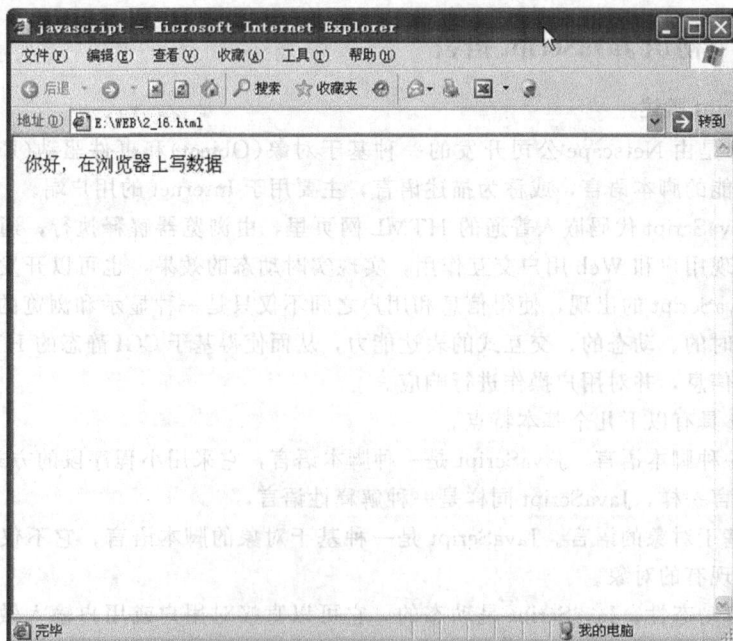

图 2-19 页面中引入 JavaScript 的显示效果

3. JavaScript 的基本语法

JavaScript 是一种脚本语言，它也具有自己的数据类型、变量标识符、运算符和流程控制。JavaScript 和 Java、C 语言的语法非常接近，下面简单介绍 JavaScript 的数据类型、变量和运算符等相关知识。

(1)数据类型。JavaScript 允许三种基本的数据类型：数值类型、字符串类型和布尔类型。它还支持两种常见的复合数据类型：对象类型和数组类型。此外，JavaScript 还定义了其他复合数据类型，如 Date 对象表示的是一个日期和时间类型。JavaScript 有 6 种数据类型，如表 2-2 所示。

表 2-2　JavaScript 的数据类型

数据类型	数据类型名称	示例
Number	数值类型	127、071(八进制)，0x1fa(十六进制)
String	字符串类型	'hello'"Web 编程"
object	对象类型和数组类型	Date，Window，Document，function，Array
boolean	布尔类型	true，false
null	空类型	null
Undefined	未定义类型	没有被赋值的变量所具有的值

(2)变量、运算符、表达式、语句、程序和注释。在 JavaScript 中使用 var 关键字来声明变量。语法格式如下所示。

　　var　var_name;

JavaScript 中变量虽然有类型，但它们是弱类型变量，这跟 Java、C 语言不同。弱类型变量在定义时不用指明是哪种类型，根据变量的值自动转换。

JavaScript 跟 Java、C 语言一样，是一种区分大小写的语言，因此变量 temp 和变量 Temp 代表不同的含义。

JavaScript 中的变量分为全局变量和局部变量两种，其中局部变量就是在函数中定义的变量，只在该函数中有效。如果不写 var 直接对变量进行赋值，那么 JavaScript 将自动把这个变量声明为全局变量。

JavaScript 的运算符、表达式和语句的语法跟 Java、C 语言一致。在此主要介绍警告框、确认框和会话框。

警告框的主要格式为：alert(str)；主要功能为：在网页中显示一个警告框。

确认框的主要格式为：confirm(str)；主要功能为：在网页中显示一个确认框，经常和条件语句结合使用，根据返回值有选择地执行。

会话框的主要格式为：prompt(str1，str2)；主要功能为：在网页中显示一个会话框，str1 为提示信息，str2 为默认值，返回值为输入的字符串。

JavaScript 的语句可分为四类。

①条件和分支语句：if…else 语句，switch 语句。

②循环语句：for 语句、do…while 语句、break 和 continue 语句。

③对象操作语句：new，this 和 with。

④注释语句：//、/* 　 */和<！ —— ——>。

这些语句中除"with"和"<！ —— ——>"两种语句外，其他语句的含义和用法都与 Java、C 语言完全一致。

JavaSript 允许使用传统的 HTML 注释，＜！—和－－＞之间的部分会被注释，注释内容可以一行或多行。

任务 11　使用 JavaScript 的函数

我们可以使用 JavaScript 自定义的函数完成预定的功能，其语法格式如下所示。

行号	代码
1	function 函数名(参数 1，参数 2，…)
2	{
3	语句；
4	return 语句；(也可以没返回值)
5	}

function 表示定义一个函数，函数的执行语句放到大括号之间。函数可以被直接调用，也可以通过 HTML 文档的表单元素来调用。函数的定义和调用的代码如下所示。

行号	代码
1	＜html＞
2	＜head＞
3	＜script type = "text/javascript"＞
4	function squ(x)
5	{
6	return 3.14 * x * x;
7	}
8	＜/script＞
9	＜/head＞
10	＜body＞
11	＜script type = "text/javascript"＞
12	document.write("半径是 5 的圆的面积为：" + squ(5));
13	＜/script＞
14	＜/body＞
15	＜/html＞

body 部分中的脚本调用一个带有一个参数(5)的函数。该函数 squ 返回 3.14 * 5 * 5。结果如图 2-20 所示。

任务 12　使用 JavaScript 的事件

事件处理是对象化编程一个很重要的环节，没有事件处理，程序就会缺乏灵活性。事件处理的过程可以这样表示：发生事件——启动事件处理程序——事件处理程序做出反应。其中，要使事件处理程序能够启动，必须先告诉对象发生了什么事情，要启动什么处理程序，否则这个过程就不能进行下去。事件处理程序可以是任意的 JavaScript 语句，但是一般用特定的自定义函数来处理事件。

事件处理程序一般由事件处理源和事件处理者组成。事件处理源即触发事件的源头，每一个 HTML 标记都可以成为触发事件的条件。事件处理者或者处理事件的 JavaScript 脚本程序是对该事件做出响应的语句。当移动鼠标或敲击键盘时都可能触发事件。常用的 JavaScript 事件如表 2-3 所示。

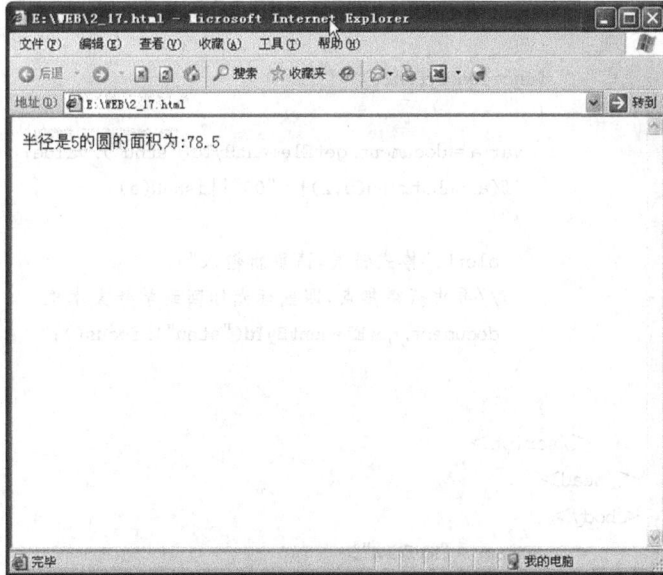

图 2-20　函数的定义和调用

表 2-3　常用的 JavaScript 事件

事件名	说明
onclick	单击鼠标
onchange	文本内容或下拉菜单中的选项发生改变
onfoucs	获得焦点，表示文本框等获得鼠标光标
onblur	失去焦点，表示文本框等失去鼠标光标
onmouseover	鼠标悬停，即鼠标停留在对象的上方
onmouseout	鼠标移出，即离开图片等对象所在的区域
onmousemove	鼠标移动，表示在对象上方移动
onload	网页文档加载事件
onsubmit	表单提交事件
onmousedown	按下鼠标左键
onmouseup	弹起鼠标

在下面的实例中使用焦点事件来处理用户输入的数据是否符合要求，实例文件中的代码如下所示。

```
行号      代码
1         <html>
2         <head>
3         <meta http-equiv = "Content-Type" content = "text/html; charset = utf-8"/>
4             <script language = "JavaScript">
5                 function myfun1()
6                 {
```

47

```
7                    document. getElementById("stnu"). value = "";
8                }
9            function myfun2()
10           {
11              var a = document. getElementById("stnu"). value;
12              if(a. substring(0,2)! = "09"||isNaN(a))
13              {
14                 alert("格式错误,请重新输入");
15                 //再次获得焦点,即鼠标光标回到学号文本框
16                 document. getElementById("stnu"). focus();
17              }
18           }
19       </script>
20    </head>
21    <body>
22       <form name = "myform">
23          <h3>学号:
24          <input name = "stnu" type = "text" id = "stnu" onFocus = "myfun1()"
25                   onBlur = "myfun2()"/>
26          <br>密码:
27          <input name = "pass" type = "text" id = "pass">
28       </h3>
29       </form>
30    </body>
31 </html>
```

注：代码中的 getElementById() 函数可参考下节内容。

将该文件保存，运行该文件，执行结果如图 2-21 所示。

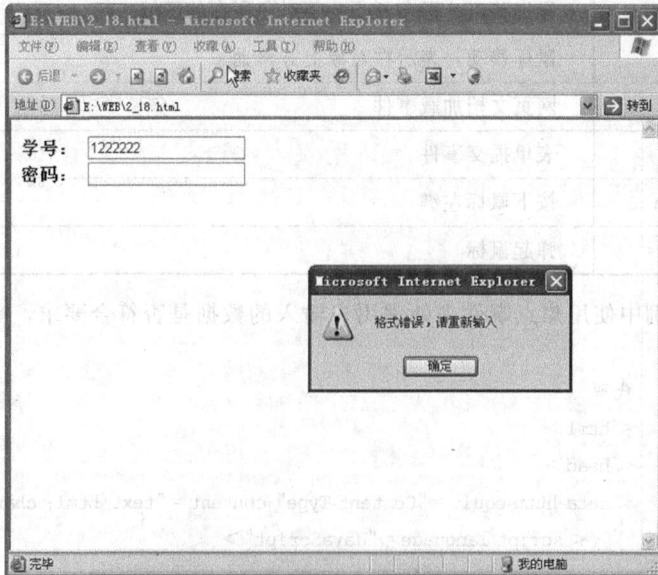

图 2-21   使用焦点事件进行数据验证

在该实例中，焦点事件的事件源是"学号文本框"。当得到焦点时，触发 myfun1() 函数，执行清空里面文本的功能；失去焦点时，触发 myfun2() 函数，执行字符串的校验功能。

JavaScript 程序可以直接嵌套在 HTML 文件中，也可以独立于 HTML 文件而被单独保存在以 .js 结尾的文件中。

如果 JavaScript 程序直接嵌套在 HTML 文件的＜head＞与＜/head＞之间，这时的 JavaScript 脚本可以在本页面的任何位置被调用；若 JavaScript 程序直接嵌套在 HTML 文件的＜body＞与＜/body＞之间，则会在指定的位置显示脚本执行的结果。

使用独立的 .js 文件方式来编写 JavaScript 脚本，可以提高 JavaScript 程序的重用性，因为 .js 文件可以被多个页面引用而互不影响。在实际编程中，经常把 JavaScript 程序保存为独立的 .js 文件，然后在页面中进行引用。如果 JavaScript 程序需要改动，则只需修改这些 .js 文件就可以，而不必对所有引用的页面进行改动。

任务 13　使用 JavaScript 的对象

现实世界中的对象有人、书和照明的灯等实物，而电子世界中的对象则是创建的网页和各种 HTML 元素。对象由两个元素构成：一个是包含数据的属性，另外一个是允许对属性中所有数据进行操作的方法。对于 HTML 按钮，它的名称 name、值 value 就是它的属性，而写 write()、单击 click() 则是它的方法。

在 JavaScript 中，常用的对象有下面几种形式：浏览器对象、脚本对象、HTML 对象。浏览器对象就是浏览器窗口 window、文档 document、URL 地址等；脚本对象是指字符串对象 Sting、日期对象 Date、数字对象 Math、数组等；HTML 对象是各种 HTML 标签：段落＜P＞、图片＜img＞、超链接＜a＞等。实际上还有一个对象也是经常用到的，就是函数对象。

1. String 对象

创建一个 String 对象的语法格式如下所示。

```
new String (stringValue)
```

也可以直接创建 String 对象，如：

```
var s = "hello"
```

字符串作为一个对象有自己的属性和方法，如表 2-4 所示。

表 2-4　字符串的属性和方法

属性和方法	说明
length	返回字符串的长度
big()	增大字符串文本
blink()	使字符串文本闪烁(IE 浏览器不支持)
bold()	加粗字符串文本
fontcolor()	确定字体颜色
italics()	用斜体显示字符串
indexOf("子字符串"，起始位置)	查找子字符串的位置
strike()	显示加删除线的文本

续表

属性和方法	说明
sub()	将文本显示为下标
toLowerCase()	将字符串转化为小写
toUpperCase()	将字符串转化为大写

2. Math 对象

Math 对象是一个内置对象，提供基本数学函数和常用的方法。其常见的属性和方法如表 2-5 所示。

表 2-5　Math 对象常见的属性和方法

属性和方法	说明
PI	π 的值，约 3.141 6
LN10	10 的自然对数的值，约 2.302
E	Euler 常量值，约等于 2.71828。Euler 常量用于作自然对数的底数
abs(y)	返回 y 的绝对值
sin(y)	返回 y 的正弦，以弧度为单位
tan(y)	返回 y 的正切，以弧度为单位
min(x, y)	返回 x 和 y 两个数中较小的数
max(x, y)	返回 x 和 y 两个数中较大的数
random()	返回 0－1 的随机数
round(y)	四舍五入取整
sqrt(y)	返回 y 的平方根

3. Date 对象

Date 对象表示活动当前特定的瞬间，存储的日期为自 1970 年 1 月 1 日 00：00：00 以来的毫秒数。创建一个 Date 对象使用下面的格式：var 日期对象＝new Date(年、月、日等为参数)。Date 对象一共有 4 种类型的方法：set×××用于设置时间和日期值；get×××用于获取时间和日期值；to×××用于从 Date 对象返回字符串值；Parse×××或 UTC×××用于解析字符串。

4. 浏览器内部对象及 DOM 模型

使用浏览器的内部对象可实现与 HTML 文档进行交互，它的作用是将相关元素组织并包装起来提供给程序设计人员使用，从而减少编程人员的劳动，提高设计 Web 页面的能力。

浏览器内部的对象包括：浏览器对象 navigator、屏幕对象 screen 和窗口对象 window。其中窗口对象 window 是最核心对象，在该对象中包含一个文档对象(document)、一个地址对象(location)、一个历史对象(history)和一个表单对象(form)。这些对象是从网页文档中转换而来，这种转换模型叫 Document Object Model(DOM)，所以这些对象又叫文档对象，它们构成一个庞大的文档对象树。

下面是一个文档对象树，如表 2-6 所示。要引用某个对象，就要把父级的对象都列出来。例如，要引用某表单 applicationForm 的某文字框 customerName，就要用 document.
applicationForm. customerName。

表 2-6　文档对象树

● navigator 浏览器对象 ● screen 屏幕对象 ● window 窗口对象 　　○ history 历史对象 　　○ location 地址对象 　　○ frames[]；Frame 框架对象 　　○ document 文档对象
■ anchors[]；links[]；Link 连接对象 　　　■ applets[]；Java 小程序对象 　　　■ embeds[]；插件对象 　　　■ forms[]；Form 表单对象
■ Button 按钮对象 　　■ Checkbox 复选框对象 　　■ elements[]；Element 表单元素对象 　　■ Hidden 隐藏对象 　　■ Password 密码输入区对象 　　■ Radio 单选按钮对象 　　■ Reset 重置按钮对象 　　■ Select 选择区(下拉菜单、列表)对象
■ options[]；Option 选择项对象 　　　■ Submit 提交按钮对象 　　　■ Text 文本框对象 　　　■ Textarea 多行文本输入区对象 　　　■ images[]；Image 图片对象

在前面已谈到"要引用某个对象，就要把父级的对象都列出来"。这种按对象的层次来引
用对象有时会觉得太过烦琐，W3C 提供 getElementById()、getElementsByName() 和
getElementsByTagName()三个函数来直接访问对象。

（1）getElementById()。据 ID 值来访问，如 var obj = document. getElementById
("userId")；id 具有唯一性，所以返回的是一个唯一的对象。

（2）getElementsByName()。据 name 属性来访问对象，由于 name 属性允许重复，返回
的是数组。（注意单词的拼写，是复数形式）比如，有两个 DIV，如下所示。

　　　＜div name = "docname" id = "docid1"＞＜/div＞
　　　＜div name = "docname" id = "docid2"＞＜/div＞

那么可以用 getElementsByName("docname")获得这两个 DIV，用 getElementsByName
("docname")[0]访问第一个 DIV。

（3）getElementsByTagName()。据标记名来访问元素，显然返回也是数组，但同一标
记对应很多元素。

通过上面的比较，可看出用 getElementById()访问对象最为方便。下面的代码是这三
个函数的应用。

行号	代码
1	`<! DOCTYPE html PUBLIC "-//W3C//DTD XHTML 1.0 Transitional//EN" "http://www.w3.org/TR/xhtml1/DTD/xhtml1-transitional.dtd">`
2	`<html xmlns = "http://www.w3.org/1999/xhtml">`
3	`<head>`
4	`<meta http-equiv = "Content-Type" content = "text/html; charset = gb2312"/>`
5	`<title>无标题文档</title>`
6	`</head><body id = "uu2">`
7	`<script type = "text/jscript">`
8	`function subs(m){`
9	`document. getElementById("uu"). src = m;`
10	`}`
11	`function sub2(m){`
12	`document. getElementById("uu2"). style. background = m;`
13	`}`
14	`</script>`
15	`<img src = "101. gif"   id = "uu" width = "50" height = "50"/>`
16	`<select onchange = "subs(this. value)">`
17	`<option value = "001. JPG">第一个</option>`
18	`<option value = "002. JPG">第二个</option>`
19	`</select>`
20	`<select onchange = "sub2(this. value)">`
21	`<option value = "red">红色</option>`
22	`<option value = "blue">蓝色</option>`
23	`<option value = "yellow">黄色</option>`
24	`</select>`
25	`</body>`
26	`</html>`

在浏览器中运行调试，当选择第一个下拉列表框时可以改变选择的图像，当选择第二个下拉列表框时可以改变网页背景颜色。

JavaScript 的窗体对象、文档对象、历史对象、地址对象也是经常使用的，下面介绍这些对象的属性及应用。

(1)window 窗口对象。window 窗口对象是最大的对象，它描述的是一个浏览器窗口。一般在引用它的属性和方法时，不需要用 window.×××这种形式，而直接使用×××。表 2-7 列出了 window 对象的常用的属性和方法。

表 2-7　window 对象的常用的属性和方法

常用的属性和方法	说明
name	设置或检索窗口或框架的名称
status	设置或检索窗口底部状态栏中的消息
opener	返回打开本窗口的窗口对象
self	指窗口本身，最常用的是"self. close()"
parent	返回窗口所属的框架页对象

续表

常用的属性和方法	说明
alert（"警告信息"）	显示包含消息的对话框
comfirm（"确定信息"）	显示一个确认对话框，包含确认取消按钮
prompt（"提示信息"）	弹出提示信息框
open（"url","name","params"）	打开具有指定名称的新窗口，并加载给定 URL 所指定的文档；如果没有提供 URL，则打开一个空白文档
close()	关闭当前窗口
setTimeout（"函数"，毫秒数）	设置计时器；经过指定毫秒值后执行某个函数
clearTimeout（定时器对象）	关闭定时器对象
blur()	使焦点从窗口移走，窗口变为"非活动窗口"
focus()	使窗口获得焦点，变为"活动窗口"

事件：onload；onunload；onresize；onblur；onfocus；onerror

例如：打开一个 400×100 的的窗口。

open（'','_blank','width = 400,height = 100,menubar = no,toolbar = no,location = no, directories = no,status = no,scrollbars = yes,resizable = yes'）

其中的参数如表 2-8 所示。

表 2-8　窗口参数列表

参数	含义	参数	含义
top=♯	窗口顶部位置	location=…	地址栏，取值 yes 或 no
left=♯	窗口左端位置	directories=…	连接区，取值 yes 或 no
width=♯	宽度	scrollbars=…	滚动条，取值 yes 或 no
height=♯	高度	status=…	状态栏，取值 yes 或 no
menubar=…	菜单，取值 yes 或 no	resizable=…	窗口调整大小，取值 yes 或 no
toolbar=…	工具条，取值 yes 或 no		

（2）history 历史对象。历史对象指浏览器的浏览历史。其主要属性和方法如表 2-9 所示。

表 2-9　history 历史对象的主要属性和方法

主要属性和方法	说明
length	历史的项数。JavaScript 所能管到的历史被限制在用浏览器的"前进""后退"键可以去到的范围
back()	后退，跟按下"后退"键是等效的
forward()	前进，跟按下"前进"键是等效的
go()	用法：history.go(x)；在历史的范围内去到指定的一个地址。如果 $x<0$，则后退 x 个地址，如果 $x>0$，则前进 x 个地址，如果 $x==0$，则刷新现在打开的网页。history.go(0) 跟 location.reload() 是等效的

(3)location 地址对象。它描述的是某一个窗口对象所打开的地址。要表示当前窗口的地址，只需要使用 location 就行了；若要表示某一个窗口的地址，就使用＜窗口对象＞.location。主要属性和方法如下。

①protocol：返回地址的协议，取值为'http：'，'file：'等。

②hostname：返回地址的主机名，例如，一个 http://www.microsoft.com/china/的地址，location.hostname='www.microsoft.com'。

③port：返回地址的端口号，一般 http 的端口号是'80'。

④host：返回主机名和端口号，如：'www.a.com：8080'。

⑤pathname：返回路径名，如 http://www.a.com/b/c.html，location.pathname='b/c.html'。

⑥search：返回? 以及以后的内容，如 http://www.a.com/b/c.asp? selection ＝3&jumpto=4，location.search='? selection＝3&jumpto=4'；如果地址里没有"?"，则返回空字符串。

⑦href：返回以上全部内容，也就是说，返回整个地址。在浏览器的地址栏上怎么显示它就怎么返回。如果想一个窗口对象打开某地址，可以使用 location.href='...'，也可以直接用 location='...'来达到此目的。

⑧reload()相当于按浏览器上的"刷新"(IE)或"Reload"(Netscape)键。

⑨replace()打开一个 URL，并取代历史对象中当前位置的地址。用这个方法打开一个 URL 后，按下浏览器的"后退"键将不能返回到刚才的页面。

(4)document 文档对象。描述当前窗口或指定窗口对象的文档。它包含了文档从＜head＞到＜/body＞的内容。使用格式为：

document(当前窗口)或＜窗口对象＞.document（指定窗口）

document 文档对象的属性和方法如表 2-10 所示。

表 2-10　document 文档对象的属性和方法

属性和方法	说明
title	指＜head＞标记里用＜title＞...＜/title＞定义的文字
fgColor	指＜body＞标记的 text 属性所表示的文本颜色
bgColor	指＜body＞标记的 bgcolor 属性所表示的背景颜色
linkColor	指＜body＞标记的 link 属性所表示的连接颜色
alinkColor	指＜body＞标记的 alink 属性所表示的活动连接颜色
vlinkColor	指＜body＞标记的 vlink 属性所表示的已访问连接颜色
write(); writeln()	向文档写入数据，所写入的会当成标准文档 HTML 来处理
clear()	清空当前文档
close()	关闭文档，停止写入数据。如果用了 write[ln]()或 clear()方法，就一定要用 close()方法来保证所做的更改能够显示出来

(5)forms[]；Form 表单对象。document.forms[]是一个数组，包含了文档中所有的表单(＜form＞)。要引用单个表单，可以用 document.forms[x]，但是一般来说，人们都会这样做：在＜form＞标记中加上 name="..."属性，那么直接用 document.＜表单名＞就可以引用了。

①name：返回表单的名称，也就是＜form name="…"＞属性。

②action：返回/设定表单的提交地址，也就是＜form action="…"＞属性。

③method：返回/设定表单的提交方法，也就是＜form method="…"＞属性。

④target：返回/设定表单提交后返回的窗口，也就是＜form target="…"＞属性。

⑤encoding：返回/设定表单提交内容的编码方式，也就是＜form enctype="…"＞属性。

⑥length：返回该表单所含元素的数目。

⑦reset()：重置表单。这与按下"重置"按钮是一样的。

⑧submit()：提交表单。这与按下"提交"按钮是一样的。

事件主要有：onsubmit；onreset()。

(6)表单元素

按钮、提交按钮的属性和方法：name，value，form，blur()，focus()，click()[通过 name、value 取值、blur()、focus()控制输入焦点]。

①文本框、密码框、文本域的属性和方法：name、value、form、defaultvalue、blur()、focus()、select()[其中 select()可程序控制选择文本]。

②单选域常用属性和方法：name、vlaue、form、checked、defautChecked、blur()、focus()、click()(其中 checked 是一个布尔值，可控制选中与否。defaultChecked 返回/设定该复选框对象默认是否被选中，也是一个布尔值)。

③select 选择框常用属性和方法：name、length、selectIndex、form、blur()、focus()(其中 selectIndex 返回选中项的下标值，第一项为 0)。

④options[]：options[]是一个数组，包含了在同一个 Select 对象下的 Option 对象。Option 对象由＜select＞下的＜options＞指定。属性有 length、selectedIndex，与所属 Select 对象的同名属性相同。

⑤Option 对象常用属性和方法：text(返回/指定 Option 对象所显示的文本)、value、index(返回该 Option 对象的下标)、selected (返回/指定该对象是否被选中，通过指定 true 或者 false，可以动态地改变选中项)，defaultSelected 返回该对象默认是否被选中(true/false)。

要获取 select 选择框选择中的文本值，下面的代码片段演示了如何获取 select 选择框中的文本值。

```
行号      代码
1        var i = document. formName. selectName. selectIndex;   //获取选中内容的下标
2        var obj = document. formName. selectName. options[i]; //获取选中的 option 对象
3        var a = obj. text;//获取选项的标签 text
4        var b = obj. value;//获取选项值 value
```

DIV＋CSS＋JavaScript 用来布局页面以实现所需的网页特效，由于易于修改、维护方便而受到网页设计者的青睐，相信大家学习过本章内容后，一定对网页布局有更深一步的了解。

2.4　HTML5 与 CSS3 应用

任务 14　HTML5 语法结构

1. HTML5 概述

HTML5 是 HTML 最新的修订版本，2014 年 10 月由万维网联盟(W3C)完成标准制定。

HTML5 的设计目的是为了在移动设备上支持多媒体。HTML5 简单易学。

HTML5 中新增了一些有趣的新特性:

(1)新的特殊内容元素,如 header、nav、section、article、footer。

(2)新的表单控件,如 calendar、date、time、email、url、search。

(3)用于绘画的 canvas 元素。

(4)用于媒体播放的 video 和 audio 元素。

(5)对本地离线存储更好的支持。

(6)地理位置、拖曳、摄像头等 API。

现今浏览器的许多新功能都是从 HTML5 标准中发展而来的。目前常用的浏览器有 IE、火狐(Firefox)、谷歌(Chrome)、Safari、360 和 Opera 等,都支持 HTML5。此外,所有浏览器,对无法识别的元素会作为内联元素自动处理。

2. HTML5 语法结构

HTML5 的一个很大的目标就是提高浏览器之间的兼容性,这需要有一个统一的标准。因此,HTML5 重新定义了一套在现有 HTML4 基础上修改而来的语法。HTML5 语法的改变如下。

(1)标签不区分大小写。HTML5 采用宽松的语法格式,标签可以不区分大小写,这是 HTML5 语法变化的重要体现。例如:

<p>这里的 p 标签大小写不一致</P>

(2)允许属性值不使用引号,使用引号时不区分单引号和双引号。例如:

<input checked = a type = checkbox/>

<input readonly = 'readonly' type = "text"/>

(3)允许部分属性值的属性省略。例如:

<input checked type = "checkbox"/>

(4) HTML 5 的 DTD 声明。在 HTML5 中刻意不使用版本声明,一份文档将会适用于所有版本的 HTML,HTML5 中的 DTD 声明方法如下:

<! DOCTYPE html>

(5)设置页面字符编码。

<meta charset = "UTF-8">

(6)HTML5 的文档结构。

行号	代码
1	<! DOCTYPE html>
2	<html>
3	<head>
4	<meta charset = "utf-8">
5	<title></title>
6	</head>
7	<body>
8	</body>
9	</html>

任务 15　HTML5 新增和废除元素

1. 新表单元素

表 2-11　新表单元素说明

标签	描述
＜datalist＞	定义选项列表。请与 input 元素配合使用该元素，来定义 input 可能的值
＜keygen＞	规定用于表单的密钥对生成器字段
＜output＞	定义不同类型的输出，如脚本的输出

2. 新多媒体元素

表 2-12　新多媒体元素说明

标签	描述
＜audio＞	定义音频内容
＜video＞	定义视频（video 或者 movie）
＜source＞	定义多媒体资源 ＜video＞ 和 ＜audio＞
＜embed＞	定义嵌入的内容，如插件
＜track＞	为诸如＜video＞ 和 ＜audio＞ 元素之类的媒介规定外部文本轨道

3. 新语义和结构元素

表 2-13　新语义和结构元素说明

标签	描述
＜article＞	定义页面独立的内容区域
＜aside＞	定义页面的侧边栏内容
＜bdi＞	允许您设置一段文本，使其脱离其父元素的文本方向设置
＜command＞	定义命令按钮，如单选按钮、复选框或按钮
＜details＞	用于描述文档或文档某个部分的细节
＜dialog＞	定义对话框，如提示框
＜summary＞	标签包含 details 元素的标题
＜figure＞	规定独立的流内容（图像、图表、照片、代码等）
＜figcaption＞	定义 ＜figure＞ 元素的标题
＜footer＞	定义 section 或 document 的页脚
＜header＞	定义了文档的头部区域
＜mark＞	定义带有记号的文本
＜meter＞	定义度量衡。仅用于已知最大和最小值的度量
＜nav＞	定义运行中的进度（进程）
＜progress＞	定义任何类型的任务的进度
＜ruby＞	定义 ruby 注释（中文注音或字符）

标签	描述
<rt>	定义字符(中文注音或字符)的解释或发音
<rp>	在 ruby 注释中使用,定义不支持 ruby 元素的浏览器所显示的内容
<section>	定义文档中的节(section、区段),如章节、页眉、页脚或文档中的其他部分
<time>	定义日期或时间
<wbr>	规定在文本中的何处适合添加换行符

在下面的实例中使用结构元素来搭建网页布局,实例文件中的代码如下所示。

```
行号    代码
1      <! DOCTYPE html>
2      <html>
3        <head>
4          <meta charset = "utf-8">
5          <title>HTML5 结构元素</title>
6          <style>
7          * {
8              text-align: center;
9              margin:0px;
10             padding:0px;
11         }
12         nav{
13             height:60px;
14             background-color: #ff0000;
15         }
16         header{
17             height:200px;
18             background-color: darkturquoise;
19         }
20         article{
21             height:500px;
22             background-color: blueviolet;
23         }
24         aside{
25             background-color: darkcyan;
26             width:300px;
27             height:100%;
28             float:right;
29
30         }
31         footer{
32             height:100px;
33             background-color: chocolate;
34         }
```

```
35              </style>
36          </head>
37          <body>
38              <nav>导航</nav>
39              <header>顶部</header>
40              <article>主体区域<aside>侧边栏</aside></article>
41              <footer>版权信息</footer>
42          </body>
43      </html>
```

将该文件保存，运行该文件，执行结果如图 2-22 所示。

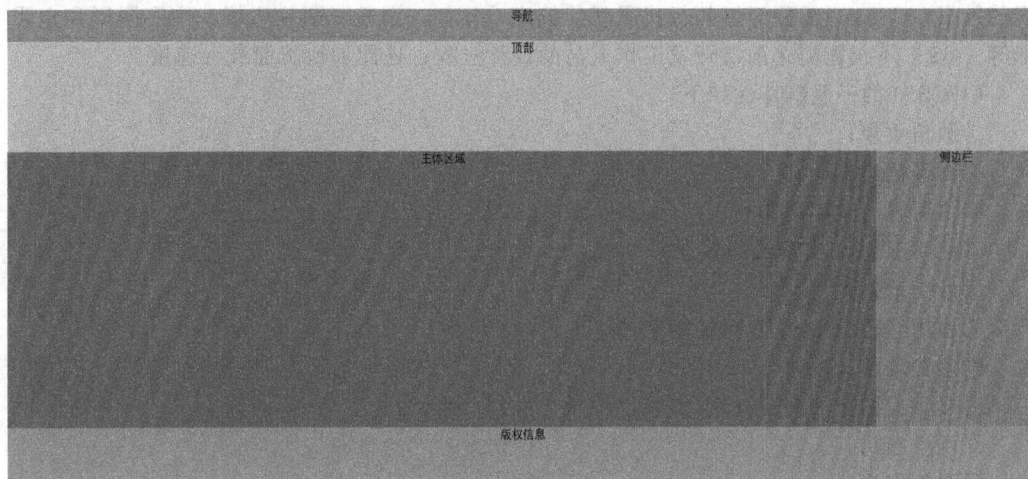

图 2-22　使用结构元素进行页面布局

4. 已移除的元素

(1)能使用 CSS 代替的元素。basefont、big、center、font、s、strike、tt、u。

(2)frame 框架。由于 frame 框架对页面可用性存在负面影响，在 HTML5 里面已经不支持 frame 框架，只支持 iframe 框架，同时废除 frameset 元素、frame 元素与 noframes 元素。

(3)只有部分浏览器支持的元素。对于 applet，bgsound，blink，marquee 元素，由于只有部分浏览器支持这些元素，特别是 bgsound 元素和 marquee 元素，只被 IE 浏览器支持，所以在 HTML5 里面被废除；而 applet 元素可以由 embed 元素或者 object 元素代替，bgsound 元素由 audio 元素代替，marquee 可以使用 JavaScript 来代替。

(4)其他被废除的元素。

①废除 rb 元素，使用 ruby 元素代替；

②废除 acronym 元素，使用 abbr 元素代替；

③废除 dir 元素，使用 ul 元素代替；

④废除 inindex 元素，使用 form 元素与 input 元素相结合的方式代替；

⑤废除 listing 元素，使用 pre 元素代替；

⑥废除 xmp 元素，使用 code 元素代替；

⑦废除 nextid 元素，使用 guids 代替；

⑧废除 plaintext 元素，使用"text/plian"MIME 类型代替。

任务 16   CSS3 概述

从 2010 年开始，HTML5 与 CSS3 就一直是互联网技术中最受关注的两个话题。CSS3 是 CSS 技术的升级版本，是最新的 CSS 标准，CSS3 语言开发是朝着模块化发展的。以前的规范作为一个模块太庞大而且比较复杂，所以，把它分解为一些小的模块，更多新的模块也被加入进来。这些模块包括：盒子模型、列表模块、超链接方式、语言模块、背景和边框、文字特效、多栏布局等。

CSS3 已完全向前兼容，所以不必改变现有的设计。

CSS3 到底给我们带来了哪些新特性呢？简单地说，很多以前需要使用图片和脚本来实现的效果，CSS3 只需要短短几行代码就能搞定。比如，圆角、图片边框、文字阴影和盒阴影等。CSS3 不仅能简化前端开发工作人员的设计过程，还能加快页面载入速度。

(1)CSS3 的一些新特性如下。

①圆角效果；

②图形化边界；

③块阴影与文字阴影；

④使用 RGBA 实现透明效果；

⑤渐变效果；

⑥使用@Font-Face 实现定制字体；

⑦多背景图；

⑧文字或图像的变形处理(旋转、缩放、倾斜、移动)；

⑨网格布局；

⑩媒体查询。

(2)CSS3 浏览器支持情况如图 2-23 所示，由于各浏览器厂商对 CSS3 各属性的支持程度不一样，所以在标准尚未明确的情况下，会用厂商的前缀加以区分，通常把这些加上私有前缀的属性称之为"私有属性"。各主流浏览器都定义了自己的私有属性，以便让用户更好地体验 CSS 的新特性，表 2-14 中列举了各主流浏览器的私有前缀。

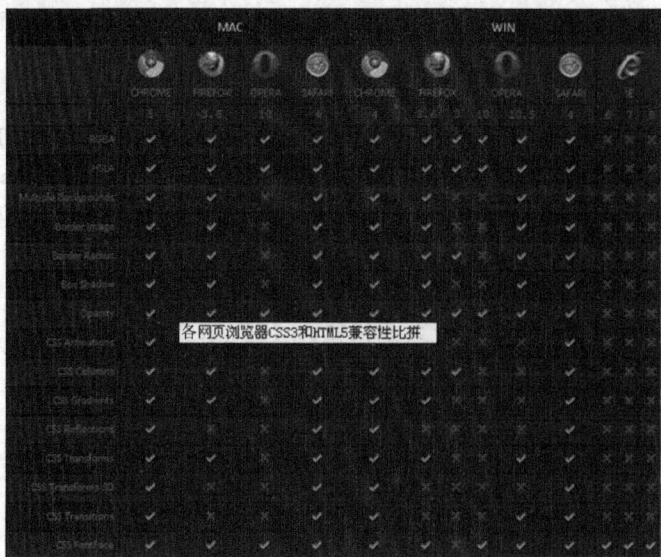

图 2-23   CSS3 浏览器支持情况

表 2-14　各主流浏览器的私有前缀

内核类型	相关浏览器	私有前缀
Trident	IE8/IE9/IE10	-ms
Webkit	谷歌(Chrome)/Safari	-webkit
Gecko	火狐(Firefox)	-moz
Blink	Opera	-o

CSS3 被拆分为"模块"。旧规范已被拆分成小块，还增加了新的。一些最重要 CSS3 模块如下。

①CSS3 选择器；

②CSS3 文字与文字相关样式；

③CSS3 盒相关样式；

④CSS3 背景与边框相关样式；

⑤CSS3 中的变形处理；

⑥CSS3 布局相关样式；

⑦CSS3 媒体查询(Media Queries)；

⑧CSS3 颜色相关样式；

⑨CSS3 渐变。

(3)网格布局。在下面的实例中使用 CSS3 中的网格布局对页面进行重构。网格布局系统带有行和列，可以让我们更轻松地设计网页，并且不需要使用浮动和定位。

以下是一个简单的网页布局，使用了网格布局，包含六列和三行。实例文件中的代码如下所示。

```
行号        代码
1          <! DOCTYPE html>
2          <html>
3          <head>
4          <meta charset = "utf-8">
5          <title>网格布局</title>
6          <style>
7            .item1 { grid-area: header; }
8            .item2 { grid-area: menu; }
9            .item3 { grid-area: main; }
10           .item4 { grid-area: right; }
11           .item5 { grid-area: footer; }
12           .grid-container {
13             display: grid;
14             grid:
15             'header header header header header header'
16             'menu main main main right right'
17             'menu footer footer footer footer footer';
18             grid-gap: 10px;
19             background-color: #2196F3;
20             padding: 10px;
```

```
21                    }
22              .grid-container>div {
23                  background-color: rgba(255, 255, 255, 0.8);
24                  text-align: center;
25                  padding: 20px 0;
26                  font-size: 30px;
27                  }
28          </style>
29          </head>
30          <body>
31              <div class = "grid-container">
32              <div class = "item1">头部</div>
33              <div class = "item2">菜单</div>
34              <div class = "item3">主要内容区域</div>
35              <div class = "item4">右侧</div>
36              <div class = "item5">底部</div>
37              </div>
38          </body>
39          </html>
```

将该文件保存，运行该文件，执行结果如图 2-24 所示。

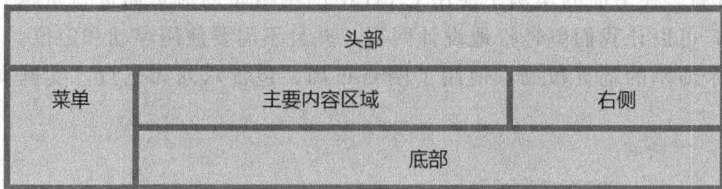

图 2-24　使用 CSS3 进行页面布局

　　(4)媒体查询。CSS3 的媒体查询继承了 CSS2 的所有思想，取代了查找设备的类型，CSS3 根据设置自适应显示。这就可以解决响应式布局问题。响应式布局是 Ethan Marcotte 在 2010 年 5 月提出的一个概念，就是一个网站能够兼容多个终端——而不是为每个终端做一个特定的版本。

　　多媒体查询语法：多媒体查询由多种媒体组成，可以包含一个或多个表达式，表达式根据条件是否成立返回 true 或 false。

```
行号        代码
1           @media not|only mediatype and (expressions) {
2               CSS 代码 ...；
3           }
```

　　如果指定的多媒体类型匹配设备类型则查询结果返回 true，文档会在匹配的设备上显示指定样式效果。

　　以下实例中在屏幕可视窗口尺寸小于 992 像素(中等屏幕)的设备上修改背景颜色为绿色。实例文件中的代码如下所示。

```
行号        代码
1           <! DOCTYPE html>
2           <html>
```

```
3              <head>
4                  <meta charset = "utf-8">
5                  <title>媒体查询</title>
6                  <style>
7                  @media screen and (max-width:992px) {
8                      body {
9                          background-color: lightgreen;
10                     }
11                 }
12                 </style>
13             </head>
14             <body>
15             </body>
16         </html>
```

▶ 实训项目 2

主题：制作一个登录界面，利用 DIV＋CSS 布局页面，并在页面中利用 HTML 制作表单，对其中的数据进行验证。

1. 参考知识点

(1) HTML 基本语法。

(2) HTML 标记。

(3) CSS 语法。

(4) 在页面中添加 JavaScript。

2. 参考技能点

(1) DIV＋CSS 布局页面。

(2) 添加 JavaScript 脚本，并进行表单验证。

3. 实训训练目的

(1) 掌握常用的 HTML 标记。

(2) 理解 DIV＋CSS 的基本思想。

(3) 掌握在页面中插入 JavaScript。

4. 提交材料

完成的页面。

第 3 章　构建基于 PHP 的 Web 编程运行环境

　　PHP 是一种跨平台的服务器端脚本语言，它不但大量地借用了 C＋＋、Java 和 Perl 语言的语法，还突出了 PHP 自身的特征，使 Web 开发者能够快速写出动态网页代码。PHP 程序是运行在服务器端的程序，因此需要首先搭建一个 PHP 程序能够运行的平台。

　　本章主要介绍 Windows 和 Linux 平台下如何搭建 PHP 的动态 Web 开发环境，通过本章的学习使读者熟悉在 Windows 和 Linux 不同操作系统环境下如何搭建一个有效的 PHP 程序运行的平台。

工作过程

　　制作一个动态网站，就要学习如何搭建 PHP 动态 Web 运行环境，由于 PHP 程序的跨平台特性，所以可以在 UNIX、Linux、Windows 操作系统下搭建 PHP Web 运行环境，PHP 程序是需要访问数据库的，所以我们还需要 MySQL 搭建基于不同操作系统平台的数据库服务器。本章我们主要就常用的 Ubuntu16.04 操作系统和 Windows Server 2012 操作系统进行基于 PHP 的 Web 编程运行环境和数据库的搭建和测试，所使用平台的高版本也可以在相关网站中下载。

知识领域

　　在搭建基于 PHP 的 Web 编程运行环境时，可以在 UNIX/Linux 和 Windows 操作系统上搭建，在 PHP 发展的早期只支持基于 UNIX/Linux 的操作系统，随着 PHP 的发展，人们觉得在缺少集成开发环境的 UNIX/Linux 操作系统下进行 PHP 程序的开发不是很理想，所以就开发出来了基于 Windows 平台的 PHP Web 编程运行环境。目前流行的开发方式是在一台计算机上搭建 Linux 平台作为服务器，另一台安装 Windows 平台的计算机进行源码编写、代码调试和 Linux 管理，这样的搭配开发效率和工作效率会很高。

学习情境

　　掌握在 Windows 下搭建 PHP 程序的运行平台。
　　掌握在 Linux 下搭建 PHP 程序的运行平台。
　　掌握在 Windows 下 MySQL 的安装与运行。
　　掌握在 Linux 下 MySQL 的安装与运行。
　　掌握不同环境下的 Web 服务器的测试。

3.1　构建基于 Windows 的 Web 编程运行环境

任务 1　IIS 和 PHP 的安装与测试

　　IIS 下 PHP 的运行还是比较稳定的，虽然在执行效率上不如 Apache 与 PHP 搭配得更好，但是在企业服务器上必须使用 IIS 或者多个网站一起通过虚拟目录发布时，我们就不得不选择本次任务的方法来搭建 PHP 环境了。另外，直接采用 IIS 与 PHP 搭配可以减少不必要的兼容问题带来的麻烦。

我们主要学习在 IIS8.0（Windows Server 2012 操作系统）的环境下 IIS 集成 PHP 运行环境的过程和测试。

1. 配置 PHP 文件

php5.3、5.4 和 apache 都是用 vc9 编译，电脑必须安装 vc9 运行库（Microsoft Visual C++2008 SP1 Redistributable Package）才能运行；php5.5、5.6 是 vc11 编译，如用 php5.5、5.6 必须安装 vc11 运行库；php7.0、7.1 是 vc14 编译，如用 php7.0、7.1 及以上版本必须安装 vc14 以上的运行库，如图 3-1 所示。

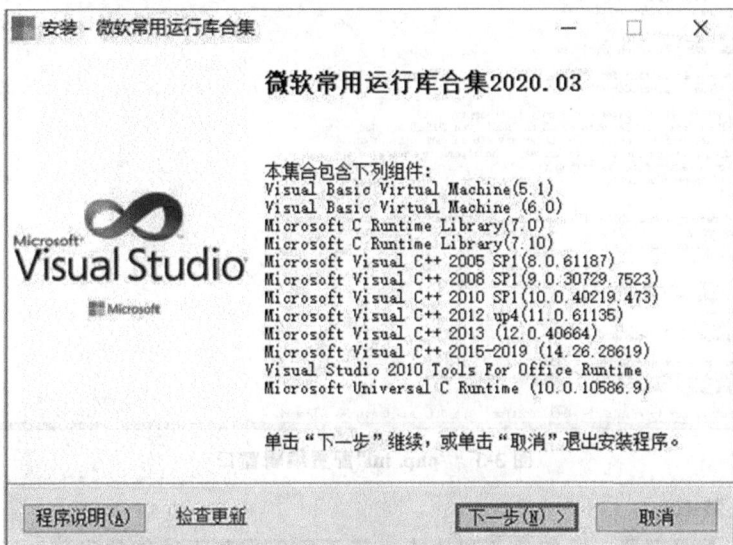

图 3-1　微软常用运行库

Windows 平台的 PHP 安装程序可以从 http://windows.php.net/download 下载一个包含可执行版本的 zip 压缩包，配置过程如下。

（1）下载最新的安装文件 php-7.4.15-Win32-vs16-x64.zip，将 PHP 压缩包释放到选择的目录中，在这里我们解压到 c:\php 中，多复制一个 php.ini-production 文件，然后改名为 php.ini，如图 3-2 所示。

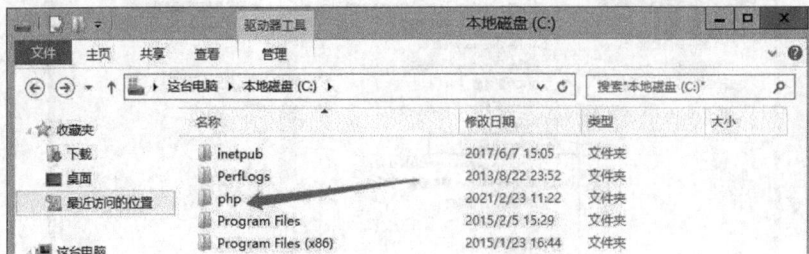

图 3-2　php 扩展包路径

（2）复制 php.ini-production 文件，然后改名为 php.ini。

①用记事本打开 php.ini：把 extension_dir="ext"改成 extension_dir="C:\php\ext"；

②设置时区：把 date.timezone=改成 date.timezone=Asia/Shanghai；

③开启 php 短标签：把 short_open_tag=Off 改成 short_open_tag=on；

④CGI 模式运行：把 cgi. force_redirect＝1 改成 cgi. force_redirect＝0；

⑤FastCGI 支持模仿客户端安全令牌的能力：把 fastcgi. impersonate＝1 前面的冒号删掉；

⑥cgi. rfc2616_headers 指定 PHP 在发送 HTTP 响应代码时使用何种报头：把 cgi. rfc2616_headers＝0 改成 cgi. rfc2616_headers＝1；

⑦开启 GD 库：把 extension＝gd2 前面的冒号去掉，如图 3-3 所示。

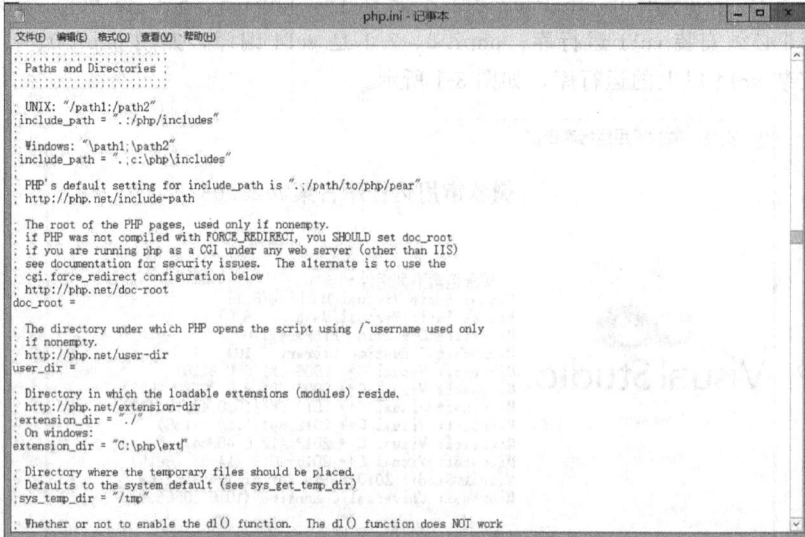

图 3-3　"php. ini"配置编辑窗口

2. 配置安装 IIS

单击"服务器管理器→添加角色和功能→基于角色或基于功能的安装"，再单击"下一步"，角色列表内找到"Web 服务器(IIS)"单击勾选它，然后下一步进入如图 3-4 所示界面。

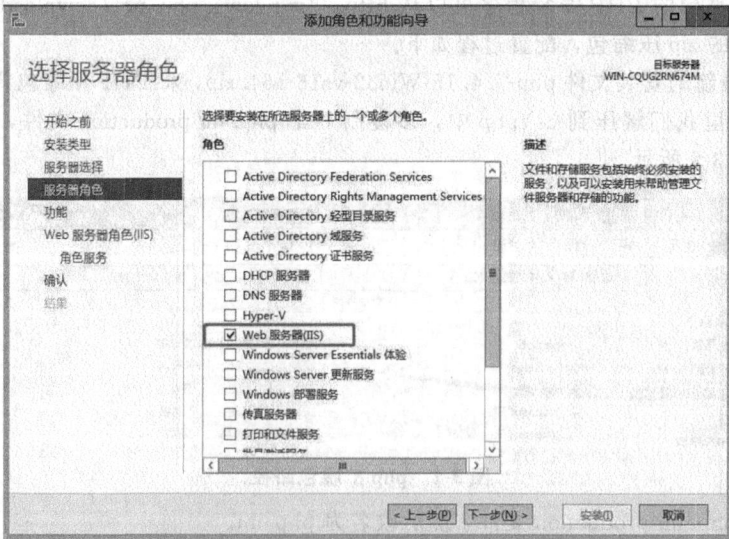

图 3-4　添加服务角色

默认直接下一步，角色服务列表选择需要安装的项目，剩下的等待安装，直到提示安装成功，单击"关闭"结束安装，如图 3-5 所示。

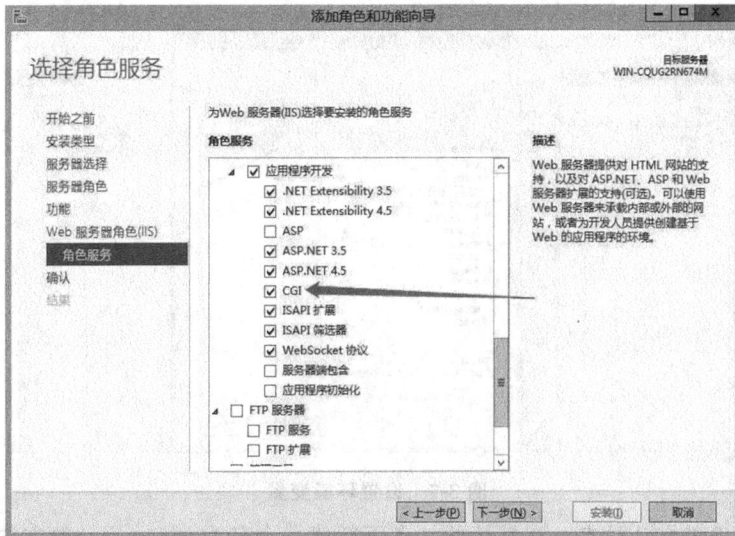

图 3-5　选择 web 服务器角色服务

3. 配置 PHP 运行环境

(1)打开 IIS 后选择主页，单击"处理程序映射"。打开"添加模块映射"后配置以下内容：

请求路径：*.php；

模块：FastCGIModule；

可执行文件：C:\php\php-cgi.exe；

名称：FastCgi。

完成后确定保存，如图 3-6 所示。

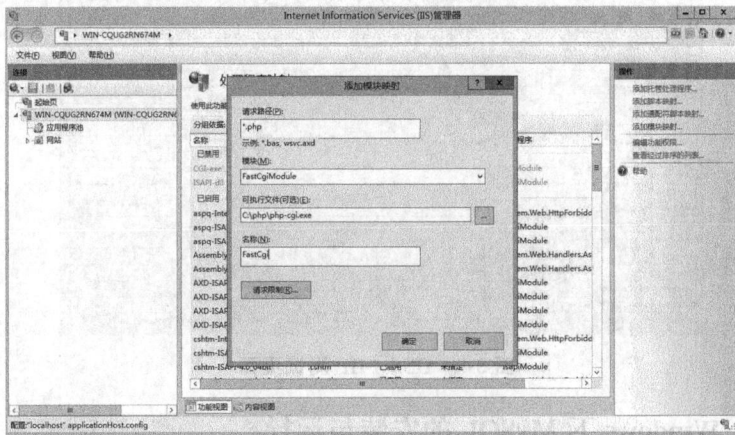

图 3-6　添加模块映射

(2)设置 FastCGI 环境变量。如图 3-7 所示，打开"…"填写以下信息：

Name：PHP_FCGI_MAX_REQUESTS；

Value：1000。

在"监视对文件所做的更改"属性添加 C:\php\php.ini，设置完成确定保存后返回 IIS 控制面板，打开"默认文档"，添加默认文档 index.php。

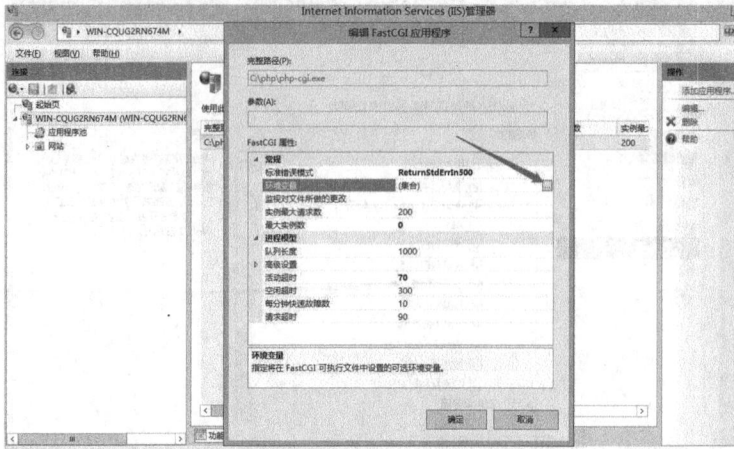

图 3-7　设置环境变量

(3)打开 IIS 的默认站点。在默认的站点下新建一个名为 index. php 的文件，在里面编辑＜？ php phpinfo()；？＞，然后保存退出，用服务器里面的浏览器访问 http://localhost/，如果在浏览器中打开网页文件，则说明 IIS＋PHP 运行环境配置成功，如图 3-8 所示。

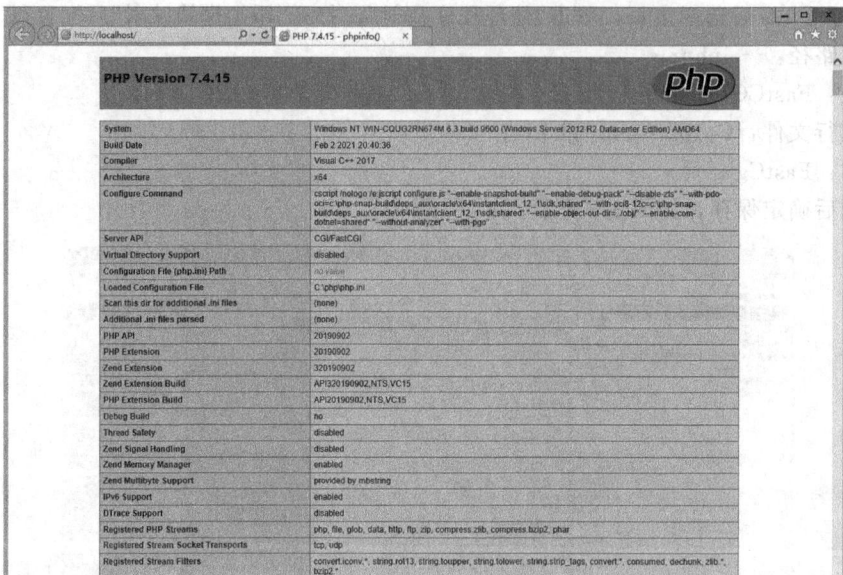

图 3-8　IIS＋PHP 测试页面

任务 2　Windows 下 MySQL 的安装与运行

MySQL 是一个非常出色的开源数据库，在易用性和性能方面都有相当不错的表现。MySQL 官方发布的所有版本中(4.1/5.0/5.1/6.0)，推荐使用稳定的 MySQL5.0 版本。

安装 Windows 版的 MySQL 数据库服务器基本过程如下。

(1)打开下载的 MySQL 安装文件 mysql-5.0.27-win32.zip，双击解压缩，运行 setup. exe，安装开始，如图 3-9 所示，单击"Next"按钮。

(2)接下来进入安装类型说明界面(3 种)，如图 3-10 所示。

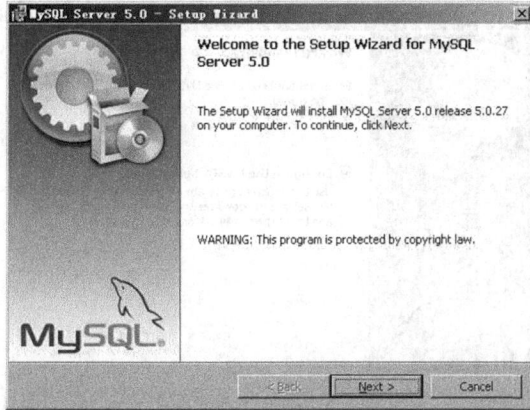

图 3-9　解压缩 MySQL 界面

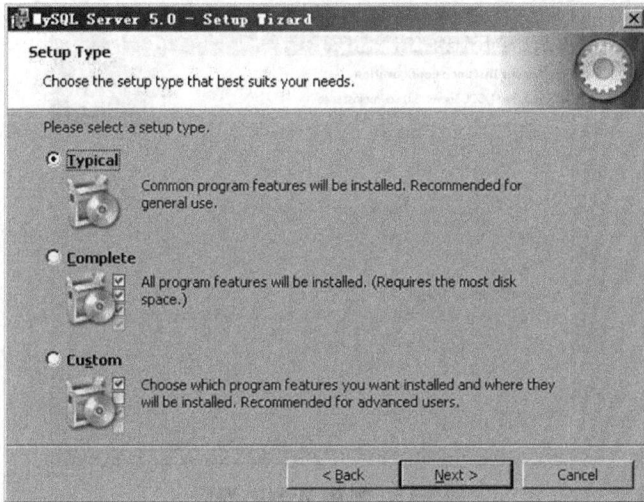

图 3-10　安装选择界面

Typical(典型安装)——安装常用功能，推荐通常使用。

Complete(完全安装)——安装所有功能，磁盘空间使用最大。

Custom(选择安装)——可根据需要定制安装，适合熟练用户使用。

根据需要选择适合自己的安装类型，这里选择 Typical 典型安装，单击"Next"按钮。

(3)单击"Install"按钮后继续进行安装，安装完成后进入选择配置 MySQL 界面，如图 3-11 所示，此步骤如果不选择 Configure the MySQL Server now(配置 MySQL 服务)，安装可以告一段落，直接单击"Finish"按钮结束。这里我们继续选择 Configure the MySQL Server now，单击"Finish"按钮。

(4)接下来进入配置 MySQL 界面，如图 3-12 所示。

配置选项说明如下。

Detailed Configuration(细化配置)——可以根据本机器来安装创建优化的数据库。

Standard Configuration(标准配置)——创建一个通用的数据库配置，此配置可手工调整。

这里选择 Standard Configuration，单击"Next"按钮进入下一个界面。

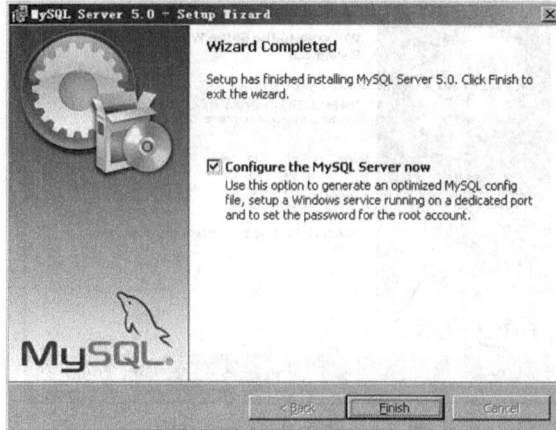

图 3-11 选择配置 MySQL 界面

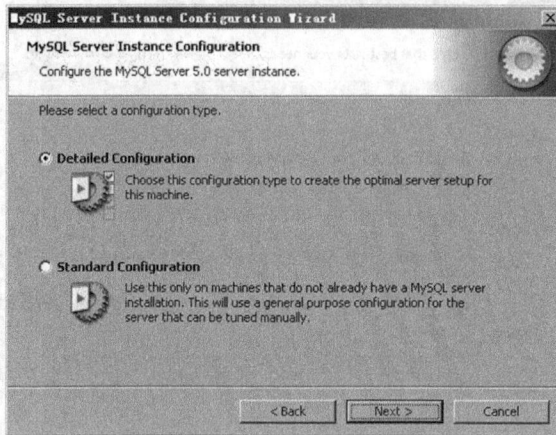

图 3-12 配置 MySQL 界面

(5)安装 MySQL 服务到 Windows 服务中,服务名称可以自己命名或默认(第一次选默认),如图 3-13 所示。

图 3-13 输入服务名称

说明：这里的 Service Name 会写入 Windows 服务中，如果 Windows 服务中已经有了此名称，则安装不成功，请注意保证此名称的唯一性。

这里选择 Install As Windows Service，单击"Next"按钮。

(6)进入如图 3-14 所示的界面。设置 MySQL 的 root 密码，如果不设置密码，请不要选择 Modify Security Settings 项，直接单击"Next"按钮，进入如图 3-15 所示界面，在此界面中单击"Execute"按钮开始进行 MySQL 的配置。

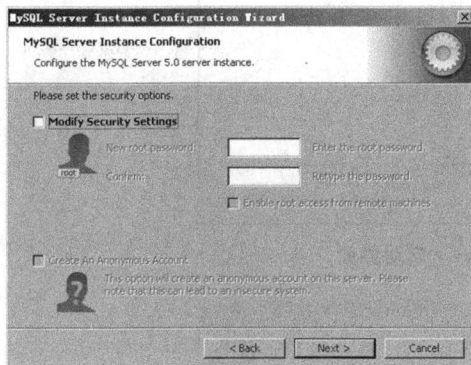

图 3-14　设置 root 用户密码　　　　图 3-15　开始配置 MySQL

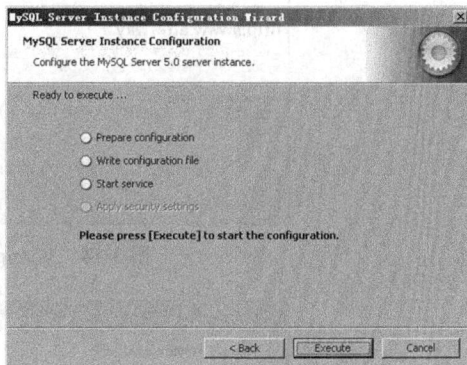

至此，基于 Windows 的 MySQL 安装配置完成。

任务 3　WampServer 的安装与测试

对于初学者来说，Linux、Apache、PHP 和 MySQL 的安装与配置十分复杂，为了降低初学者入门学习的难度，我们选择了 WAMP(Windows+Apache+MySQL+PHP)集成安装环境来完成快速安装配置 PHP 服务器。集成安装环境就是将 Apache、PHP 和 MySQL 等服务器整合在一起，免去了单独安装配置服务器带来的麻烦，实现了 PHP 开发环境的快速搭建。

目前常用的集成安装环境为 WAMPServer 和 AppServ，他们都集成了 Apache 服务器、PHP 预处理器以及 MySQL 服务器，本项目以 WampServer 为例介绍 PHP 开发环境的安装与配置过程。

安装 WampServer 之前需要从其官方网站上下载安装程序，下载地址为 http://www.wampserver.com/p。目前最新 WampServer 版本是 WampServer3.3.0，它有 32 位和 64 位两个版本，具体使用那个版本需要根据操作系统的位数来决定。本书使用 32 位版本 Wampserver2.5，使用 WampServer 集成安装包搭建 PHP 开发环境的具体步骤如下。

(1)双击 WampServer2.5.exe，打开 WampServer 的启动界面。如图 3-16 所示。

(2)单击图 3-16 中的"Next"按钮，打开 WampServer 安装协议界面，如图 3-17 所示。

(3)单击图 3-17 中的"I accept the agreement"单选按钮，然后单击"Next"按钮，打开如图 3-18 所示界面。在该页面中可以设置 WampServer 的安装路径(默认安装路径为 C:\wamp)，在这里我们不改变程序的安装路径。

(4)单击图 3-18 中的"Next"按钮，打开创建快捷方式选项界面，如图 3-19 所示。

(5)单击图 3-19 中的"Next"按钮，出现信息确认界面，如图 3-20 所示。

图 3-16　WampServer 启动界面

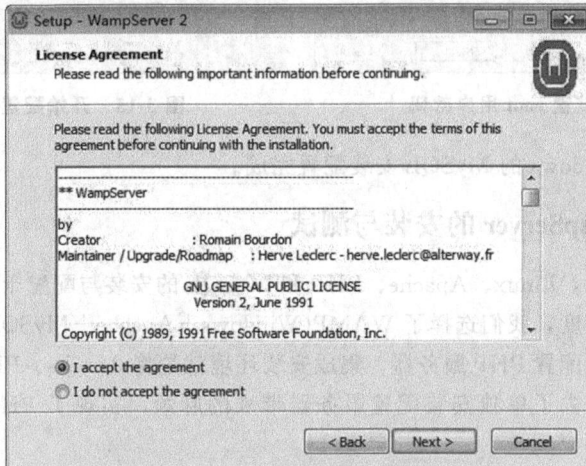

图 3-17　WampServer 安装协议

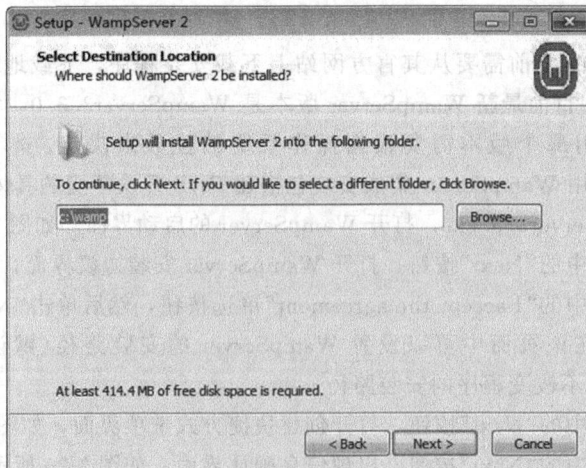

图 3-18　WampServer 安装路径选择

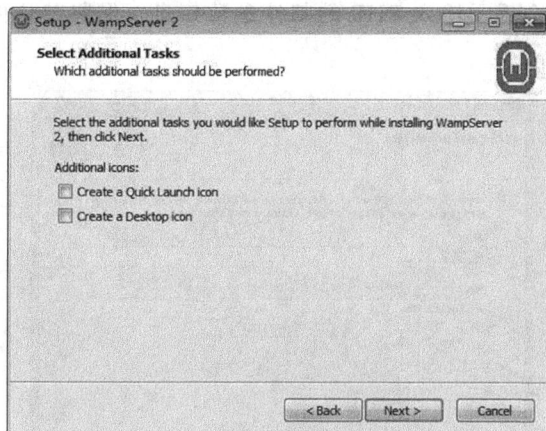

图 3-19　创建快捷方式选项界面

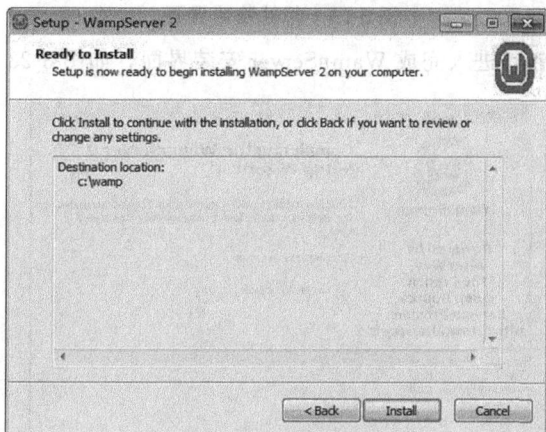

图 3-20　信息确认界面

(6)单击图 3-20 中的"Install"按钮开始安装,如图 3-21 所示。安装即将结束时会提示选择默认的浏览器。如果不确定使用那个浏览器,单击"打开"按钮,此时选择的是系统默认的 IE 浏览器。

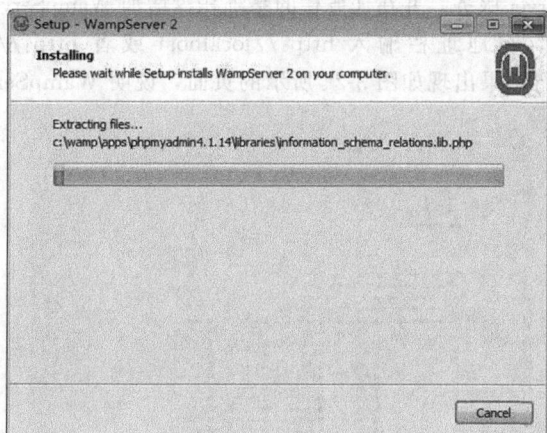

图 3-21　安装进行中界面

(7)接下来的操作会提示输入 PHP 的邮件参数信息，保留默认内容即可，如图 3-22 所示。

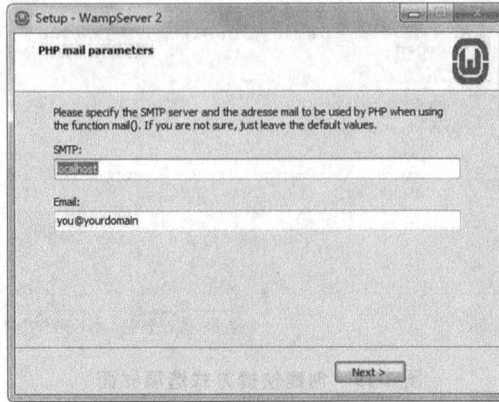

图 3-22　邮件确认界面

(8)单击"Next"按钮，进入完成 WampServer 安装界面，如图 3-23 所示。

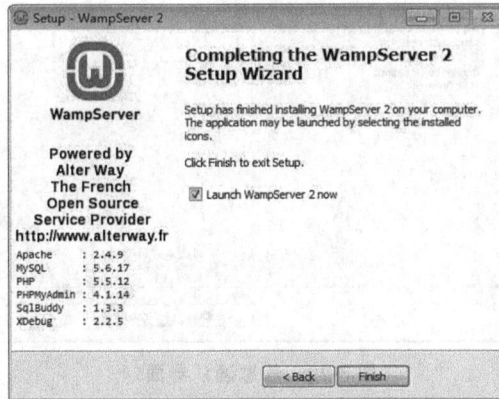

图 3-23　安装完成界面

(9)选中 Launch WampServer 2 now 复选框，单击"Finish"按钮后即可完成所有安装，然后会自动启动 WampServer 服务，并在任务栏的系统托盘增加 WampServer 图标。

(10)打开浏览器，在地址栏输入 http://localhost 或者 http://127.0.0.1，然后按＜Enter＞键，如果运行结果出现如图 3-24 所示的页面，说明 WampServer 安装成功。

图 3-24　打开浏览器界面

▶ 3.2 构建 Linux 的动态 Web 服务

LAMP(Linux＋Apache＋MySQL＋PHP)网站架构是目前国际流行的 Web 框架，该框架包括：Linux 操作系统、Apache 服务器、MySQL 数据库和 PHP 编程语言，所有组成软件均是开源软件，是国际上成熟的架构框架，很多流行的商业应用都是采取这个架构，如图 3-25 所示。和 Java/J2EE 架构相比，LAMP 具有 Web 资源丰富、轻量、快速开发等特点，和微软的 .NET 架构相比，LAMP 具有通用、跨平台、高性能、低价格的优势，因此 LAMP 无论是性能、质量还是价格都是企业搭建网站的首选平台。下面详细介绍在 Linux (Ubuntu 16.04)操作系统下如何安装 Apache、PHP、MySQL。

图 3-25　LAMP 网站架构

任务 4　Apache 服务器的安装

在 Ubuntu 上安装 Apache 有两种方式：一是使用开发包的打包服务，如使用 apt-get 命令；二是从源码构建 Apache。本书采用第一种安装方式。

1. 获取软件包资源并进行资源更新

apt 是 Ubuntu 上默认的软件包管理器，使用它可以很容易进行各种软件安装，而且会自动安装可能需要的依赖关系。update 用于获取软件包资源，upgrade 用于下载和安装获取到的软件包资源，使用以下命令完成获取软件包资源并进行资源更新。

  # sudo apt update

  # sudo apt upgrade

2. 安装 Apache 服务器

  # sudo apt-get install apache2

安装完成后通过下列命令进行开启或重启或中止 web 服务。

  # sudo service apache2 start

  # sudo/etc/init. d/apache2 restart

  # sudo/etc/init. d/apache2 stop

在用户端 Web 浏览器输入 Linux 服务器的 IP 地址，如果出现 Apache 的默认欢迎页面，如图 3-26 所示，表示 Web 服务安装正确并且运行正常。

apache2 的默认目录位于/var/www/html，apache2 的配置目录位于/etc/apache2/，要注意下面几个文件和文件夹。

①apache2. conf 是主要的配置文件，Apache 在启动时会自动读取这个文件的配置信息。而其他的一些配置文件，如 httpd. conf 等，则是通过 Include 指令包含进来；

②mods-avaliable 用于存放 apache2 的各个模块；

③mods-enable 存放相应模块的软连接；

④site-avaliable 用于存放虚拟主机配置文档；
⑤site-enable 存放相应配置文档的软连接。

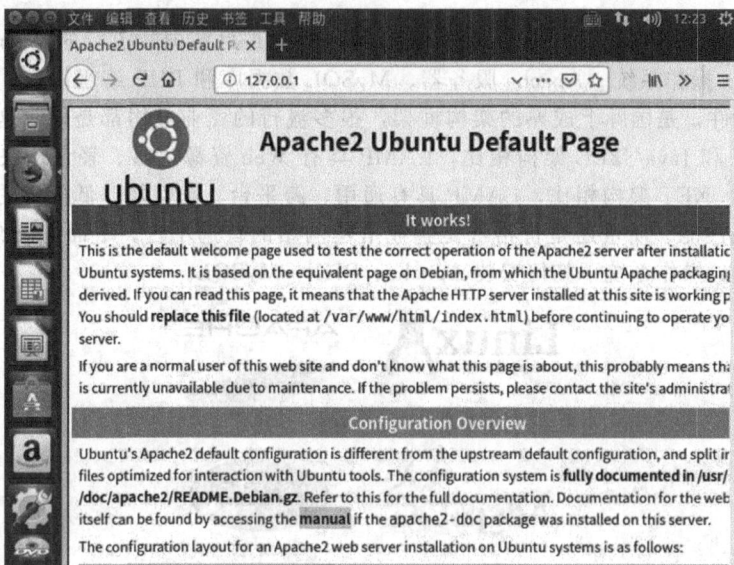

图 3-26　测试页面效果

任务 5　MySQL 的安装

安装 MySQL 只需要一条命令就可以安装成功：

    # sudo apt-get install mysql-server mysql-client

注意，mysql-server 是 MySQL 的核心，就是 MySQL 数据库服务器。mysql-client 是一个管理 MySQL 的客户端程序。

在安装数据库的过程当中会让你输入密码，连续输入两次就够了。

接下来安装 phpmyadmin，用 phpmyadmin 可以通过网页方便地对数据库进行操作。

    # sudo apt-get install phpmyadmin

安装完成后，重新启动操作系统，MySQL 就会自动启动了。

图 3-27 为 MySQL 数据库安装界面。

图 3-27　MySQL 数据库安装界面

任务 6　PHP 的安装

默认情况下 Ubuntu 操作系统安装程序不会将 PHP 解释程序安装在系统上，我们需要单独安装 PHP，由于 Ubuntu 不支持老版本的 PHP，在 Ubuntu16.04 的系统下没法安装

PHP5.0 的版本，只能安装 PHP7.0 以上版本，如果需要安装低版本就要使用 PPA 进行安装。

```
# sudo apt-get install php7.0 libapache2-mod-php7.0
```

如果系统没有安装 PHP7.0 解释程序，将不能正确解析 PHP，不安装 libapache2-mod-PHP7.0 也不能完成 Apache2 对 PHP 程序的解析，如图 3-28 所示。

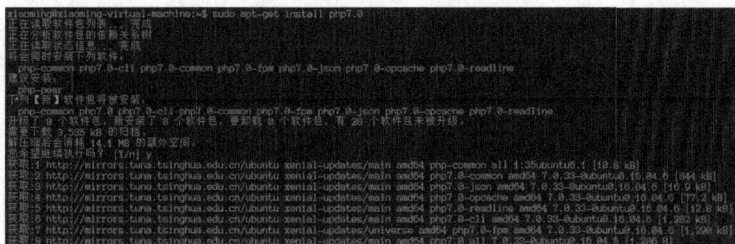

图 3-28　PHP 安装界面

使用下面的命令修改 Apache 主目录/var/www/html/的目录访问权限，并重新启动 Apache 服务器。

```
# chmod-R  777  /var/www/html/
# service-q httpd restart
```

在 Apache 主目录/var/www/html/中建立一个名为 test.php 的文件，该文件的内容如下。

```
<?
phpinfo();
?>
```

在用户端的浏览器中访问 http://Linux 服务器的 IP 地址/test.php，如果在浏览器中打开如图 3-29 所示的网页文件，则说明 Apache＋PHP＋MySQL 运行环境配置成功。

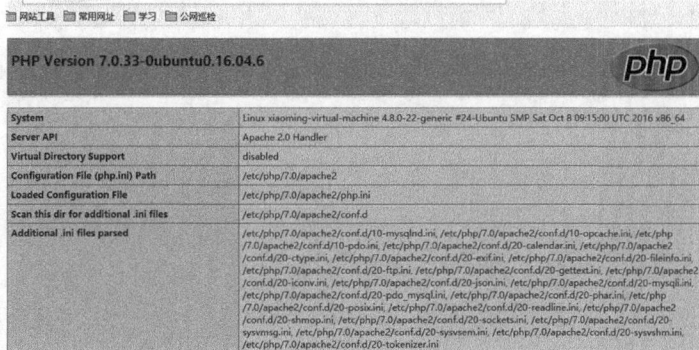

图 3-29　Apache＋PHP＋MySQL 配置成功

▶ 实训项目 3

主题：基于 Windows 操作系统建立 Web 服务器支持 PHP 运行环境。

1. 参考知识点

(1)在 Windows 下搭建基于 IIS 服务器的 PHP 程序的运行平台。

(2)在 Windows 下搭建基于 Apache 服务器的 PHP 程序的运行平台。

（3）在 Windows 下 MySQL 数据库服务器的安装与运行。

2. 参考技能点

（1）在 Windows 下搭建 PHP 程序的运行平台。

（2）在 Windows 下 MySQL 数据库服务器的安装与运行。

3. 实训训练目的

（1）掌握如何在 Windows 下搭建基于 IIS 服务器的 PHP 程序的运行平台。

（2）掌握如何在 Windows 下搭建基于 Apache 服务器的 PHP 程序的运行平台。

（3）掌握如何在 Windows 下安装与运行 MySQL 数据库服务器。

4. 提交资料

提交相关成果资料。

第 4 章　PHP 程序设计基础

PHP 是一门解释性语言，它支持许多传统语言难以实现的特性，即不定变量、函数、自变代码和运行时赋值。有了这些知识，读者就可以为 PHP 编程作准备了。在项目选择时考虑到本章内容的分散性及知识的重要性，主要以选课系统为例，因为高校的学生必须要研修一定学分的选修课。以往的选课操作和统计都建立在纸和笔的基础上，费时且容易出错。随着计算机和网络技术的发展，本章项目针对高校选修课的实施，对网上选课系统功能中的变量、函数等作一个全面、深刻的理解。

工作过程

在进行 Web 开发时，需要对 Web 编程技术基础作一了解。该环节是把网上选课系统功能中所用到的变量、函数、程序结构等内容作为学习性工作任务。

知识领域

使用 PHP 创建高效 Web 站点所需要的一些基础知识，其内容包括：PHP 语言基础、数据类型、变量、操作符和流程控制语句。这些知识的使用贯穿于网上选课整个系统中。

学习情境

充分理解项目的内容，通过分析知道该项目需要做什么。

掌握项目中所用到的 PHP 语法结构。

理解并掌握项目中所使用的数据类型。

掌握页面流图中所使用的变量，并进一步理解如何在页面间传递参数。

掌握项目中如何使用函数。

掌握项目中程序的结构。

理解项目中程序的错误类型与调试方法。

4.1　PHP 程序的语法结构

任务 1　PHP 代码编辑环境

PHP 的集成开发环境很多，每一种开发环境都有其各自的优势。在编写 PHP 程序时，选择一款好的 PHP 编辑器会使程序编写过程更加轻松、有效和快捷，达到事半功倍的效果，读者可以根据自己的需求和偏好选择合适的编辑器。

代码编辑器对于程序员来说十分重要，一个好的编辑器可以节省开发时间，提高工作效率。下面介绍几种常见的 PHP 代码编辑工具。

1. Eclipse

Eclipse 是开发 Java 应用的必备代码编辑器。这个 IDE 整合了插件结构，可以使得它轻松地支持其他编程语言。它支持 C/C++、Ruby、PHP 和其他语言开发。类似 Google 的功能开发自己版本的开发套件，所以可以很简单地创建 Android 和 App 引擎，免费并且开源。

2. Netbeans

Netbeans 是另外一个开发环境，和 Eclipse 一样，可以扩展支持其他的编程语言，如 PHP、Python、C/C++等。它可以运行在 Linux、Windows 和 OSX 上。Netbeans 可以快速地帮助开发桌面应用，并且支持拖拽 GUI，带来的负面影响就是性能差一些。但是这个 IDE 免费并且开源。

3. Dreamweaver

Dreamweaver 属于 adobe 应用套件之一，主要用来开发 Web 应用。它提供了较流行的 Web 编程语言的支持：PHP、ASP. Net、JSP、Javascript、HTML、CSS，主要为了方便初学者编程，支持所见即所得的编辑方式。它也可以方便地部署到服务器，并且可以用来开发 jQuery 移动应用。

4. Notepad＋＋

Notepad＋＋是 Windows 操作系统下的一个强大的轻量级文本编辑器，有完整的中文接口及支持多国语言编写的功能(UTF8)。Notepad＋＋功能比 Windows 中的 Notepad(记事本)强大，除了可以用来制作一般的纯文字说明文件，也十分适合编写计算机程序代码。Notepad＋＋不仅有语法高亮度显示，也有语法折叠功能，并且支持宏以及扩充基本功能的外挂模组。Notepad＋＋编辑器界面如图 4-1 所示。

图 4-1　Notepad＋＋编辑器界面

5. Sublime Text

Sublime 是一个超漂亮的跨平台编辑器，速度快并且功能丰富，几乎支持所有的编程语言，支持多行选择、代码缩放、键盘绑定、宏、拆分视图等。每位程序员提到 Sublime 都是赞不绝口！它体积小巧，无须安装，绿色便携；它可跨平台支持 Windows、Mac、Linux；支持 32 位与 64 位操作系统，它在支持语法高亮、代码补全、代码片段(Snippet)、代码折叠、行号显示、自定义皮肤、配色方案等所有其他代码编辑器所拥有的功能的同时，又保证了其飞快的速度！它还有着自身独特的功能，如代码地图、多种界面布局以及全屏免打扰模式等。Sublime Text 编辑器界面如图 4-2 所示。

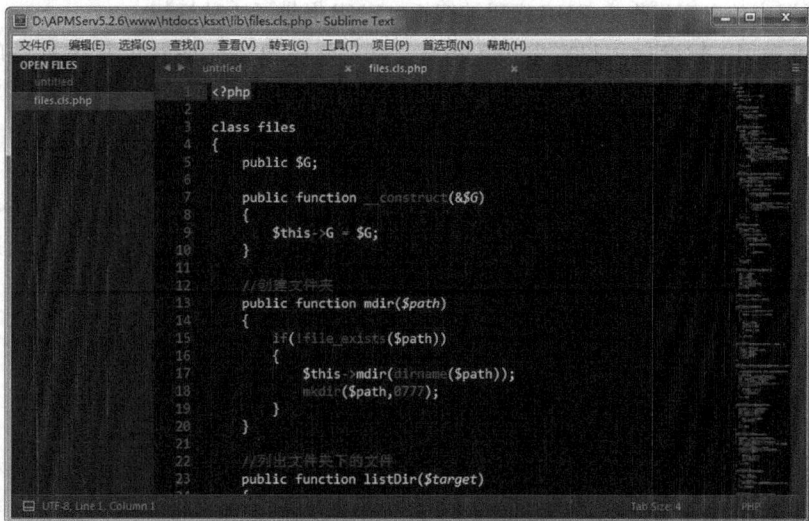

图 4-2　Sublime Text 编辑器界面

任务 2　制作一个简单的 PHP 程序

PHP 是由不同语言混合而成的，很大程度上受到 C 语言与 C＋＋语言的影响，但它的符号与 C 语言的符号却不尽相同。PHP 是解释性语言，能够识别各种变量类型。下面我们输入如下代码(文件名为 first.php)。

```
行号        代码
1          <? php
2              echo "第一个 PHP 网页"; //输出内容到网页
3          ? >
```

当相关服务开启时，在 IE 浏览器地址栏输入 http://localhost/first.php，即可进行网页的运行与调试，显示效果如图 4-3 所示。

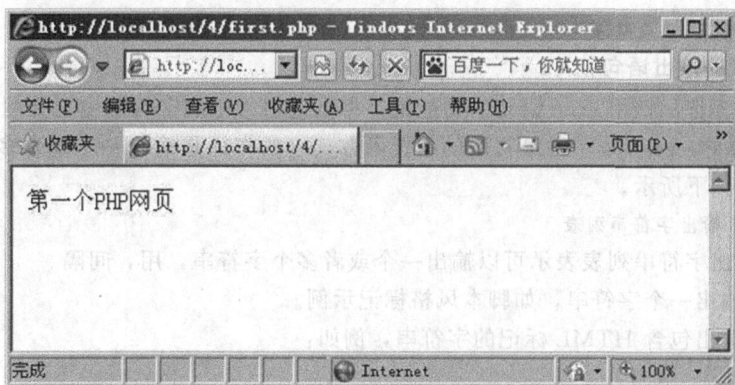

图 4-3　程序运行效果

1. PHP 标记

PHP 脚本由一对特殊的标记引出，当 PHP 解释器分析文件时，所有除特殊标记外的普通文件都对其不作任何处理，而特殊标记内的文件将作为 PHP 代码被解释器分析、执行。该运行机制允许在 HTML 中嵌入 PHP 代码，而 PHP 标记外的内容将被完全独立开，不作任

何处理，标记内的内容将作为 PHP 代码被解析。PHP 提供了 4 种标记。

(1)标准标记。标准标记以＜? php 开始，以? ＞结束，标准标记是最常用的标记类型，服务器不会禁用这种标记，可以达到很好的兼容性、可移植性、可复用性，所以 PHP 推荐使用这种标记。其示例代码如本任务开头所示。

(2)短标记。短标记最为简单，它省略了标准标记格式中的 php 字符，是以＜? 开始、以? ＞结束的。在使用短标记时，必须将配置文件 php. ini 中的 short_open_tag 选项设置为启用状态，然后重新启动 Web 服务器，才支持使用短标记，所以 PHP 不推荐使用这种标记。其示例代码如下。

```
行号        代码
1          <?
2               echo "第一个 PHP 网页";  //输出内容到网页
3          ? >
```

(3)ASP 风格标记。ASP 风格标记是以＜％开始，以％＞结束的。ASP 风格标记在使用时与短标记有类似之处，必须在配置文件 php. ini 中启用 asp_tag 选项。另外，在许多环境的默认设置中不支持 ASP 风格标记，因此在 PHP 不推荐使用这种标记。其示例代码如下。

```
行号       代码
1          < %     //ASP 风格标记
2               echo "第一个 PHP 网页";   //输出内容到网页
3          % >
```

(4)脚本风格标记。脚本标记方式以＜script language＝"php"＞开始，以＜/script＞结尾。脚本风格标记与 JavaScript 语言的标记类似，因此 PHP 一般不推荐使用这种标记。其示例代码如下。

```
行号        代码
1          <script language = "php">//脚本风格标记
2               echo "Hello PHP";//输出一句话
3                  echo "<br/>";
4          </script>
```

2. 字符串的输出语句

脚本风格标记示例中 echo 语句的功能是：将指定引号中的字符串输出到网页。

PHP 语言中，echo 是一种最常用的内置函数，它的作用是输出一个或者多个变量或字符串。其格式如下所示。

```
echo   输出字符串列表
```

注意：输出字符串列表表示可以输出一个或者多个字符串，用, 间隔。

(1)echo 输出一个字符串，如脚本风格标记示例。

(2)echo 输出包含 HTML 标记的字符串，例如：

```
行号       代码
1          <? php
2               echo "<h1>第一个 PHP 网页</h1>";        //<h1>为标题 1
3          ? >
```

(3)echo 输出多个字符串，例如：

```
行号       代码
1          <? php
```

```
2           echo "你好!","这是我的第一个 PHP 网页";
3           ? >
```

(4)echo 还可以输出变量的值，例如：

```
行号        代码
1           <? php
2               $ s = "这是我的第一个 PHP 网页";
3               echo $ s;
4           ? >
```

在上面的代码中，$ s 是一个变量，通过赋值运算符＝给变量赋值，$ s 的值是"这是我的第一个 PHP 网页"，用 echo 输出 $ s 的值。同样道理，使用 echo 也可以输出多个变量的值。

(5)echo 输出的字符串中含有变量。如果 echo 输出的字符串中含有变量，可以分两种情况：第一种是字符串参数用双引号，echo 输出变量的值；第二种是字符串参数使用单引号，则输出变量名。第一种情况如下所示。

```
行号        代码
1           <? php
2               $ s = "欢迎使用 PHP";
3               echo "同学们，$ s";
4           ? >
```

浏览器中显示效果如图 4-4 所示。

图 4-4　第一种情况运行结果

第二种情况如下所示。

```
行号        代码
1           <? php
2               $ s = "欢迎使用 PHP";
3               echo '同学们，$ s';
4           ? >
```

浏览器中显示效果如图 4-5 所示。

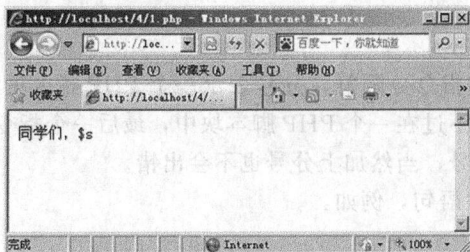

图 4-5　第二种情况运行结果

PHP 中实现字符串输出功能的语句和函数除了 echo 外，还有 print、printf、sprintf、print_r 和 vardump。它们的语法及区别如下。

①echo：是命令，不能返回值。

②print：是函数，可以返回一个值，只能有一个参数。

③printf：是函数，把文字格式化以后输出。

④sprintf：与 printf 相似，但不打印，而是返回格式化后的文字，其他的与 printf 一样。

⑤print_r：打印关于变量易于理解的信息。如果给出的是 string、integer 或 float，将打印变量值本身；如果给出的是 array，将会按照一定格式显示键和元素；Object 与数组类似。记住，print_r()将把数组的指针移到最后边，使用 reset()可以让指针回到开始处。

⑥vardump：显示关于一个或多个表达式的结构信息，包括表达式的类型与值。数组将递归展开值，通过缩进显示其结构。

3. 注释方法

在编程时给代码加上简单明了的注释是非常好的习惯，代码注释可以帮助自己日后记忆，也可帮助他人看懂和使用代码。

PHP 支持 C、C++和 UNIX shell 风格的注释，有两种类型：单行注释和多行注释。

(1)单行注释。在一行中所有//符号右面的文本都被视为注释，因为 PHP 解析器忽略该行//右面的所有内容。如下代码中加粗部分就是单行注释的内容。

```
行号      代码
1         <? php
2             echo "欢迎使用 PHP";  //这是单行注释
3         ? >
```

(2)多行注释。PHP 多行注释以/＊开始、以＊/结束，/＊和＊/之间的内容为注释的文本。如下代码中加粗部分就是多行注释的内容。

```
行号      代码
1         <? php
2             echo "欢迎使用 PHP";
3             /＊多行注释
4             多行注释
5             ＊/
6         ? >
```

(3)shell 风格注释。在一行中 shell 风格的注释以＃开始，到该行结束或 PHP 标记结束之前的内容都是注释。"＃输出一句话"就是 shell 风格的注释，如下代码所示。

```
行号      代码
1         <? php
2             echo "欢迎使用 PHP";  ＃这是 shell 风格注释
3         ? >
```

4. 分号的作用

PHP 中分号的作用为指令分隔符，分号表示一个 PHP 指令的结束，记住在每个 PHP 指令结束后要加上分号；不过在一个 PHP 脚本块中，最后一个指令后可以不必加分号，因为? >自动隐含了一个分号，当然加上分号也不会出错。

用分号分隔两个 echo 语句，例如：

```
行号      代码
1         <? php
```

```
2          echo "同学们,";
3          echo "欢迎使用网上选课系统";
4      ? >
```

至此，我们可以利用 PHP 基本语法结构来编写一个最简单的 PHP 页面。

任务 3　如何在网页中嵌入 PHP 程序

PHP 解释器允许在 HTML 中嵌入 PHP 代码，用 PHP 直接编写动态网页文件对于初学者来说不是很容易，一般建议读者利用网页编辑器 Dreamweaver 或其他工具设计页面，再利用 PHP 添加其他功能代码。例如：

```
行号       代码
1         <html>
2         <head>
3         <title>任选课网上选课系统</title>
4         </head>
5         <body>
6         <? php
7             echo "欢迎使用网上选课系统";
8         ? >
9         </body>
10        </html>
```

也可以在上面代码中添加 HTML 标记，添加图像、CSS 样式文件＋DIV 布局页面等，添加样式标记后页面的运行效果如图 4-6 所示。

图 4-6　HTML 中嵌入 PHP 的运行效果图

▶ 4.2　PHP 的数据类型

在 PHP 语言中，由于数据存储时所需要的容量各不相同，为了区分不同的数据，需要将数据划分为不同的数据类型，PHP 的数据类型通常不是由使用者设定的，确切地说，是由 PHP 根据变量使用的上下文在运行时决定的。PHP 的数据类型共有 8 种，如图 4-7 所示。

$$\text{数据类型}\begin{cases}\text{标量类型}\begin{cases}\text{boolean(布尔型)}\\\text{integer(整型)}\\\text{float(浮点型)}\\\text{string(字符串型)}\end{cases}\\\text{复合类型}\begin{cases}\text{array(数组)}\\\text{object(对象)}\end{cases}\\\text{特殊类型}\begin{cases}\text{resource(资源)}\\\text{NULL(空值)}\end{cases}\end{cases}$$

图 4-7　**PHP** 数据类型

任务 4　数值型数据的使用

1. 数值型数据类型

PHP 中把数值型数据分为整型数据(integer)和浮点型数据(float)。整型数是指整数，比如：−1、34 和 197。整型数可以用十进制、十六进制或八进制符号指定，前面可以加上"−"表示负数，加上"＋"表示正数。如果要用八进制符号，则数字前必须加上 0，用十六进制符号时则在前加 0x。例如：

```
$ a = 123;        //十进制
$ b = -123;       //十进制负数
$ c = 0123;       //八进制
$ d = 0x1E        //十六进制
```

注意：整型数的字长和平台有关(32 位或 64 位有符号数)，PHP 不支持无符号的整数。浮点型数的字长和平台也有关，最大值是 1.8e308，并具有 14 位十进制数字的精度(64 位 IEEE754 标准的规定)。如果一个数超出了整型数的表示范围，它将被解释为浮点型数。

为了方便，在 PHP 中多数情况下可以不用考虑这两类数的差别，PHP 会自动地把整型数转换为浮点型数，或者把浮点型数转换为整型数。通常使用 int 或 integer 前缀做强制转换。大多数情况下不需要强制转换。当运算符、函数或流程控制需要一个 integer 参数时，其值会自动转换。PHP 中布尔型数据 false 将转换为 0，true 将转换为 1。

2. 与数值型数据有关的函数

(1)is_numeric()。格式：

```
boolean is_numeric ( $ var );
```

功能：该函数的返回值为 boolean，如果 var 是数字或数字字符串，那么返回 true，否则返回 false。例如：

```
is_numeric(42);          //是数字
is_numeric("1377");      //是数字
is_numeric(9.1);         //是数字
is_numeric(1e4);         //是数字
is_numeric("array");     //不是数字
```

(2)round()。格式：

```
float round( $ Var1, $ Var2);
```

功能：对浮点型数 $ Var1 进行取整处理，结果或者是一个整型数，或者是一个带有指定 $ Var2 小数位的数。例如：

```
echo round(3.4);         //3
echo round(3.5);         //4
```

```
echo round(3.6, 0);        //4
echo round(1.95583, 2);      //1.96,最后一个属性为小数点后的保留位数。
echo round(5.045, 2);      //5.05
echo round(5.055, 2);      //5.06
```

其他与数值型有关的函数有 ceil()、floor() 等,大家可以从有关网站获取参考信息。

任务5　字符串型数据的使用

1. 字符串型数据

字符串 string 是一系列字符。PHP 中的字符和字节一样,用户不须担心字符串的长度。字符串可以用单引号、双引号或定界符三种方法定义。单引号括起来的是简单字符串,如果字符串中含有单引号,则需要用反斜线(\ )转义。例如:

```
echo'hello,you\'re the first visitor!';  //输出为:hello,you're the first visitor!
```

如果在单引号之前或字符串结尾需要出现一个反斜线(\ ),则需要用两个反斜线(\\ )表示。如:

```
echo'The path is d:\myfile\file\\';  //输出为:The path is d:\myfile\file\
```

如果试图转义任何其他字符,则反斜线本身也会被显示出来。

例如:

```
echo'网上选课系统';          //显示结果:网上选课系统
echo'网上选课系统在 C:\xk\\';  //显示结果:网上选课系统在 C:\xk\
```

注意:单引号字符串中出现的变量不会被变量的值替代。

使用双引号括起来字符串,PHP 懂得更多特殊字符的转义字符,表 4-1 是转义字符表。

表 4-1　转义字符表

转义字符	含义
\n	换行
\r	回车
\t	水平制表符
\\	反斜线
\ $	美元符号
\"	双引号
\[0-7]{1,3}	此正则表达式序列匹配一个用八进制符号表示的字符
\x[0-9A-Fa-f]{1,2}	此正则表达式序列匹配一个用十六进制符号表示的字符

此外,双引号字符串最重要的是其中的变量名会被变量值替代。

字符串定界的另外一种方法是使用定界符(<<<)。应该在 <<< 之后提供一个标识符,接着是字符串,然后是同样的标识符结束字符串。例如:

```
行号     代码
1        <? php
2            echo <<<yyy
3            Hello world
             <<<yyy;
4        ? >
```

输出的结果是：

hello world

在上例代码中，标识符命名为 yyy，结束标识符必须从行的第一列开始。标识符可以自定义，标识符的命名规则为：只能包含字母、数字、下划线，而且必须以下划线或非数字字符开始。

注意：标识符所在的行不能包含任何其他字符，除了一个分号之外。这意味着该标识符不能被缩进，而且分号之前和之后都不能有任何空格或制表符，在结束标识符之前的第一个字符必须是操作系统中定义的换行符。

2. 与字符串型数据有关的函数

在程序开发过程中经常需要对字符串进行操作，PHP 提供了相应的字符串内置函数，常用的字符串内置函数如表 4-2 所示。

表 4-2　常用字符串内置函数

函数名	功能描述
strlen()	获取字符串的长度
substr()	获取字符串中的子串
strrpos()	获取指定字符串在目标字符串中最后一次出现的位置
str_replace()	用于字符串中的某些字符进行替换操作
str_repeat()	重复一个字符串
trim()	去除字符串首尾处的空白字符(或指定成其他字符)
explode()	使用一个字符串分割另一个字符串
implode()	用指定的连接符将数组拼接成一个字符串

PHP 内置的字符串型函数有很多，下面通过实例了解这些函数的含义及功能。

```
行号      代码
1        <html>
2        <head>
3        <title>字符串函数</title>
4        </head>
5        <body>
6        <?
7        $s = " this is a funny day ";
8        echo "字符串". $s."的长度是:";
9        echo strlen( $s)."<br>";
10       echo "去除两边的空格". $s."的长度是:";
11       echo strlen(trim( $s))."<br>";
12       echo substr( $s,1,5)."<br>";
13       echo substr( $s,11)."<br>";
14       echo strtolower("FUNNY DAY")."<br>";
15       echo strtoupper("funny day")."<br>";
16       echo str_replace("funny","happy", $s)."<br>";
17       print_r(explode('', $s));
```

```
18        echo implode(',',explode(' ',$s));
19        $text = "<font color = \"#ff0000\">一起为奥运喝彩! </font>";
20        $ptext = htmlspecialchars($text);
21        echo "带有 html 标记的字符串处理前:";
22        echo $text;
23        echo "<br>";
24        echo "带有 html 标记的字符串处理后:";
25        echo $ptext;
26        echo "<br>";
27        ?>
28    </body>
29    </html>
```

对实例代码进行调试，运行效果如图 4-8 所示。

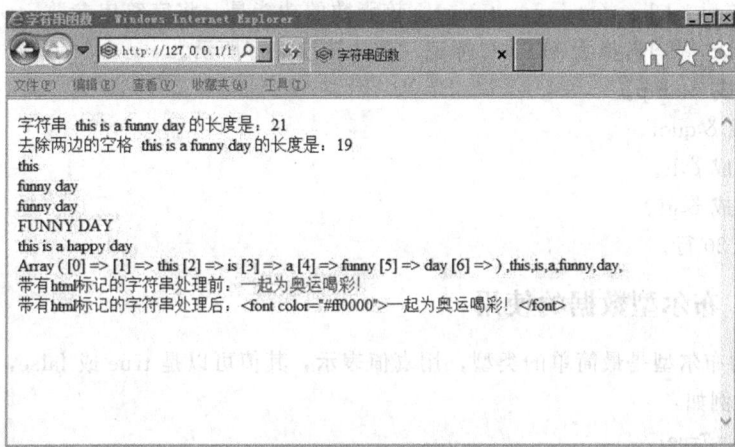

图 4-8　字符串函数运行效果图

上例代码中使用了求字符串的长度、截取空格、求子串、替换字符串等有关字符串处理的函数，这些函数的具体含义及功能如下。

(1)strlen。该函数能得到一个字符串的长度，如上例第 9 行。

(2)trim。该函数的功能是将字符串两边的空格去掉，如上例第 11 行，通过对比可以了解空格去掉前后字符串的长度的变化。

(3)ltrim。该函数的功能是将字符串左边的空格去掉。如：

```
echo "  hello!";        //显示  hello!
echo ltrim("  hello!");     //显示 hello!
```

(4)rtrim。该函数的功能是将字符串右边的空格去掉。如：

```
echo "hello!   ","Jona";        //显示 hello!   ,Jona
echo ltrim("hello!   "),"Jona";    //显示 hello! Jona
```

(5)substr。该函数的功能是截取字符串的子串，格式为：

```
substr(string,start,length);
```

功能是在字符串 string 中从 start 位置开始截取长度为 length 的子串。字符串 string 的第一个字符的位置是 0，而不是 1，如上例第 12 行。参数 length 可以省略，表示从 start 位置开始的以后所有字符，如上例第 13 行。

(6)strtolower。该函数的功能是将字符串的所有字符转变为小写字符，如上例第 14 行。

(7)strtoupper。该函数的功能是将字符串的所有字符转变为大写字符,如上例第 15 行。

(8)str_replace。该函数的功能是替换字符串,其格式为:

```
str_replace(search, replace, subject);
```

功能是在 subject 字符串中找到任何符合 search 的字符串,然后用 replace 代替所有 search 字符串,如上例第 16 行。

(9)explode(separator, string)。explode()函数可以基于字符串分隔符拆分字符串,即它将一个字符串根据分隔符拆分为若干个子串,然后将这些子串组合成数组并返回,如上例第 17 行。

(10)implode(separator, array)。PHP 中 implode()函数是返回一个由数组元素组合成的字符串,它与 PHP 中 explode()函数的作用是相反的;PHP 中 explode()函数是:使用一个字符串分割另一个字符串,并返回由字符串组成的数组。implode()函数如上例第 18 行。

(11)htmlspecialchars(string, string)。该函数的功能是:将字符串参数 string 中的特殊符号(如<,、>,等)转换为 HTML 标记。具体转换如下所示。

&,转换成 &amp。

",转换成 &quot。

<,转换成 &lt。

>,转换成 &gt。

如上例第 20 行。

任务 6 布尔型数据的使用

PHP 中的布尔型是最简单的类型,用真值表示,其值可以是 true 或 false,它们都对大小写不敏感,例如:

```
$ foo = True;
$ foo = true;
```

一般布尔型数据经常和控制结构结合在一起使用,用于控制程序流程。

在流程控制中,要将一个值转换成 boolean,通常使用 bool 或 boolean 来强制转换。但很多情况下不需要转换,因为当运算符、函数或者流程控制需要使用一个 boolean 参数时,该值会自动被转换。当转换为 boolean 时,如下值将被转换成 false。

(1)布尔值 false。

(2)整数值 0。

(3)浮点型值 0.0。

(4)空字符串和字符串"0"。

(5)没有单元的数组。

(6)没有单元的对象。

(7)特殊类型 NULL。

所有其他值都被认为是 true。

注意:-1 和其他非零值(无论正负)一样,都被认为是 true。

▶ 4.3 PHP 的常量和变量

任何一段程序都有最基本的元素,那就是常量和变量。在程序运行过程中其值不能被改变的量称为常量，常量常用来表示程序中所需要的一些特定的值；在程序运行过程中，其值可以改变的量称为变量，PHP 可以使用变量表示程序所需要的任何信息。

任务 7 使用常量存储数据

下面定义了一个名为 XK 的常量，并给其固定值"Web_PHP"，然后将其输出。

```
行号        代码
1          <html>
2          <head>
3          <title>常量的定义与使用</title>
4          </head>
5          <body>
6          <? php
7              echo "输出未定义的常量 XK"."<br>";
8              echo XK;
9              echo "<br>";
10             echo "输出定义后的常量 XK"."<br>";
11             define("XK","Web_PHP");
12             echo "hello,".XK."<br>";
13         ? >
14         </body>
15         </html>
```

程序第 8 行输出未定义的常量 XK；

程序第 11 行定义常量 XK，并赋值为 Web_PHP；

程序第 12 行输出定义过的常量 XK。

对上面网页程序运行和调试，效果如图 4-9 所示。

图 4-9 运行效果图

由上例可以得出以下总结。

1. 常量的定义格式

```
define("常量名","常量值");
```

2. 常量的属性

(1)只能使用 define()函数定义，不能使用其他赋值语句定义。

(2)常量默认情况下区分大小写，也可以利用 define()函数规定它们不区分大小写。如：

```
define("XK","Web_PHP",1);   //创建的常量 XK 不区分大小写
```

(3)默认情况下，它是全局变量。

(4)可以定义 4 种类型的常量：字符串、布尔型、双精度和整型。

(5)常量一经定义就不能改动。

常量的命名必须遵守 PHP 中常量的命名规则：以字母或下划线开头，后面可以是字母、数字或下划线。

(6)常量在使用之前必须定义，否则程序在执行过程中会出错。如上例中的第 8 行，因为没有定义常量 XK，所以输出未定义的常量 XK 时是把它作为一个字符串原样输出的。

除了自定义常量外，PHP 还为用户预定义了系统常量。下面是使用预定义常量的简单代码。

```
行号        代码
1          <html>
2          <head>
3          <title>预定义常量的使用</title>
4          </head>
5          <body>
6          <? php
7              echo "所使用的文件名是:". ___ FILE ___ ."<br>";
8              echo "文件的行数是:". ___ LINE ___ ."<br>";
9              echo "PHP 的版本是:".PHP_VERSION."<br>";
10         ? >
11         </body>
12         </html>
```

注意："___ FILE ___"和"___ LINE ___"中的"___"是指两个下划线，不是指一个下划线。上述代码的运行结果如图 4-10 所示。

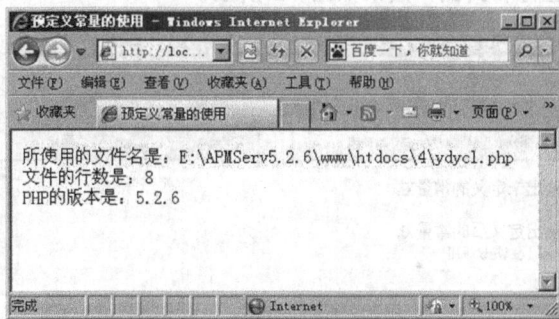

图 4-10 预定义常量运行图

PHP 中有一些预定义常量，可以使用这些常量获取 PHP 中的信息。表 4-3 列出了常用的预定义常量及其含义。

表 4-3 常用的预定义常量

常量名	含义
___ FILE ___	PHP 程序文件名及路径
___ LINE ___	PHP 程序的行数
___ CLASS ___	类的名称，自 PHP5 起本常量返回该类被定义时的名字(区分大小写)

常量名	含义
___ METHOD ___	类的方法名，PHP 5.0.0 新加的，返回该方法被定义时的名字(区分大小写)
PHP_VERSION	指 PHP 程序的版本
PHP_OS	指 PHP 解析器的操作系统的名称
TRUE	指真值(true)
FALSE	指假指(false)
NULL	指空值(null)
E_ERROR	指最近的错误之处
E_WARNING	指最近的警告之处
E_PARSE	指解析语法有潜在的问题之处
E_NOTICE	指发生不同寻常的提示，但不一定是错误处

无论是使用自定义常量还是使用预定义常量，大小写必须一致，否则不会输出常量的值，而是把常量作为字符串原样输出。

任务 8　使用变量存储数据

变量是指其值在程序运行过程中可以改变的量，下面通过实例来掌握变量的定义和使用，如下代码所示。

```
行号        代码
1          <html>
2          <head>
3          <title>变量的定义与使用</title>
4          </head>
5          <body>
6          <? php
7              $ name = 'Make';
8              $ stu_name = & $ name;    //注意 & 符号
9              $ stu_name = "this is $ stu_name";
10         echo $ stu_name;
11         echo $ name. "<br>";
12             $ num = "10name";
13         echo  $ num. "<br>";
14         Settype( $ num, "integer");
15         echo $ num. "<br>";
16          $ student = array("zhang","yang","song","li");
17            for( $ i = 0; $ i<count( $ student); $ i ++ )
18            {
19              echo $ student[ $ i];
20              echo "   ";
21            }
```

```
22        ? >
23        </body>
24        </html>
```

程序第 7、8、12、17 行分别定义了变量 $name、$stu_name、$num、$i，并分别进行了赋值。

程序第 16 行定义了数组型变量 $student。

通过阅读程序大家大概已经知道了变量定义的一些基本规则，比如，变量名前必须加上 $ 符号，否则会提示错误。上述代码的运行效果如图 4-11 所示。

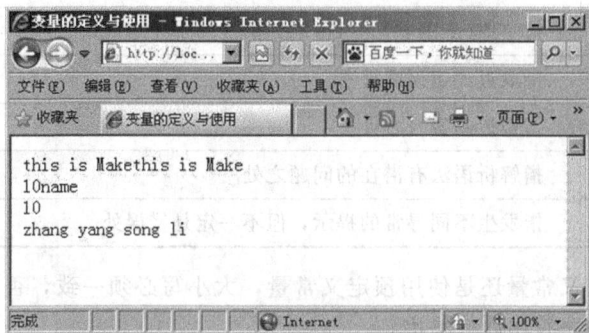

图 4-11　变量运行效果图

1. 变量的定义

变量必须以 $ 符号开始，每个变量都要有一个名字。变量的命名规则是：必须以字母或下划线开头，之后可以包含字母、数字和下划线。

注意：

(1)变量名中不能使用空格。

(2)PHP 语言中变量是区分大小写的，例如：$a 和 $A 是两个不同的变量。

(3)如果一个变量的值是字符串，要用双引号或单引号将字符串括起来。

(4)如果一个变量是数字类型，直接写数字即可，不用双引号。

(5)PHP 是一种弱类型的语言，也就是不需要事先声明变量的数据类型，PHP 会自动将变量转换成适当的数据类型。

(6)转换变量类型使用 settype()函数，如上述程序的第 14 行，把变量 $num 由字符串转换为整型。

(7)数组型变量是一组具有相同类型和名称的变量的集合。如第 16 行语句，该数组型变量包括 4 个元素，分别给其赋值为 zhang、yang、song、li。若要获取数组中的某个元素，则只需使用数组名加序号就可以了，如程序的第 19 行，数组的下标从 0 开始。

变量赋值有两种：传值赋值和引用赋值。传值赋值如上例第 7、8、12 行等；引用赋值是在原始变量前加一个 & 符号，如：

```
$a = 10;
$b = &$a;        //$b 是 $a 的引用
$a = $a+1;
echo $a, $b
```

输出结果为：

```
11   11
```

变量 $a 和 $b 的值同时改变了。

2. 与变量相关的函数

(1)isset()函数。格式：

　　boolean isset(mixed var[,mixed var[,…]]);

功能：检测一个或多个变量是否设置。如果 var 存在，则返回 true，否则返回 false。如果已经使用 unset()释放了一个变量，则它将不再是 isset()。若使用 isset()测试一个被设置成 NULL 的变量，则返回 false。同时要注意，一个 NULL 字节(＼0)并不等同于 PHP 的 NULL 常数。

注意：isset()只能用于变量，因为传递任何其他参数都将造成解析错误。

(2)unset()函数。格式：

　　void unset(mixed var[,mixed var[,…]]);

功能：用于释放一个或多个变量。

3. PHP 中的预定义变量

PHP 中提供了很多预定义的变量，通过这些变量可以获取有关 Web 服务器、环境和用户输入的相关信息。表 4-4 列出了部分预定义的变量，希望能为今后的使用提供帮助，大家也可以到相关网站获取更多的信息。

表 4-4　部分预定义的变量

变量名	功能
＄GLOBALS	包含一个引用指向每个当前脚本的全局范围内有效的变量。该数组的键名为全局变量的名称。从 PHP3 开始存在 ＄GLOBALS 数组
＄_SERVER	变量由 Web 服务器设定或者直接与当前脚本的执行环境相关联，类似于旧数组 ＄HTTP_SERVER_VARS 数组(依然有效，但建议不使用)
＄_GET	经由 URL 请求提交至脚本的变量，类似于旧数组 ＄HTTP_GET_VARS(依然有效，但建议不使用)
＄_POST	经由 HTTP POST 方法提交至脚本的变量，类似于旧数组 ＄HTTP_POST_VARS(依然有效，但建议不使用)
＄_COOKIE	经由 HTTP Cookies 方法提交至脚本的变量，类似于旧数组 ＄HTTP_COOKIE_VARS(依然有效，但建议不使用)
＄_FILES	经由 HTTP POST 文件上传而提交至脚本的变量，类似于旧数组 ＄HTTP_POST_FILES(依然有效，但建议不使用)。详细信息请参阅 POST 方法上传
＄_ENV	执行环境提交至脚本的变量，类似于旧数组 ＄HTTP_ENV_VARS(依然有效，但建议不使用)
＄_REQUEST	经由 GET、POST 和 COOKIE 机制提交至脚本的变量，因此该数组并不值得信任。所有包含在该数组中的变量的存在与否以及变量的顺序均按照 php.ini 中的 variables_order 配置指示来定义。此数组在 PHP 4.1.0 之前没有直接对应的版本，参见 import_request_variables()
＄_SESSION	当前注册给脚本会话的变量，类似于旧数组 ＄HTTP_SESSION_VARS(依然有效，但建议不使用)

▶ 4.4　PHP 的运算符和表达式

PHP 中的运算符与表达式是非常重要的概念，复杂的 PHP 程序都是由运算符与表达式组成的。当我们进行算术运算时要用到算术运算符，两个或多个元素比较时要用到逻辑运算符，控制程序的流程时要用到条件运算符等。

任务 9　使用算术运算符

算术运算符主要有加、减、乘、除、模运算、求反、递增、递减、位运算符等。下面的代码演示了算术运算符的应用。

```
行号        代码
1          <html>
2          <head>
3          <title>算术运算符的使用</title>
4          </head>
5          <body>
6          <? php
7              $ score1 = 60;
8              $ score2 = 45;
9              echo $ score1 + $ score2;
10             echo "<br>";
11             echo $ score1 * $ score2;
12             echo "<br>";
13             echo ( $ score1 + $ score2)/2;
14             echo "<br>";
15             echo - $ score1;
16             echo "<br>";
17             $ i = 3;
18             echo $ i++ , $ i-- ;
19             echo $ i<<2;
20             echo "<br>";
21         ? >
22         </body>
23         </html>
```

第 7、第 8 行定义两个变量 $ score1 和 $ score2 并分别赋值 60 和 45。

第 9 行显示两个变量的和。

第 11 行显示两个变量的乘积。

第 13 行显示两个变量的平均值。

第 15 行显示变量的值的取负。

第 18 行显示变量的递增、递减操作。

第 19 行显示变量的移位操作。

运行的效果图如图 4-12 所示。

图 4-12　算术运算符应用

算术运算比较简单，算术运算符就是基本数学。

注意：

(1)除号(/)总是返回浮点数，即使两个运算数是整数或由字符串转换成的整数也是这样。

(2)取模运算(%)的符号与被除数的符号一致。例如，取模 $a % $b 在 $a 为负时结果也为负。

算术运算中的位运算及含义，递增、递减操作符及含义分别如表 4-5 和表 4-6 所示。

表 4-5　位运算及含义

位运算	功能
$a & $b	两个操作数中对应位都为 1 时设为 1
$a ｜ $b	两个操作数中对应位都为 0 时设为 0
$a ^ $b	两个操作数中对应位不同时设为 1
— $a	按位取反
$a << $b	将 $a 左移 $b 次(每左移一次表示乘以 2)
$a >> $b	将 $a 右移 $b 次(每右移一次表示除以 2)

表 4-6　递增、递减操作符及含义

运算实例	功能
++$a(前增 1)	$a 的值加 1，然后返回 $a
$a++(后增 1)	返回 $a，然后 $a 的值加 1
——$a(前减 1)	$a 的值减 1，然后返回 $a
$a——(后减 1)	返回 $a，然后 $a 的值减 1

任务 10　使用条件运算符与逻辑运算符

PHP 中的条件运算符和逻辑运算符用来比较两个或多个数据的大小，经常和后面的控制结构结合起来控制程序的流向。下面代码演示了这两种运算符的基本应用。

行号	代码
1	<html>
2	<head>
3	<title>条件运算符与逻辑运算符的使用</title>
4	</head>
5	<body>
6	<? php
7	$ s1 = 45.0;
8	$ s2 = 45;
9	echo $ s1, " == ", $ s2,"结果是:", $ s1 == $ s2;
10	echo "<br>";
11	echo $ s1, ">", $ s2,"结果是:", $ s1> $ s2;
12	echo "<br>";
13	echo $ s1, "> = ", $ s2,"结果是:", $ s1> = $ s2;
14	echo "<br>";
15	echo $ s1, "! = ", $ s2,"结果是:", $ s1! = $ s2;
16	echo "<br>";
17	echo $ s1, "<>", $ s2,"结果是:", $ s1<> $ s2;
18	echo "<br>";
19	? >
20	</body>
21	</html>

该代码的运行结果如图 4-13 所示。

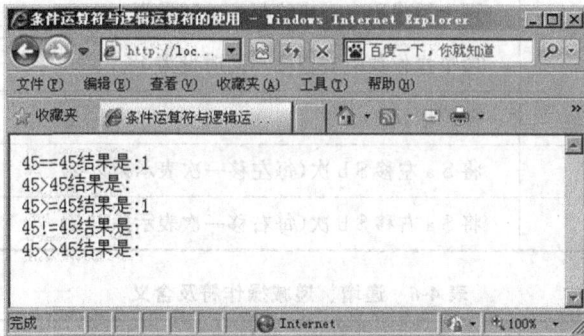

图 4-13　条件与逻辑运算符运行效果图

从上述代码可知，条件运算符用来比较表达式的值，根据比较结果返回逻辑值：true 或 false，显示在页面上 true 为 1，false 则什么也不显示。条件运算符及含义如表 4-7 所示。

表 4-7　条件运算符及含义

条件运算符	含 义
$ a== $ b	判断 $ a 与 $ b 的值是否相等
$ a=== $ b	判断 $ a 与 $ b 的值是否相等，并且类型也相同
$ a! == $ b	判断 $ a 与 $ b 的值是否不相等，或者类型不同
$ a<> $ b	判断 $ a 与 $ b 的值是否不相等

条件运算符	含义
$a < $b	判断 $a 是否严格小于 $b
$a > $b	判断 $a 是否严格大于 $b
$a <= $b	判断 $a 是否小于或者等于 $b
$a >= $b	判断 $a 是否大于或者等于 $b

注意：如果比较一个整型数和字符串，则字符串会被转换为整型。如果比较两个数字字符串，则作为整数比较。除了上表中列举的操作符外，还有一个？操作符，该操作符的格式为：

(表达式 1)？(表达式 2)；(表达式 3)；

功能：当表达式 1 为真时，就执行表达式 2，否则执行表达式 3。

逻辑运算符用来组合逻辑条件的结果，逻辑运算符及含义如表 4-8 所示。

表 4-8　逻辑运算符及含义

逻辑运算符	含义
$a and $b	如果 $a 与 $b 都为 true，则结果为 true
$a or $b	如果 $a 或 $b 任一为 true，则结果为 true
$a xor $b	如果 $a 或 $b 任一为 true，但不同时为 true，则结果为 true
！$a	取 $a 的反
$a && $b	如果 $a 与 $b 都为 true，则结果为 true
$a || $b	如果 $a 或 $b 任一为 true，则结果为 true

任务 11　使用字符串运算符

字符串运算符在前面的例子中已经使用很多次了，在这里主要介绍字符串运算符及使用时应该注意的事项。如下代码：

```
行号    代码
1       <html>
2       <head>
3       <title>字符串运算符及应用</title>
4       </head>
5       <body>
6       <? php
7       $s1 = "Hello";
8       $s2 = "PHP";
9       echo "字符串连接的结果是:". $s1. $s2."<br>";
10      ? >
11      </body>
12      </html>
```

上述代码中使用到了 .，运行结果如图 4-14 所示。

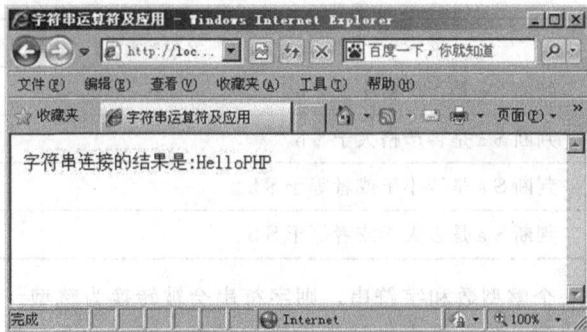

图 4-14　字符串连接运算符

在 PHP 中共有 2 个字符串运算符：第 1 个是连接运算符 . ，同时它返回其左右参数连接后字符串；第 2 个是连接赋值运算符 . ＝，它将右边参数附加到左边的参数后进行赋值，如 ＄a. ＝＄b 等价于＄a＝＄a. ＄b。

注意：PHP 与其他编程语言不同，不会将＋运算符识别为字符串连接符。若＋两边连接的是字符串，则自动将字符串转化为数值，如将字符串 8hello 转化为数值 8；若字符串开头为非数字字符，则将字符串转化为 0。

任务 12　认识 PHP 的运算符的优先级

在 PHP 中，一个表达式具有多种运算符时，哪个先运行，哪个后运行，表 4-9 列举了 PHP 中的运算符，并按照优先级从高到低进行排列。

表 4-9　运算符的优先级

结合方向	运算符	说明
无	new	new
右	[]	Array()
右	！～＋＋－－ (int) (float) (string) (array) (object) @	递增、递减及类型转换
左	＊/％	乘/除/取模
左	＋－ .	加/减/字符串连接
左	＜＜ ＞＞	位运算符
左	＜ ＜＝＞ ＞＝	条件(比较)运算符
无	＝＝！＝＝＝！＝＝	条件(比较)运算符
左	&	位运算符和引用
无	^	位运算符
左	|	位运算符
左	&&	逻辑运算符与
左	||	逻辑运算符或
左	? :	三目条件运算符
右	＝＋＝－＝＊＝/＝.＝％＝&＝|＝^＝＜＜＝＞＞＝	赋值运算符
左	and	逻辑运算符

结合方向	运算符	说明
左	xor	逻辑运算符
左	or	逻辑运算符
左	,	逗号

运算符的优先级应用实例如下代码所示。

```
行号      代码
1        <html>
2        <head>
3        <title>运算符的优先级</title>
4        </head>
5        <body>
6        <? php
7          $ a = 3 * 3 % 5;          // (3 * 3) % 5 = 4
8          $ a = true? 0:true? 1:2;//(true? 0:true)? 1:2 = 2
9          $ a = 1;
10         $ b = 2;
11         $ a = $ b + = 3;          // $ a = ($ b + = 3) -> $ a = 5, $ b = 5
12       ? >
13       </body>
14       </html>
```

从上面代码的注释中可以看到,使用括号有助于增强代码的可读性。

4.5 PHP 的流程控制语句

任何 PHP 脚本都是由一系列语句构成的。一条语句可以是一个赋值语句、一个函数调用等,甚至可以是什么也不做的(空语句)条件语句,语句通常以分号结束。PHP 的大部分语法都继承了 C 语言的特点,因此在控制语句方面,PHP 有着和 C 语言类似的控制结构。使用 PHP 提供的控制结构语句可以控制程序的执行方向。

任务 13 使用分支语句控制流程

PHP 中提供的分支语句包括 if...else 判断和 switch...case 判断。为了更好地掌握分支结构语句,下面通过实例的讲解来掌握分支语句的使用规则。

1. if...else 判断

下面的代码是 if...else 判断的应用。

```
行号      代码
1        <html>
2        <head>
3        <title>if...else 分支语句</title>
4        </head>
5        <body>
6        <? php
```

```
7           $ score = 67；
8           if（$ score＞ = 60）
9               echo "你及格了"."<br>"；
10          if（$ score＞ = 90）
11              echo "你的成绩优秀"."<br>"；
12          else
13              echo "你通过了考试"."<br>"；
14      ? ＞
15      </body>
16      </html>
```

上述代码的运行结果如图 4-15 所示。

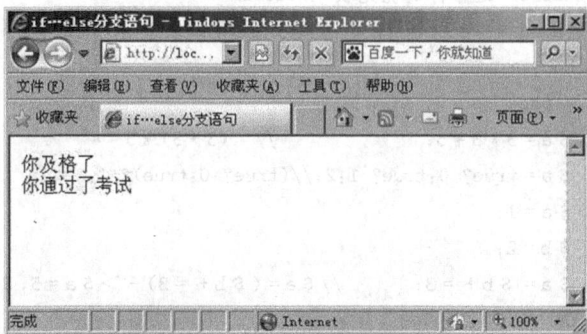

图 4-15   if...else 运行效果图

通过上例我们可以看出 PHP 的 if...else 语句的格式及功能。

(1)简单 if 判断语句。格式：

```
if（exp）
        语句 1
```

功能：如果 exp 的值为真，PHP 将执行语句 1；如果 exp 的值为假，将忽略语句 1。

如上例中第 8、第 9 行，如果 $ score 大于等于 60，则输出"你及格了"，否则直接执行其后继语句。

(2)if...else 判断语句。格式：

```
if（exp1）
        语句 1
    else
        语句 2
```

功能：如果 exp1 的值为真，PHP 将执行语句 1，否则将执行语句 2。

如上例中第 10～第 13 行，如果 $ score 大于等于 90，则输出"你的成绩优秀"，否则输出"你通过了考试"。

(3)if...else 语句的嵌套。格式：

```
if（exp1）
        语句 1
elseif(exp2)
        语句 2
……
elseif(expn)
```

```
    else
        语句 n + 1
```

功能：如果 exp1 为真，则执行语句 1，然后跳出，执行后继语句；否则判断 exp2 是否为真，如果为真则执行语句 2，然后跳出，执行后继语句；否则再接着判断 exp3……一直到 expn，如仍为假，则执行 else 后的语句 n+1。如：

```
行号        代码
1          …
2          <? php
3              $ score = 87;
4              if( $ score<60)
5                  echo "你不及格"."<br>";
6              elseif ( $ score<70)
7                  echo "你的成绩合格"."<br>";
8              elseif ( $ score<80)
9                  echo "你的成绩中等"."<br>";
10             elseif ( $ score<90)
11                 echo "你的成绩良好"."<br>";
12             else
13                 echo "你的成绩优秀"."<br>";
14         ? >
15         …
```

首先将 $ score 初始化为 87，然后判断是否满足 $ score<60，条件不满足，再接着判断 $ score<70，仍不满足，再接着判断 $ score<80……直到满足 $ score<90，则输出"你的成绩良好"，跳出程序，结束 if...else 语句的嵌套的执行。

注意：

(1)若条件满足时执行的语句有多个，即语句组，则一定要用{}括起来。

(2)在 PHP 中，elseif 与 else if 是一样的，两者的显示效果一样。

2. switch...case 语句

下面通过实例了解 switch...case 语句的格式及功能。

```
行号        代码
1          <html>
2          <head>
3          <title>switch...case 语句</title>
4          </head>
5          <body>
6          <? php
7              echo "不带 break 语句,显示今天星期几:"."<br>";
8              $ today = date("D");
9              switch( $ today){
10                 case "Mon":
11                     echo "今天星期一";
12                 case "Tue":
13                     echo "今天星期二";
```

```
14          case "Wed":
15              echo "今天星期三";
16          case "Thu":
17              echo "今天星期四";
18          case "Fri":
19              echo "今天星期五";
20          default:
21              echo "今天我休息";
22          }
23          echo "<br>"."带 break 语句,显示今天星期几:"."<br>";
24      switch( $ today){
25          case "Mon":
26              echo "今天星期一";
27              break;
28          case "Tue":
29              echo "今天星期二";
30              break;
31          case "Wed":
32              echo "今天星期三";
33              break;
34          case "Thu":
35              echo "今天星期四";
36              break;
37          case "Fri":
38              echo "今天星期五";
39              break;
40          default:
41              echo "今天我休息";
42          }
43      ? >
44      </body>
45      </html>
```

上述代码的运行结果如图 4-16 所示。

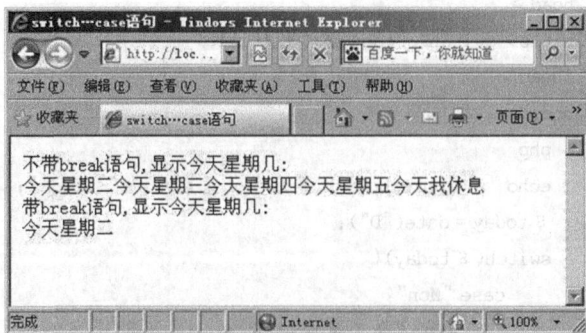

图 4-16　switch case 语句运行效果

switch...case 语句把一个变量(或表达式)的值与很多不同的值进行比较,并根据它等于哪个值来执行不同的代码,等同于 if 语句的嵌套,不过,这样嵌套的 if 语句的结构会比较复杂。

switch...case 语句的结构如下:

```
switch(exp){
case exp1:
        语句 1 或语句组 1
case exp2:
        语句 2 或语句组 2
...
default:
        语句 n 或语句组 n
}
```

功能:首先计算 exp,然后将这个值与第一个 case 后的 exp1 进行比较,若相等,则执行语句 1 或语句组 1;否则与第二个 case 后的 exp2 进行比较……若一直没有找到匹配的项,则执行 default 后的语句 n 或语句组 n,直到遇到语句块的结尾或遇到 break 语句为止。

在 switch...case 语句中,若没有 break 语句,则会从满足条件处逐一执行后续的 case 语句。当然,这不是我们所想要的,如上例中第 9 行至第 22 行;加上 break 语句后,则会从满足条件的 case 语句后执行,直到遇到 break 语句,结束 switch 语句,继续执行其后继语句,如上例第 24 行至第 42 行。

注意:

(1)不是每个 case 语句都需要包含一个值,允许某个 case 语句为空,表示不希望程序执行任何操作。

(2)在 case 语句中指定的表达式只能是整型、字符串、浮点类型数据,不能使用数组或对象的值作为 case 表达式。

任务 14 使用循环语句控制流程

当某些操作需要重复执行多次时,可以使用循环语句控制程序的流程。

1. for 循环

下面通过实例来介绍 for 循环的语法及使用。

```
行号    代码
1       <html>
2       <head>
3       <title>for 循环语句</title>
4       </head>
5       <body>
6       <? php
7           for( $ i = 1; $ i< = 100; $ i ++ )
8           {
9               echo $ i. "    ";
10              if( $ i % 10 == 0)
11                  echo "<br>";
12          }
```

```
13            ? >
14            </body>
15            </html>
```

上述代码的运行结果如图 4-17 所示。

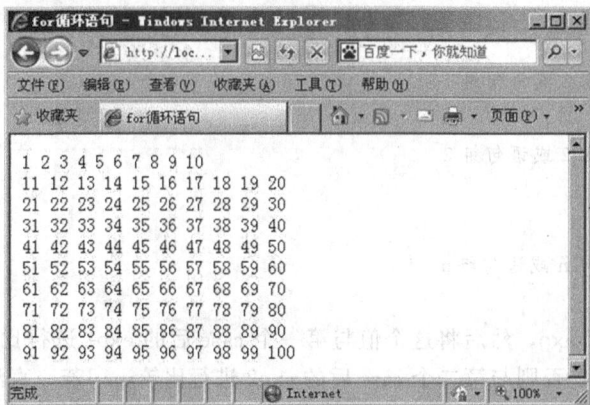

图 4-17   for 循环语句

从上例可以看出 for 循环的结构。

```
for(exp1;exp2;exp3)
{
    循环体
}
```

其中对 exp1、exp2、exp3 的说明如下。

(1)exp1：在循环开始时执行一次，用于初始化循环变量。

(2)exp2：循环控制表达式，每一次循环开始之前都要对这个表达式进行判断，若为真，继续执行循环，否则，退出循环。

(3)exp3：对循环变量进行递增或递减，控制循环变量的计数。

(4)每个表达式都可以为空，exp2 为空则形成死循环，应避免出现。

for 循环主要用于对循环执行次数已知的情况。

2. while 循环和 do while 循环

要实现和上述程序功能相同的代码，也可以采用 while 循环或 do while 循环来实现，如下代码所示。

```
行号        代码
1          <html>
2          <head>
3          <title>while、do while 循环语句</title>
4          </head>
5          <body>
6          <? php
7              $ i = 1;                   //使用 while 语句
8              while( $ i< = 100)
9                {echo $ i." ";
10                 if( $ i % 10 == 0)
11                    echo "<br>";
```

```
12                    $ i ++ ;
13                    }
14                    $ i = 1 ;                        //使用 do while 语句
15                    do
16                    {echo $ i . "      ";
17                        if( $ i % 10 == 0)
18                          echo "<br>";
19                          $ i ++ ;
20                    } while( $ i< = 100);
21        ? >
22        </body>
23        </html>
```

第 7～13 行使用 while 语句,第 14～20 行使用 do while 语句,运行效果图同图 4-17。
从上例可以得出 while 语句的结构为:

```
while(exp)
{
    循环体
}
```

while 语句的含义很简单,只要 exp 为真就重复执行循环体。如果一开始 exp 就为假,
则循环体一次都不会执行。

do while 语句的结构为:

```
do
{
    循环体
} while(exp)
```

do while 语句与 while 语句非常相似,区别是即使 exp 条件为假,do while 语句至少执
行一次循环体。

如上例中第 7～13 行先判断条件 $ i< =100 是否为真,若为真,则执行循环体,若为
假,则跳出循环;第 14～20 行先执行一次循环体,再判断条件 $ i< =100 是否为真,若为
真,则继续执行循环,若为假,则跳出循环。

3. foreach 循环

下面代码是 foreach 循环的应用。

```
行号        代码
1         <html>
2         <head>
3         <title>for each 循环语句</title>
4         </head>
5         <body>
6         <? php
7         $ day = array("Mon","Tue","Wed","Thu","Fri","Sat","Sun");
8             foreach( $ day as $ today)
9             {echo $ today . "       ";}
10              echo "<br>";
11          foreach( $ day as $ key = > $ today)
```

```
12          {echo "\ $ day[ $ key] = > $ today. \n";
13          }
14      ? >
15    </body>
16    </html>
```

上述代码的运行结果如图 4-18 所示。

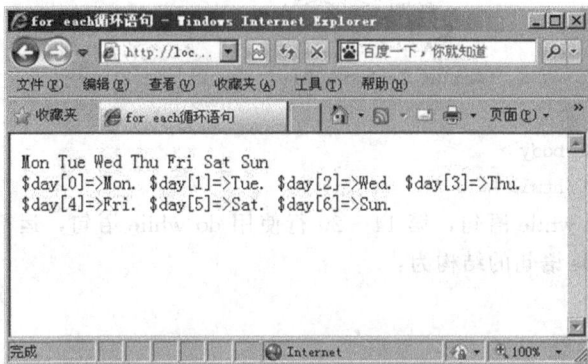

图 4-18　foreach 循环

foreach 循环只是一种遍历数组的方法，仅能用于数组，当试图将其用于其他数据类型或者一个未初始化的变量时会产生错误。foreach 循环的语法格式如下。

(1)foreach(array_var as $ value)

　　循环体

(2)foreach(array_var as $ key = > $ value)

　　循环体

一般情况下，第一种格式是主要的。功能是遍历给定的 array_var 数组，每次循环中，当前单元的值被赋给 $ value 并且数组内部的指针前移一步，为下一次读取作准备，执行循环体一次，依次类推，直到指针指向数组的最后一个元素之后，退出循环。

第二种格式的功能也是遍历给定的 array_var 数组，不同的是当前单元的键名也会在每次循环中被赋给变量 $ key。

注意：

(1)foreach 只能遍历数组和对象。

(2)foreach 不支持用"@"来抑制错误信息的能力。

(3)当 foreach 开始执行时，数组内部的指针会自动指向第一个单元。

(4)除非数组是被引用，foreach 所操作的是指定数组的一个拷贝，而不是该数组本身。因此数组指针不会被 each()结构改变，对返回的数组单元的修改也不会影响原数组。不过原数组的内部指针的确在处理数组的过程中向前移动了。foreach 循环结束后，原数组的内部指针将指向数组的结尾。

(5)自 PHP5 以后，可以在 $ value 之前加上 & 来修改数组的单元。此方法将引用赋值而不是拷贝一个值。

任务 15　使用跳转语句控制流程

1. break 语句

break 语句经常和分支语句或循环语句结合在一起使用，用来提前结束某些语句的执行。例如，判断给定的整数是否为素数，代码如下所示。

```
行号        代码
1          <html>
2          <head>
3          <title>break 语句</title>
4          </head>
5          <body>
6          <? php
7              $ n = 37;  //判断 n 是否为素数
8              $ flag = 1;
9          for( $ i = 2; $ i<n; $ i ++ )
10             if( $ n % $ i == 0)
11             {   $ flag = 0;
12               break; }
13           if( $ flag == 1)
14             echo $ n. "是素数";
15         ? >
16         </body>
17         </html>
```

上例中第 8～第 12 行判断 n 是否为素数的方法是：从 2 到 n-1 查找是否存在一个数能被 n 整除，若存在则可以确定 n 不是素数，使用 break 语句终止循环，若不存在则 n 为素数。程序中使用 $ flag 变量作为一个标志，可以理解为开关的作用。程序的运行结果如图 4-19 所示。

图 4-19　break 语句

2. continue 语句

continue 语句一般和循环语句结合使用，主要用来跳过本次循环中剩余的代码并继续下一次循环的执行。例如，输出 1～20 之间所有的奇数，如下代码，其中使用了 continue 语句。

```
行号        代码
1          <html>
2          <head>
3          <title>continue 语句</title>
4          </head>
5          <body>
6          <? php
7          for( $ i = 1; $ i< = 20; $ i ++ )
```

```
8              if( $ i % 2 ! = 0)
9                echo $ i."       ";
10             else
11                continue;
12         ? >
13        </body>
14        </html>
```

上例中第 7～第 11 行输出 20 以内的所有奇数。先对循环变量初始化为 1，然后判断条件 $i<=20$ 是否为真，若为真，再判断条件 $i\%2!=0$ 是否为真(是否为奇数)，为真则输出，为假则继续下一次循环，直到条件 $i<=20$ 为假退出循环。程序的运行效果如图 4-20 所示。

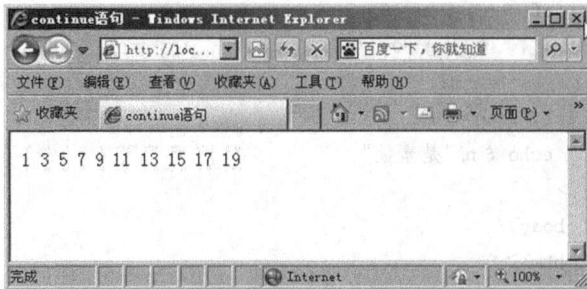

图 4-20　continue 语句

3. 错误控制符

PHP 支持一个错误控制运算符@，当将其放置在一个 PHP 表达式之前，该表达式可能产生的任何错误信息都将被忽略掉。

@运算符只对表达式有效，那么，如何使用它呢？代码如下所示。

```
行号      代码
1         <? php
2         $ conn = mysql_connect("localhost","uname","pwd");
3          if ( $ conn)
4            echo "连接成功";
5          else
6            echo "连接失败";
7         ? >
```

如果 mysql_connect()执行失败，将显示系统的错误信息，而后继续执行下面的程序。如果不想显示系统的错误信息，并希望失败后立即结束程序，则可以改写上面的程序为：

```
行号      代码
1         <? php
2         $ conn = @mysql_connect("localhost","uname","pwd") or die("不能连接数据
       库服务器");
3         ? >
```

在 mysql_connect()函数前加上@运算符来屏蔽系统错误提示，同时使用 die()函数给出自定义的错误提示，然后退出程序。这种方法在大型程序中很常见。

▶ 4.6　PHP 的数组

PHP 中的数组就是列表，是一组数据的集合，把一系列数据组织起来，形成一个可操

作的整体。PHP 中有两种数组：索引数组和关联数组，如图 4-21 所示。索引数组的索引值是整数，从 0 开始，当通过位置来标识数据时使用索引数组；关联数组以字符串作为索引值，关联数组更像操作表。索引值为列名，用于访问列的数据。

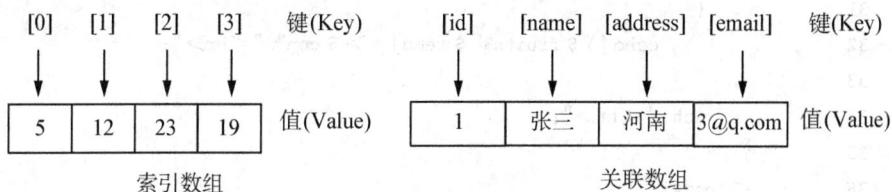

图 4-21　索引数组和关联数组

任务 16　创建数组

创建数组有两种方式：一种使用 array()数组，另一种使用直接赋值。下面的代码使用了这两种方式创建数组。

从 PHP 5.4 版本起，新增了定义数组的简写语法[ ]，使用[ ]定义数组的语法与 array ()语法类似，书写更加方便。

行号	代码
1	`<html>`
2	`<head>`
3	`<title>创建数组</title>`
4	`</head>`
5	`<body>`
6	`<? php`
7	`//数组的创建方法 1,使用 array()`
8	`$ fruits1 = array("Apple","Banana","CantaIoupe","Peach");`
9	`echo "方法 1 数组中的元素有:";`
10	`for( $ i = 0; $ i<count( $ fruits1); $ i ++ )`
11	`{`
12	`echo $ fruits1[ $ i]."  ";`
13	`}`
14	`echo " ";`
15	`//数组的创建方法 2,直接赋值`
16	`$ fruits2[0] = "Apple";`
17	`$ fruits2[1] = "Banana";`
18	`$ fruits2[2] = "CantaIoupe";`
19	`$ fruits2[3] = "Peach";`
20	`echo "方法 2 数组中的元素有:";`
21	`for( $ i = 0; $ i<count( $ fruits2); $ i ++ )`
22	`{`
23	`echo $ fruits2[ $ i]."  ";`
24	`}`
25	`echo " ";`
26	`//数组的创建方法 3`
27	`$ fruits3 = ["FR1" => "Apple","FR2" => "Banana","FR3" =>`

111

```
28          "CantaIoupe","FR4" = >"Peach"];
29          echo  "方法 3 数组中的元素有:"."<br>";
30            foreach( $ fruits3 as $ temp = > $ con)
31          {
32              echo "\ $ fruits3[ $ temp] = > $ con"."<br>";
33          }
34          echo "<br>";
35        ? >
36      </body>
37      </html>
```

上例代码中使用 3 种方法定义数组，PHP 中的数组可以是一维的也可以是多维的，数组内元素的类型可以是数字、字符甚至是数组变量。上例代码的运行结果如图 4-22 所示。

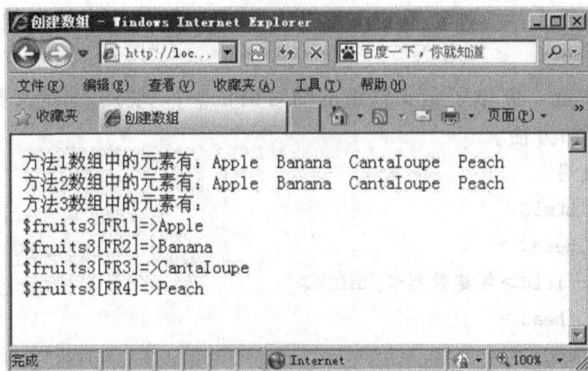

图 4-22 创建数组

创建数组的方法 1：可以使用 array()语法结构来创建一个数组。它接收一定数量用逗号分隔的 Fri＝>value 参数对，语法结构如下所示。

```
array([key = >]
value
,...
)
//key 可以是整型或字符串型
//value 可以是任何值
```

PHP 中数组的下标可以是整型或字符串型，下标的类型不会对数组造成影响，数组的类型只有一种，数组中的值可以是任何值。

如本例中的第 1 种方法就是采取 array()定义的，代码如下。

```
$ fruits1 = array("Apple", "Banana", "CantaIoupe", "Peach");
```

这个是省略了 key＝>的数组定义，定义了数组 $ fruits1。

从 PHP 5.4 版本起，新增了定义数组的简写语法[ ]，如本例中的第 3 种方法就是采取[ ]定义的，代码如下。

```
$ fruits3 = ["FR1" = >"Apple", "FR2" = > "Banana", "FR3" = > "CantaIoupe", "FR4" = >
"Peach"];
```

这个定义是数组的完整定义，定义了数组 $ fruits3，其中包含 4 个元素，key 采用的是字符串，key 也可以是整数，代码如下。

```
$ fruits3 = ["1" = >"Apple", "2" = > "Banana", "3" = > "CantaIoupe", "4" = > "
```

Peach"];

若 key 采用字符串，那么在调用数组元素时，务必记得在 key 的两边添加引号，否则得不到正确的结果。如要访问 $ fruits3 名为 FR2 的那个元素，应该使用 $ fruits3 ["FR2"] 进行访问。

创建数组的方法 2：通过指定键名给数组直接赋值来实现，也可以省略键名，在这种情况下给变量名加上一对空的 [ ]。代码如下。

```
$ arr[key] = value;
$ arr[ ] = value;
//key 可以是整型或字符串
//value 可以是任何值
```

如果 $ arr 不存在，将会新建一个。要改变一个值，只要给它赋一个新值；如果要删除一个键名/值，要对它使用 unset()函数。代码如下。

```
unset( $ arr[5]);      //从数组中删除键值为 5 的元素
unset( $ arr);         //删除整个数组
```

上例中的第 2 种方法就是这种方法。

任务 17　遍历数组

数组定义后，就可以利用循环来遍历数组中的所有元素了。代码如下。

```
for( $ i = 0; $ i<count( $ fruits1); $ i ++ )
{
    echo $ fruits1[ $ i]. "  ";
}
```

注意：

(1)count(数组名)：用来统计指定数组的元素个数。

(2)数组名[键值/下标值]：用来访问具体的某个数组元素，如 $ fruits[2]返回的是数组 $ fruits 中下标为 2 的元素。

除了用 for 语句可以进行数组遍历外，还可以使用 foreach 循环，如上例第 30 行至 33 行：

```
foreach( $ fruits3 as $ temp = > $ con)
{
    echo "\ $ fruits3[ $ temp] = > $ con"."<br>";
}
```

这也是遍历数组 $ fruits3，其中 $ temp 对应的是数组中的键值 key，$ con 对应的是数组中的值 $ value。

遍历数组时若要修改数组中的元素，可直接对 $ fruits1[$i]操作即可。如修改 $ fruits1[2]的值为"Pear"，则可以直接使用如下代码：

```
$ fruits1[2] = "Pear";
```

任务 18　使用数组函数

数组遍历时也可以计算数组中值出现的次数，在 PHP 中，计算数组中值的出现次数有如下两种。

1. 使用 array_count_values( )函数

统计每个特定的值在数组中出现的次数，此函数将返回一个包含频率表的相关数组。

如有数组 $ student，显示结果如图 4-23 所示。

行号	代码
1	＜html＞
2	＜head＞
3	＜title＞数组函数＜/title＞
4	＜/head＞
5	＜body＞
6	＜? php
7	$ student = array(1,2,2,1,1);
8	$ acv = array_count_values($ student);
9	print_r($ acv);
10	? ＞
11	＜/body＞
12	＜/html＞

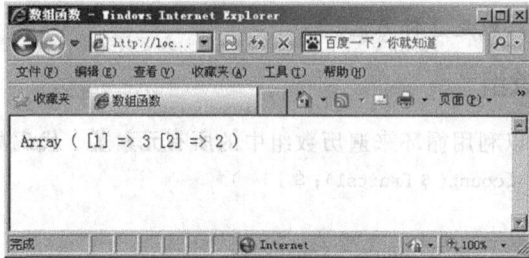

图 4-23 数组函数应用

在上例中使用 array_count_values()函数统计数组中每个值出现的次数，并使用 print_r()
函数显示出来。

2. print_r( )函数

显示关于一个变量的易于理解的信息。如果给出的是 string、integer 或 float，将打印
变量值本身；如果给出的是 array，将会按照一定格式显示键和元素。object 与数组类似。
其语法格式如下所示。

```
bool print_r(mixed expression[,bool return]);
```

print_r()将把数组的指针移到最后。使用 reset()可让指针回到开始处，代码如下所示。

行号	代码
1	＜html＞
2	＜head＞
3	＜title＞print_r 函数＜/title＞
4	＜/head＞
5	＜body＞
6	＜? php
7	$ s = array("a" = ＞"Apple","b" = ＞"Banana","c" = ＞ array("Peach","Orange","Pear"));
8	print_r($ s);
9	? ＞
10	＜/body＞
11	＜/html＞

显示结果如图 4-24 所示。

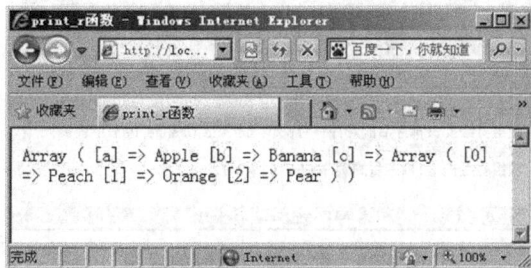

图 4-24 print_r()的应用

3. 数组排序函数

在 PHP 中，数组排序函数有 sort()、rsort()等，如下代码是数组排序函数的应用。

```
行号       代码
1         <html>
2         <head>
3         <title>数组排序函数</title>
4         </head>
5         <body>
6         <? php
7           $ s1 = array("Peach","Orange","Pear","Apple","Banana");
8           $ s2 = array(5,3,1,4,2);
9           echo "数组 s1 初始顺序 --- ";
10          for( $ i = 0; $ i<count( $ s1); $ i ++ )
11            echo $ s1[ $ i]. "     ";
12          echo "<br>";
13          sort( $ s1);          //对数组排序
14          echo "数组 s1 经 sort 排序后的顺序 --- ";
15          for( $ i = 0; $ i<count( $ s1); $ i ++ )
16            echo $ s1[ $ i]. "     ";
17          echo "<br>";
18          echo "数组 s2 初始顺序 --- ";
19          for( $ i = 0; $ i<count( $ s2); $ i ++ )
20            echo $ s2[ $ i]. "     ";
21          echo "<br>";
22          rsort( $ s2);       //对数组逆序排序
23          echo "数组 s2 经 rsort 排序后的顺序 --- ";
24          for( $ i = 0; $ i<count( $ s2); $ i ++ )
25            echo $ s2[ $ i]. "     ";
26          echo "<br>";
27          ? >
28          </body>
29          </html>
```

程序的运行效果如图 4-25 所示。

图 4-25　数组排序函数的应用

从上例可以看出，sort()函数是对数组按字母升序进行排序，rsort()函数是对数组按字母降序进行排序。与数组排序有关的函数主要有如下几个。

(1)sort()函数：将数组按字母升序进行排序。

使用格式为：

```
sort(数组名);
```

如本例中数组 $ s1 元素的原始顺序为：Peach、Orange、Pear、Apple、Banana。

经过以下语句，对数组 $ s1 进行升序排序：

```
sort( $ s1);
```

输出的结果为：

```
Apple Banana Orange Peach Pear
```

(2)rsort()函数：将数组按字母降序进行排序。

使用格式为：

```
rsort(数组名);
```

如本例中数组 $ s2 元素的原始顺序为：5、3、1、4、2。

经过以下语句，对数组 $ s2 进行升序排序：

```
rsort( $ s2);
```

输出的结果为：

```
5 4 3 2 1
```

(3)asort()函数：在不改变数组下标的情况下对数组进行升序排序。

使用格式为：

```
asort(数组名);
```

如定义数组：

```
$ s3 = array("name1" = >"smith", "name2" = >"funny", "name3" = >"honey");
```

在这个数组 $ s3 中可以看到，它指明了具体的键名，键名为字符串，当用 sort()进行排序后，显示结果如下：

```
$ s3[0] = > funny
$ s3[1] = > honey
$ s3[2] = > smith
```

可以看到，使用 sort()函数对数组排序后，这个数组的键(下标)已经自动改成了数字下标。这也是使用 sort()函数对数组排序时的一个问题。那么有没有办法不改变数字下标呢？使用 asort()函数就可以实现。

asort($ s3);

经过 asort 排序后，数组 $ s3 的显示为：

```
$ s3[name2] = > funny
```

```
$ s3[name3] = > honey
$ s3[name1] = > smith
```

(4)arsort()函数：在不改变数组下标的情况下对数组进行降序排序。使用方法类似于 asort()函数，唯一的区别就是它以降序排列数组。

使用格式为：

```
arsort(数组名);
```

在不改变数组下标的情况下对数组 $ s3 进行降序排序，代码如下所示。

```
arsort( $ s3);
```

经过 arsort 排序后，数组 $ s3 显示的内容为：

```
$ s3[name1] = > smith
$ s3[name3] = > honey
$ s3[name2] = > funny
```

(5)ksort()函数：对数组的下标进行升序排序。

使用格式为：

```
ksort(数组名);
```

如定义数组：

```
$ s4 = array("b" = >"smith", "a" = >"funny", "d" = >"honey", "c" = >"jone");
```

它的下标依次为 b、a、d、c。采用 ksort($ s4)排序后，数组 $ s4 的显示为：

```
$ s4[a] = > funny
$ s4[b] = > smith
$ s4[c] = > jone
$ s4[d] = > honey
```

(6)krsort()函数：对数组的下标进行降序排序。使用方法类似于 ksort()函数，唯一的区别就是它以降序排列数组。

使用格式为：

```
krsort(数组名);
```

对数组 $ s4 的下标进行降序排序，排序后 $ s4 的显示为：

```
$ s4[d] = > honey
$ s4[c] = > jone
$ s4[b] = > smith
$ s4[a] = > funny
```

(7)usort()函数：指定用户自定义的函数对数组进行排序。

当我们遇到诸如局长、副局长、主任、副主任这些无法判断谁大谁小时，可以采用 usort()函数进行排序。usort()函数的格式为：

```
usort( $ array_name,function_name());
```

其中，$ array_name 表示需要进行排序的数组名，function_name()为自定义谁大谁小的函数名。代码如下所示。

行号	代码
1	\<html\>
2	\<head\>
3	\<title\>数组排序函数\</title\>
4	\</head\>
5	\<body\>
6	\<? php

```
7       $ s5 = array("副主任","主任","副局长","局长");
8       function cmp( $ a, $ b){
9         if( $ a == "局长")
10        {   if( $ b == "局长")
11              return 1;
12          elseif( $ b == "副局长")
13              return - 1;
14          elseif( $ b == "主任")
15            return - 1;
16          else
17              return 0;
18        }
19        elseif( $ a == "副局长")
20        {   if( $ b == "局长")
21              return 0;
22          elseif( $ b == "副局长")
23              return - 1;
24          elseif( $ b == "主任")
25              return - 1;
26          else
27              return - 1;
28        }
29        elseif( $ a == "主任")
30        {   if( $ b == "局长")
31              return 1;
32          elseif( $ b == "副局长")
33              return 0;
34          elseif( $ b == "主任")
35              return - 1;
36          else
37              return - 1;
38        }
39        else
40        {   if( $ b == "局长")
41              return 1;
42          elseif( $ b == "副局长")
43              return 1;
44          elseif( $ b == "主任")
45              return 0;
46          else
47              return - 1;
48        }
49      }
50      usort( $ s5,"cmp");
51      echo "数组 s5 经 usort 排序后的顺序 --- ";
```

```
52              for( $ i = 0; $ i<count( $ s5); $ i++)
53                echo $ s5[ $ i]."       ";
54          echo "<br>";
55          ? >
56          </body>
57          </html>
```

上述代码中定义了 cmp()函数，函数对"副主任""主任""副局长""局长"4 个职务进行了自定义大小："局长">"副局长">"主任">"副主任"，程序的运行效果如图 4-26 所示。

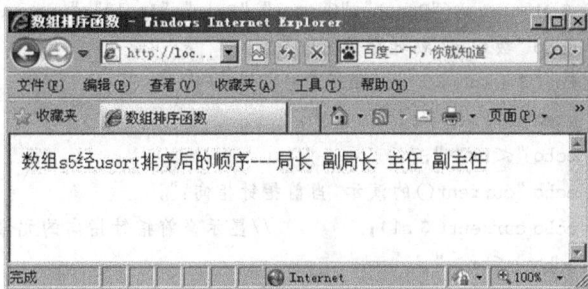

图 4-26　usort 函数应用

(8)shuffle()：对数组顺序进行随机化处理。

使用格式是：

    shuffle(数组名);

为了使用方便，在这里再介绍一个函数 range()，该函数有两个值：起始值和终止值，格式为：

    range(起始值,终止值[,步幅]);

作用是产生从起始值到终止值之间所有整数的集合。其中的第三个参数步幅是可选的。若要建立一个 1~100 之间的数字数组 $ num，可使用 $ num＝range(1，100)；若要建立一个 1~100 之间的所有奇数数字数组 $ num，可使用 $ num1＝range(1，100，2)；

对数组 $ num 进行 shuffle()随机排序：

    shuffle($ num);

结果为 1~100 之间所有整数的随机排列，每一次刷新页面，排列的结果都会不同。这样的结果对于随机图片的显示特别有用。

(9)array_reverse()：使用一个数组作参数，返回一个内容与参数数组相同但排序相反的数组。使用格式是：

    数组名 2 = array_reverse (数组名 1);

其中：数组名 1 为原始数组；数组名 2 为使用过 array_reverse()函数后顺序相反的数组。例如，定义数组：

    $ score1 = array(5,6,3,2,1,4);   //定义数组 $ score1

    $ score2 = array_reverse($ score1); //将数组 $ score1 倒置后的结果保存到 $ score2 中

对 $ score1 进行 array_reverse()操作，数组 $ score1 的内容相同但顺序完全相反的结果保存到数组 $ score2 中，对数组 $ score2 进行遍历，得到的结果为：

    4   1   2   3   6   5

4. 数组指针移动相关函数

数组中有很多元素，在 PHP 中，遍历数组时要对数组中的各个元素进行访问，数组指

针可以前后移动，下面通过代码来了解与之相关的函数及应用。

行号	代码
1	`<html>`
2	`<head>`
3	`<title>数组指针移动函数</title>`
4	`</head>`
5	`<body>`
6	`<? php`
7	`$ s1 = array("Peach","Orange","Pear","Apple","Banana");`
8	`echo "数组 s1 初始顺序 --- ";`
9	`for( $ i = 0; $ i<count( $ s1); $ i ++ )`
10	`echo $ s1[ $ i]."      ";`
11	`echo " ";`
12	`echo "current()的演示,当前指针指向:";`
13	`echo current( $ s1);          //显示当前指针指向的元素`
14	`echo " ";`
15	`echo "next()的演示,指针下移一位:";`
16	`next( $ s1);`
17	`echo current( $ s1)." ";`
18	`echo "end()的演示,指针指向数组尾部:";`
19	`end( $ s1);`
20	`echo current( $ s1)." ";`
21	`echo "prev()的演示,指针上移一位:";`
22	`prev ( $ s1);`
23	`echo current( $ s1)." ";`
24	`echo "pos()的演示,显示当前指针指向的元素:";`
25	`echo pos( $ s1)." ";`
26	`echo "each()的演示,指针下移一位:";`
27	`each( $ s1);`
28	`echo current( $ s1)." ";`
29	`echo "reset()的演示,指针移到头部:";`
30	`reset( $ s1);`
31	`echo current( $ s1)." ";`
32	`$ s2 = array_reverse( $ s1);`
33	`echo " - - - - - - - - - - - - - - - - - - - - - - - - - - - - - - - - - - - - - -` `- - - - - - -"." ";`
34	`echo "数组 s2 中的元素为:"." ";`
35	`for( $ i = 0; $ i<count( $ s2); $ i ++ )`
36	`echo $ s2[ $ i]."      ";`
37	`echo " ";`
38	`echo "采用指针移动从头开始显示数组 s2 中的元素:"." ";`
39	`while(current( $ s2))`
40	`{echo current( $ s2)."      ";`
41	`next( $ s2);`
42	`}`

```
43          echo "<br>"."采用指针移动从尾开始显示数组 s2 中的元素:"."<br>";
44            $ value = end( $ s2);
45          while(current( $ s2))
46            {echo current( $ s2)."          ";
47             prev( $ s2);
48            }
49          ? >
50          </body>
51          </html>
```

从上例可以看出各函数的功能。

(1)current()：返回数组当前指针指向的元素。

(2)next()：将数组指针向下移动一位。

(3)prev()：将数组指针向上移动一位。

(4)reset()：将数组指针移到数组的头部，即第一个元素。

(5)end()：将数组指针移到数组的尾部，即最后一个元素。

(6)pos()：返回数组当前指针指向的元素。

(7)each()：返回数组中当前的值对并将数组指针向下移动一步。

上例代码的执行结果如图 4-27 所示。

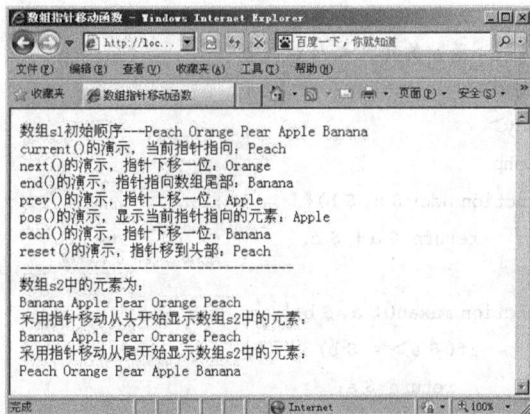

图 4-27　数组指针函数应用

注意：

(1)next() 与 each() 的区别：next() 是将指针向下移动一位，然后再返回新的当前元素。而 each() 是将指针下移一位前返回当前元素。

(2)current() 与 pos()：都是返回数组当前指针指向的元素。

(3)利用数组指针的移动，可以遍历数组中的所有元素。如上例中程序的第 39～42、第 44～48 行的代码。

与数组有关的函数还有很多，如在数组中查找元素等，在应用过程中可以参考相关手册。

除了一维数组外，还有多维数组。多维数组的使用同一维数组，只是要有多个下标。如二维数组就可以看作矩阵，第一维看成矩阵的行，第二维则看成矩阵的列。在此不再一一列举，有兴趣的同学可以参考相关手册或网站。需要说明的是：count() 函数用来统计外

层数组的元素个数以及内层数组的元素个数，访问第一维的元素个数用 count($ 数组名)，访问第二维的元素个数用 count($ 数组名[第一维的下标/键值])。

4.7 函数

在 PHP 中为了避免重复编写代码、降低软件开发成本、增加代码的可靠性并提高代码的一致性，可以使用函数来解决该类问题。通过函数对细节的抽象，可以使代码更具灵活性，也更容易看懂。如果不使用函数，就不可能写出容易维护的程序，因为我们需要不断对分布于多个文件中多处不同位置的相同代码块进行更新。PHP 中的函数有两种，一种是用户自定义函数，完全由用户自己定义，通过讲解用户自定义函数，掌握函数的工作流程、函数的返回值类型、函数的作用域以及函数的参数传递方式。另一种是标准的内置函数，该类函数在 PHP 中已经预定义过，有数百种，用户可以不定义直接使用，如前面讲解的数组函数等。

任务 19 如何定义一个函数

如何定义一个函数，需要注意哪些问题，下面的代码就是函数定义的简单应用。

行号	代码
1	`<html>`
2	`<head>`
3	`<title>函数的定义</title>`
4	`</head>`
5	`<body>`
6	`<? php`
7	`function add( $ a, $ b){`
8	`    return $ a + $ b;`
9	`}`
10	`function maxab( $ a, $ b){`
11	`    if( $ a >= $ b)`
12	`      return $ a;`
13	`    else`
14	`      return $ b;`
15	`}`
16	`function hello()`
17	`{    echo  "hello!  ";`
18	`}`
19	`hello();`
20	` $ sum = add(2,4);`
21	`echo "2 + 4 = ". $ sum. " ";`
22	` $ s1 = 78;`
23	` $ s2 = 65;`
24	`echo $ s1."和". $ s2."的较大值为:";`
25	`echo maxab( $ s1, $ s2)." ";`
26	`? >`

```
27        </body>
28        </html>
```

上例中定义了三个函数：第 7~9 行定义两个数求和的函数，该函数有两个参数，一个返回值；第 10~15 行定义求两个数的较大值的函数，该函数有两个参数，一个返回值；第 16~18 行定义一个无参函数，没有返回值，只是输出一个字符串"hello!"。代码的执行结果如图 4-28 所示。

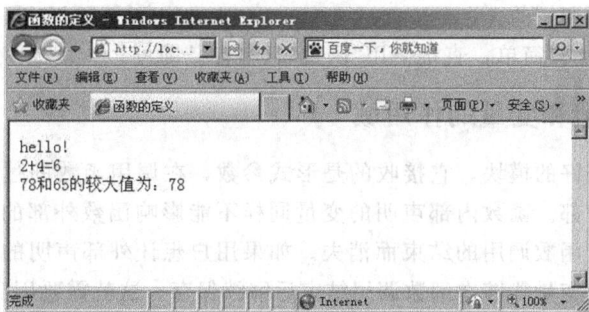

图 4-28　函数定义

函数定义的格式

```
function 函数名(参数列表)
{
    函数体
    return 返回值;
}
```

其中：

(1)函数名。每个函数都有一个函数名，以后要引用或调用该函数就必须使用函数名，而且函数名必须是唯一的。函数名的命名规则同变量的命名规则一样，但切记，函数名前不加 $ 符号。

(2)参数列表。函数名后必须有一对括号，里面包含的内容称为参数或参数列表，允许参数为空，或者只有一个、两个甚至多个。参数有两种：一种称为形参，形参不能是常量值；另一个是实参，实参是调用函数时给定的变量或表达式，有具体的值。记住，定义函数时函数的形参个数及类型与实参个数及类型要保持一致，否则得不到正确的结果。

(3)函数体。函数体是定义函数时要完成某一特定功能或任务的一组语句，函数体语句要用"{}"括起来，如果函数体只有一个语句则可省略"{}"。

(4)return(返回值)。返回值不是每个函数必须的，这和函数的功能与需求有很大的关系。返回值是指完成函数功能后返回到主程序中的值。函数返回值可以是数值、字符串等变量。返回值不能有多个，如果要返回多个值，则可以将数组作为一个函数的返回值。

(5)可选参数。PHP 支持可选参数，并且可以指定可选参数的默认值。下面通过实例演示如何实现可选参数。

```
行号      代码
1        function sum( $ a, $ b){     //定义 sum()函数,用于求两个数的和
2             $ number = $ a + $ b;
3             return $ number;      //返回处理结果
4        }
```

123

```
5          echo sum(12, 34);   //输出调用函数后的返回结果:36
```

在实例代码中，参数"＄a"是必选参数，而参数"＄b"是可选参数。当调用函数时省略了可选参数，则参数"＄b"在函数中将使用默认值。需要注意的是，可选参数必须放在必选参数的后面。

（6）在 PHP5 之后，允许函数定义语句放在函数调用语句之后，即可以先调用一个未被定义的函数，然后再去定义函数。但是如果函数的定义是有条件的，那么在有条件的定义发生前函数是不能被调用的。

（7）函数的调用比较简单，直接使用"函数名(实参)"即可。

任务 20　函数和变量的作用域

函数是一个封装好的模块，它接收的是形式参数，在调用函数的过程中，函数外部的变量不能影响函数内部。函数内部声明的变量同样不能影响函数外部的变量，而且函数内部的变量一般会随着函数调用的结束而消失。如果用户想让外部声明的变量作用到函数内部，或者函数内部的变量能够在函数调用结束后继续保存，这就需要用到关键字 global。下面通过代码来了解函数和变量的作用域。

```
行号       代码
1         <html>
2         <head>
3         <title>函数的作用域</title>
4         </head>
5         <body>
6         <? php
7         function show1(){
8             $ result1 = 255;     //局部变量 $ result1
9         }
10        function show2(){
11            global $ result2;   //全局变量 $ result2
12            $ result2 = 255;
13            echo $ result2. "<br>";
14        }
15        function show3()
16        {
17            static $ result3 = 255;     //静态变量 $ result3
18            echo   $ result3. "<br>";
19            $ result3 ++ ;
20        }
21        echo "函数局部变量使用:";
22        echo $ result1;
23        echo "<br> - - - - - - - - - - - - - - - - - - - - - - - - - - -
  - - - - - - - <br>";
24        echo "全局变量的使用:";
25        show2();
26        show2();
```

```
27          echo $ result2 = $ result2 + 10;
28          echo "<br>- - - - - - - - - - - - - - - - - - - - -
- - - - - - - <br>";
29          echo "静态变量的使用:";
30          show3();
31          show3();
32          echo "<br>- - - - - - - - - - - - - - - - - - - - -
- - - - - - - <br>";
33       ? >
34       </body>
35       </html>
```

上例中定义了三个函数,函数中分别定义了局部变量、全局变量和静态变量,程序的运行结果如图 4-29 所示。

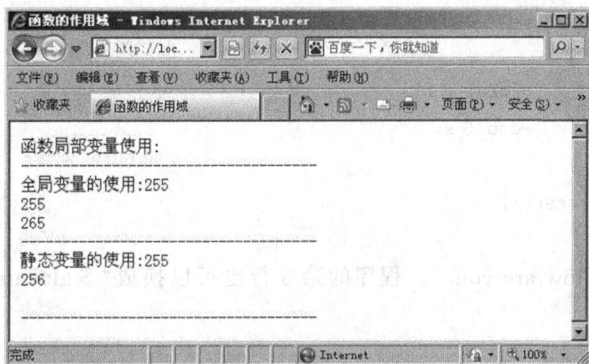

图 4-29 函数作用域

从上例的运行结果可以看出三种变量的使用方法。

1. 局部变量

第一个函数 show1 中定义了局部变量 $ result1 并赋值为 255,在主程序中我们对变量 $ result1 进行输出,结果没有任何显示信息。这是因为变量 $ result1 在函数 show1 内部定义,也称为局部变量。在函数外的任何地方都不能使用局部变量。

2. 全局变量

在第二个函数 show2 中,变量 $ result2 前加了一个 global 关键字,并赋值为 255,同时在函数中对变量 $ result2 进行输出,结果为 255。在主程序中对函数 show2 和变量 $ result2 进行了访问,代码如第 25~27 行,两次访问函数 show2,两次显示结果都是 255,这说明 global 并不能记忆和保存函数调用的结果。而第 27 行对变量 $ result2 加 10 并将结果显示出来,显示结果为 265。为什么第一个函数中的变量不能在函数外访问而第二个函数中的变量能在函数外访问呢? 关键在于使用了 global 关键字。

使用 global 关键字定义的变量称为全局变量,它允许从脚本的任何位置访问全局变量。定义全局变量的语句格式为:

global $变量名 1,$变量名 2...

如:

```
行号      代码
1         <? php
```

```
2        $ s = "How are you. ";
3        function test()
4          {
5             echo $ s;
6          }
7        test();
8        ? >
```

该程序不会有任何输出，因为 $ s 是一个全局变量，在函数 test()里是不可见的。而在 test()里的 $ s 是一个局部变量，跟外面的 $ s 没有任何关系。在一个函数内要使用全局变量，可以在前面加 global 声明或使用 $ global 数组。上述代码可以修改如下所示。

```
行号      代码
1        <? php
2        $ s = "How are you. ";
3        function test()
4          {
5             global $ s;
6             echo $ s;
7          }
8        test();
9        ? >
```

该程序将输出"How are you. "，程序的第 5 行也可以换成" $ globals["s"]"，输出的结果是一样的。

3. 静态变量

在第三个函数 show3 中，变量 $ result3 前加了一个 static 关键字，并赋值为 255，同时在函数中对变量 $ result3 进行输出，然后又对该变量进行了自增 1 操作。在主程序的第 30、31 行两次调用了函数 show3，显示结果表明，使用 static 修饰的变量能够记忆和保存上次函数调用的结果。

使用 static 关键字定义的变量称为静态变量，它能够有效延长函数内部变量的有效期。

注意：static 变量和 global 变量有很大的区别，global 变量可以从整个程序的任何位置访问。而 static 变量仍然是函数内部的局部变量，与普通变量的区别是：static 变量在函数执行结束后仍能记忆和保存上次的值。

```
行号      代码
1        ...
2        <? php
3        function click(){
4             static $ c1 = 1;
5             echo $ c1. "<br>";
6             $ c1 ++ ;
7        }
8        click();          //第一次调用
9        click();          //第二次调用
10       click();          //第三次调用
11       click();          //第四次调用
```

```
12        ? >
13        …
```

显示结果为：

```
1
2
3
4
```

大家可以把第 4 行的关键字 static 去掉，再对比上述结果，从中进一步了解变量的作用域。

任务 21 函数的参数传递

在前面所举的实例中有的函数没有参数，有的函数有一个参数甚至多个参数。函数的参数如何实现参数传递，下面通过实例说明。

```
行号        代码
1          <html>
2          <head>
3          <title>函数的参数传递</title>
4          </head>
5          <body>
6          <? php
7              function rect( $ a = 4){
8                  $ a = $ a + 1;
9                  return $ a * $ a;        //计算正方形面积
10             }
11             echo rect();
12             echo "<br> - - - - - - - - - - - - - - - - - - - - - - - - - - - - - - - - - - - <br>";
13             echo rect(6);
14             echo "<br> - - - - - - - - - - - - - - - - - - - - - - - - - - - - - - - - - - - <br>";
15             $ x = 8;
16             echo rect( $ x);
17             echo "<br>"."x = ". $ x;
18             echo "<br> - - - - - - - - - - - - - - - - - - - - - - - - - - - - - - - - - - - <br>";
19             echo rect(& $ x);
20             echo "<br>"."x = ". $ x;
21         ? >
22         </body>
23         </html>
```

程序的运行结果如图 4-30 所示。

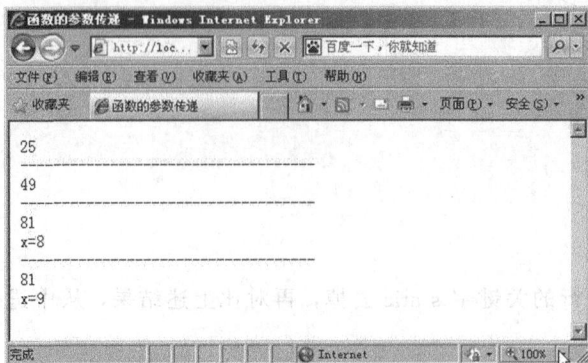

图 4-30　函数参数传递

PHP 中函数的参数传递有三种。

1. 默认参数值

在这种传递方式中，函数必须在定义时有一个默认参数，在主程序中调用时，若实参为空，则自动调用默认值，如第 11 行的调用，显示结果为 25。

2. 值传递

在这种传递方式中，主程序中传递的实参必须有一个值传递给形参，如第 13 行，把实参 6 传递给形参 $a，$a 加 1 后，输出 $a * $a，显示结果为 49。同样，可以在主程序中定义一个变量并赋值，把该变量传递给形参，也是值传递，只是把参数的副本传递给被调用的函数，函数调用结束后，该变量的值保持不变。

3. 引用传递

在值传递中，只有参数的副本传递给被调用的函数，在函数内部对这些值的任何改变都不会引起实参值的改变。但如果采用引用传递，则对形参的改变也是对实参的改变，如第 19、20 行。引用传递的方式是在传递实参时在实参变量前加引用符 &。

通过给函数传递变量的引用，省去了返回变量值并指定给原始变量的步骤。当需要一个函数返回 true 或 false 的布尔值并仍然希望通过函数来修改变量值时，就要使用引用的方式。

任务 22　日期和时间处理函数

在 Web 开发中，经常会对日期和时间进行管理。例如，在线考试系统的倒计时，用户登录时间的记录等。PHP 提供了强大的日期和时间内置函数，如表 4-10 所示。其中，Unix 时间戳是一种时间表示方式，定义了从格林尼治时间 1970 年 01 月 01 日 00 时 00 分 00 秒起至现在的总秒数。其中，1970 年 01 月 01 日零点也叫作 Unix 纪元。

表 4-10　常用日期和时间内置函数

函数名	功能描述
time()	返回当前的 Unix 时间戳
date()	格式化一个本地时间/日期
mktime()	取得一个日期的 Unix 时间戳
strtotime()	将字符串转化成 Unix 时间戳
microtime()	返回当前 Unix 时间戳和微秒数

下面以 data()函数为例介绍一下如何表示日期时间样式，代码如下。

```
echo date('Y-m-d H:i:s');            //输出结果:2017-5-15 15:33:07
echo date('Y-m-d', 1440142043);      //输出结果:2017-5-15
```

在代码中，date()函数第 1 个参数表示格式化日期时间的样式，date()函数第 2 个参数表示待格式化的时间戳，省略时表示格式化当前时间戳。data()函数格式化日期的常用字符表示的含义如表 4-11 所示。

表 4-11   data( )函数格式化字符

参数	说明
Y	4 位数字表示的完整年份，如 1998、2015
m	数字表示的月份，有前导零，返回值 01~12
d	月份中的第几天，有前导零，返回值 01~31
H	小时，24 小时格式，有前导零，返回值 00~23
i	有前导零的分钟数，返回值 00~59

接下来通过一个例子学习一下常用的日期函数。

```
行号    代码
1       <html>
2       <head>
3       <title>日期时间函数</title>
4       </head>
5       <body>
6       <? php
7         echo "系统的当前时间为:". date('H:i:s');
8         echo "<br>";
9         echo "系统的当前日期为:". date('Y-m-d');
10        echo "<br>";
11      echo "系统当前时间戳为:".time();
12        echo "<br>";
13      echo "指定时间戳的当前日期时间为:". date('Y-m-d', 1440142043);
14      echo "<br>";
15        echo "2021 年 7 月 1 日时间戳为:".date("l", mktime(0,0,0,7,1,2021));
16        ? >
17      </body>
18      </html>
```

上述代码运行的效果如图 4-31 所示。

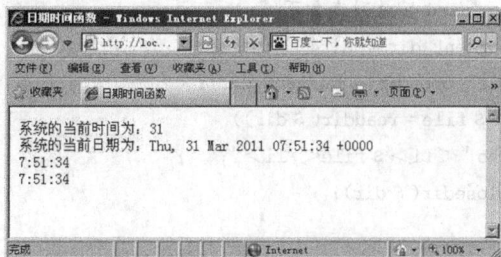

图 4-31   日期时间函数

129

从上例可以看到所用到的日期时间函数有以下三种。

1. date( )函数

格式如下：

```
string date(格式[,时间戳]);
```

date( )函数的功能也是以特定的方式输出格式化的日期和时间。它也有两个参数，第一个参数是格式字符，第二个参数是时间戳，如果省略第二个参数，表示当前日期和时间，如上例第 9 行。

2. time( )函数

格式如下：

```
time();
```

time( )函数返回当前时间的时间戳，时间戳就是从某一个标准时间点(1970/1/1－00：00：00)到现在的某一个时间点所经过的秒数。

3. mkdate( )函数

格式如下：

```
mktime(hour,minute,second,month,day,year,is_dst);
```

mkdate( )函数返回的是一个日期的 Unix 时间戳。

任务 23　文件操作函数

文件是数据信息的集合。当存储量要求不是很大、而且比较简单、安全性要求不是很严格的数据时可以采用文件进行操作。PHP 中的文件操作函数有很多，下面通过代码了解文件操作函数及应用。在此所定义的文件为 wjczhs. php。

```
行号        代码
1          <html>
2          <head>
3          <title>文件操作函数</title>
4          </head>
5          <body>
6          <? php
7          if(! $_POST["dirname"]){
8          echo "<form action = \"wjczhs. php\"method = \"post\"enctype = \
"application/x-www-form-urlencoded\"name = \"form1\">";
9              echo "<input name = \"dirname\"type = \"text\"/>";
10             echo "<input name = \"submit\"type = \"submit\" id = \"submit\" value = \"
建立目录\"/>";
11             echo "</form>";
12             echo "dir4 目录列表如下:";
13             $ current_dir = "dir4";
14             $ dir = opendir( $ current_dir);
15         while( $ file = readdir( $ dir))
16         {   echo "<li> $ file</li>";    }
17             closedir( $ dir);
18         }
19         else
```

```
20          {
21          echo "<form action = \"wjczhs. php\"method = \"post\"enctype = \
"application/x-www-form-urlencoded\"name = \"form1\">";
22          echo "<input name = \"dirname\"type = \"text\"/>";
23          echo "<input name = \"submit\"type = \"submit\" id = \"submit\" value = \"建
立目录\"/>";
24          echo "</form>";
25           $ current_dir = "dir4";
26           $ dir = opendir( $ current_dir);
27           $ dirname = $ current_dir. "/". $ _POST["dirname"];
28          mkdir( $ dirname,0777);
29          echo "dir4 目录列表如下:";
30          while( $ file = readdir( $ dir))
31          {   echo "<li> $ file</li>";   }
32              closedir( $ dir);
33          }
34          ? >
35          </body>
36          </html>
```

对上面的网页文件进行调试，运行效果如图 4-32 所示。

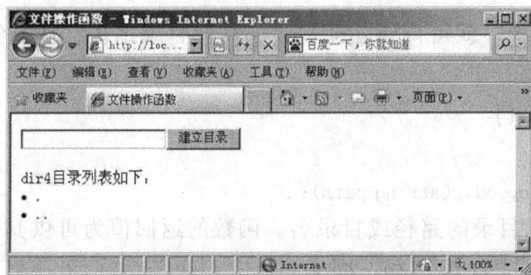

图 4-32　建立目录表单效果

在表单的输入框中输入要创建的目录，如 dirlist1，如图 4-33 所示。

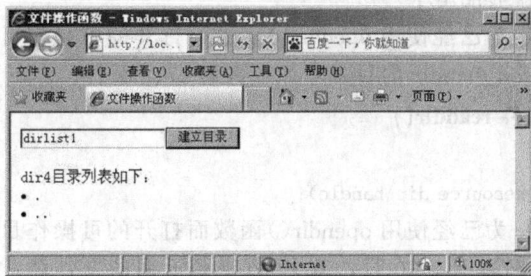

图 4-33　输入创建的目录 dirlist1

单击"建立目录"按钮，则会执行程序，获取输入的信息 dirlist1，然后创建目录。如创建成功，则会显示如图 4-34 所示的效果图。

若输入的目录已经存在，则显示错误信息，如图 4-35 所示。

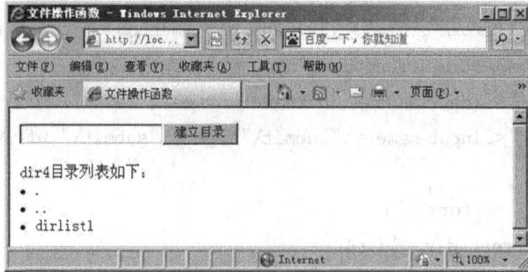

图 4-34 创建目录成功

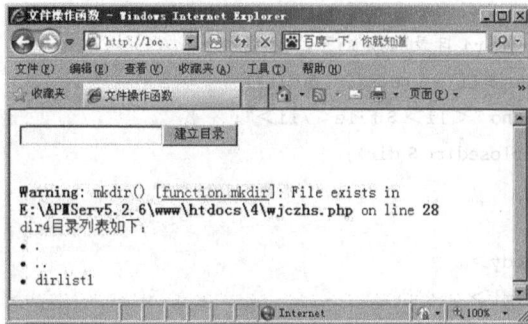

图 4-35 创建目录错误信息

依次输入并创建目录，就可得到 dir4 目录的树形目录结构。从上例可以看出 PHP 中有关文件操作的函数如下。

1. 打开目录 opendir( )

格式如下：

```
int dir_handle opendir(string path);
```

其中参数 path 表示目录的路径或目录名。函数的返回值为可供其他目录函数使用的 int 型句柄，如上例第 13、14 行和第 25、26 行。

2. 关闭目录 colsedir( )

格式如下：

```
closedir(int dir_handle);
```

其中参数 dir_handle 为已经使用 opendir( )函数而打开的可操作目录句柄。函数无返回值，运行后将关闭指向 dir_handle 的目录，如上例第 17、32 行。

3. 读取目录中的文件 readdir( )

格式如下：

```
string readdir(resource dir_handle);
```

其中参数 dir_handle 为已经使用 opendir( )函数而打开的可操作目录句柄。函数返回目录中的文件名称，如上例第 15、30 行，其中 $file 是返回的文件名，除了文件名外，文件还有其他一些属性，如下所示：

(1)返回文件大小：filesize($file)；

(2)返回文件类型：filetype($file)；

(3)返回文件最近修改时间的时间戳：filemtime($file)；

(4)返回文件最近访问时间的时间戳：fileatime($file)；

(5)返回文件的权限：fileperms($file)。

4. 创建目录 mkdir( )

格式如下：

```
bool mkdir(string pathname[,int mode]);
```

功能是尝试新建一个由 pathname 指定的目录。返回值为逻辑值，若创建目录成功则返回 true，否则返回 false。

默认的 mode 是 0777，表示最大可能的访问权。要确保操作正确，必须给 mode 前面加上 0，如上例第 28 行。

mode 参数包含三个八进制数，按顺序分别指定了所有者、所有者所在的组以及所有者的访问权限。每一部分都可以通过加入所需的权限来计算出所要的权限。数字 1 表示使文件可执行，数字 2 表示文件可写，数字 4 表示文件可读，加入这些数字就可以制定所需要的权限。如：

0600：所有者可读写，其他人没有任何权限。

0644：所有者可读写，其他人只有读的权限。

0755：所有者有所有可能的访问权，其他人有只读和执行的权限。

0750：所有者有所有可能的访问权，所有者所在的组有只读和执行的权限。

5. 删除目录 rmdir( )

格式如下：

```
bool rmdir(string dirname);
```

功能是删除指定的目录 dirname，返回值是逻辑值，参数 dirname 为所要删除的目录，是一个字符串型变量。删除的目录必须存在或者已经为空，否则会出现错误提示信息。不能删除不存在的目录或不为空的目录。

6. 判断文件是否存在的函数 file_exists( )

格式如下：

```
bool file_exists(string filename);
```

功能是判断 filename 指定的文件或目录是否存在，若存在则返回 true，否则返回 false。

7. 打开文件函数 fopen( )

格式如下：

```
resource fopen(string filename,string mode);
```

功能是打开本地或远程文件，参数 filename 是需要打开的文件名，为字符型变量。参数 mode 表示打开模式，有 8 种模式，如表 4-12 所示。

表 4-12　打开文件模式

模式	说明
r	只读方式打开，将文件指针指向文件头
r+	读写方式打开，将文件指针指向文件头
w	写方式打开，将文件指针指向文件头并将文件大小清除为零。如果文件不存在，则创建文件
w+	读写方式打开，将文件指针指向文件头并将文件大小清除为零。如果文件不存在，则创建文件
a	写方式打开，将文件指针指向文件末尾。如果文件不存在，则创建文件

续表

模式	说明
a＋	读写方式打开，将文件指针指向文件末尾。如果文件不存在，则创建文件
x	创建并以写方式打开，将文件指针指向文件头。如果文件已经存在，则 fopen()调用失败并返回 false，同时生成一条 E_WARNING 级别的错误信息。如果文件不存在，则创建文件。仅能用于本地文件
x＋	创建并以读写方式打开，将文件指针指向文件头。如果文件已经存在，则 fopen()调用失败并返回 false，同时生成一条 E_WARNING 级别的错误信息。如果文件不存在，则创建文件。仅能用于本地文件

8. 写入文件函数 fwrite( )

格式如下：

```
int fwrite(resource handle,string string [,int length]);
```

功能是把 string 的内容写入文件句柄 handle 处。如果指定 length，当写入了 length 个字节或写完了 string 以后，写入就会停止。返回值为写入的字符数，出现错误时则返回 false。

9. 读取文件内容函数

读取文件内容函数有很多，这里主要介绍常用的几个，如表 4-13 所示。

表 4-13　读取文件内容函数

函数格式	功能

string fgetc(resource handle)
如：while(! feof($myfile))
{
　$num = fgetc($myfile);
}
	返回一个包含有一个字符的字符串，该字符从文件句柄 handle 指向的文件中得到。遇到 EOF 则返回 false。文件句柄 handle 必须是有效的，并且必须指向一个由 fopen()或其他文件打开语句打开成功的文件

string fgets(int handle[,int length])
如：while(! feof($myfile))
{
　$num = fgets($myfile);
}
	从文件句柄 handle 指向的文件中读取一行字符，字符长度最多为 length−1 个字节。遇到换行符或 EOF 文件末尾或已经读取了 length−1 个字节时就会停止读取字符

string fgetss (resource handle [, int length])	与 fgets()类似，也是按行返回文件的内容，但本函数会从读取的文本中去掉所有 HTML 和 PHP 标记
array file(string filename) 如：$farray = file($filename); 　$farray[0]＋＋;	将 filename 所有的内容读入一个数组中。该函数的返回值为保存 filename 所有内容的数组，数组长度为文件行数，文件的一行对应数组的一个元素
string fread(int handle,int length)	函数将从指定文件句柄 handle 指向的文件中读取长度为 length 的字符串

10. 关闭文件函数 fclose( )

格式如下：

```
bool fclose(resource handle);
```

功能是关闭已经打开的文件 handle。返回一个逻辑值，若关闭成功则返回 true，失败则返回 false。

11. 删除文件 unlink( )

格式如下：

```
bool unlink(string filename);
```

功能是删除文件 filename。返回一个逻辑值，若删除成功则返回 true，失败则返回 false。

12. 复制文件函数 copy( )

格式如下：

```
bool copy(string source,string destination);
```

功能是将文件从 source 复制到 destination，若成功返回 true，失败则返回 false。

▶ 4.8　文件包含

PHP 中包含文件的方法有两种：require 及 include。两种方式提供不同的使用弹性。

任务 24　使用 include 包含文件

include 使用方法如下：

```
include("MyIncludeFile.php");
```

这个函数一般放在流程控制的处理部分中。PHP 程序网页在读到 include 的文件时才将它读进来。这种方式可以把程序执行时的流程简单化。如下代码文件的名字为 include.php。

行号	代码
1	`<html>`
2	`<head>`
3	`<title>文件包含</title>`
4	`</head>`
5	`<body>`
6	`<? php`
7	`    include("example.inc");`
8	`? >`
9	`</body>`
10	`</html>`

而文件"example.inc"的内容如下所示。

行号	代码
1	`<? php`
2	`    $ hello = "hello world!";`
3	`    echo $ hello;`
4	`? >`

在 IE 浏览器下调试运行 include.php，运行的效果如图 4-36 所示。

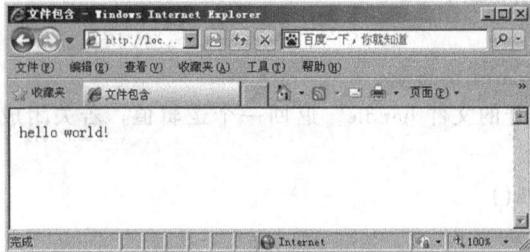

图 4-36　文件包含 include

当一个文件被包含时，其中所包含的代码继承了 include 所在行的变量范围。从该处开始，调用文件在该行处可用的任何变量在被调用的文件中也都可用。不过所有在包含文件中定义的函数和类都具有全局作用域。

任务 25　使用 require 包含文件

require 的使用方法如下：

```
require("MyRequireFile.php");
```

这个函数通常放在 PHP 程序的最前面，PHP 程序在执行前，就会先读入 require 所指定包含的文件，使它变成 PHP 程序网页的一部分。常用的函数，亦可以用这个方法将它引入网页中。如把上例中的第 7 行改为：

```
require("example.inc");
```

也能实现如图 4-36 所示的效果。

那么使用 require()包含文件与 include()包含文件有何区别呢？

require()语句的功能在于包含并运行指定的文件。不像 include()，require()会无条件地读取它所包含的文件的内容，而不管这些语句是否执行。所以如果你想按照不同的条件包含不同的文件，就必须使用 include()语句。当然，如果 require()所在位置的语句不被执行，require()所包含的文件中的语句也不会被执行。

注意：如果使用 require 语句发生了包含错误，那么程序将输出出错信息并停止运行！

除了 include()和 require()文件包含函数外，还有两个文件包含函数。一是 include_once()，它的作用与 include()相同，不过它会首先验证是否已经包含了该文件，如果已经包含，则不再执行；否则，必须包含该文件。二是 require_once()，它主要用于包含文件名出现冲突的情况，require_once()函数确保文件只包含一次。在遇到 require_once()后，后面试图包含相同的文件时将被忽略。

▶实训项目 4

主题：开发动态网站所需的知识单元，可以以学生选课为项目。

1. 参考知识点

(1)开发动态网站中所使用的数据类型。

(2)开发动态网站中所使用的常量与变量。

(3)如何使用 PHP 中的各种运算符。

(4)如何使用流程控制语句控制程序的流向。

(5)在动态网站中以及今后的数据库操作中如何使用函数和数组。

2. 参考技能点

(1)学生选课系统的页面流程。

(2)理解本章所学内容，能够根据需要在开发中有选择地使用，也要学会参考相关资料来进一步学习教材中没有提及的内容。

3. 实训训练目的

(1)理解学生选课的工作流程。

(2)分析训练。训练学生如何把实际的需求进行分类，转化成功能模块。

(3)知识技能组织训练。训练学生能够运用所学的知识和技能，辩证地选择合适的技术去实现客户的需求。

(4)能够根据学生选课系统的每一部分的功能，掌握本章所用到的知识点。

4. 实训步骤

按照教材工作任务顺序分别实训每一模块。

5. 提交材料

按教材工作任务顺序实训的每一功能模块的代码。

第 5 章   MySQL 数据库基础

　　PHP 在开发 Web 应用系统时，需要对大量的数据进行保存，虽然 XML 文件或者文本文件也可以作为数据的载体，但不易进行管理和对大量数据的存储，所以在项目开发时，数据库就显得非常重要。PHP 可以连接的数据库种类较多，其中 MySQL 数据库与其兼容较好，在 PHP 数据库开发中被广泛地应用。

　　MySQL 是一款安全、跨平台、高效的，并与 PHP、Java 等主流编程语言紧密结合的数据库系统。目前，MySQL 被广泛地应用在 Internet 上的中小型网站中。其体积小、速度快、总体拥有成本低，尤其是开放源代码这一特点，所以很多公司都采用 MySQL 数据库以降低成本。MySQL 数据库可以称得上是目前运行速度最快的 SQL 语言数据库之一。除了具有许多其他数据库所不具备的功能外，MySQL 数据库还是一种完全免费的产品，用户可以直接通过网络下载 MySQL 数据库，而不必支付任何费用。

🎓 工作过程

　　在前面的课程，我们学习了 HTML、PHP 的有关编程基础。一般一个网页功能可能包含的成分有：网页部分(包含了 HTML、CSS、JavaScript、Flash 等用户端执行的网页程序)、PHP 程序代码部分(甚至可能会在网页中显示大量的信息，所以可能会需要数据库来管理数据，这时就会考虑用到 SQL 语句)、其他的特定功能需求。

　　因此，在考虑以上的网页功能成分时，我们可以更进一步地思考：将其成分独立出来。这样做可能会对执行的效率有一点点影响，不过却对今后的开发提供便利：代码便于阅读修改、更体现模块化、更方便移植等。在这种思想的指导下，我们在着手进行网站开发前，必须做一些规划工作。尤其是在分工协作的团队项目中，更需要将模块设计得十分灵活，才会让其他模块的开发人员更容易使用，让开发出来的模块具有更好的重用性(Reusability)和易修改性(Easy to modify)，以利后续开发使用。因此，大致上每一个功能模块的开发都可以拆分成几个特定的部分。我们一般可以这样来划分 Web 的元件：

　　Web 前端组件(HTML、CSS、JS 前端脚本等)；

　　功能模块组件(PHP 组件)；

　　数据库组件。

👑 知识领域

　　根据网站中所需的数据库组件，学习如何启动 MySQL 服务器、创建数据库、创建数据表以及数据库和数据表的操作。

📞 学习情境

　　充分理解模块化设计开发的概念、思想和方法。

　　掌握数据库服务器的启动与关闭方法。

　　掌握数据库创建的方法。

　　掌握数据表的创建和数据表的操作。

　　熟练应用管理数据库的工具。

　　掌握 MySQL 如何管理用户。

▶ 5.1   MySQL 的启动和关闭

MySQL 是一个基于用户机/服务器结构的数据库服务器软件，它由服务器程序和用户端程序组成。这两种程序的运行过程都是基于网络的，服务器程序和用户端程序既可以在同一主机上运行，又可以分别在网络中不同主机上运行。MySQL 服务器程序文件名是以 mysqld 开头的程序文件，如：mysqld.exe、mysqld-nt.exe 等。用户端程序是 mysql.exe。

任务 1   使用命令行方式管理 MySQL 服务

1. 启动 MySQL 服务

不管是 Windows 还是 Linux 系统平台，通过执行 MySQL 安装目录下 bin 子目录的 mysqld 服务程序，就可以启动 MySQL 服务器。

Windows 平台启动 MySQL 服务有两种方式，第一种方式是在 Windows 的服务选项中启动 MySQL 的服务，第二种方式是通过命令行输入命令启动 MySQL。

(1)启动 MySQL 服务。选中"我的电脑"，右击打开"管理"，在"管理"中找到"服务"，在服务列表中找到"MYSQL"，然后右击启动或者关闭(注：每个人安装 MySQL 时起的名字不一样，留意自己在安装 MySQL 的时候起的名字)，如图 5-1 所示。

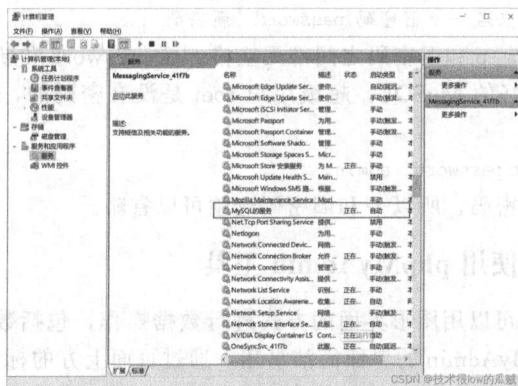

图 5-1   通过服务启动 MySQL 服务

(2)通过命令行启动。以管理员身份进入命令提示符窗口，输入以下命令，如图 5-2 所示。

    net start mysql

    net stop mysql

分别是启动 MySQL 服务和关闭 MySQL 服务。

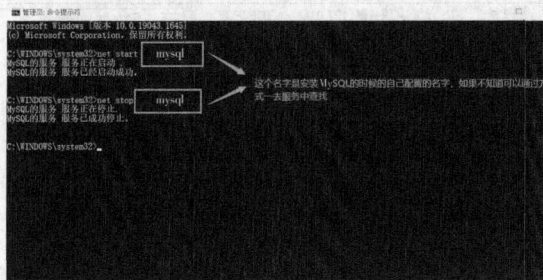

图 5-2   通过命令行启动 MySQL 服务

2. 连接和断开 MySQL

格式如下：

> mysql -h 主机地址 -u 用户名 -p[用户密码]

其中，-h 和主机地址之间，-u 和用户名之间，-p 和用户密码之间都无空格。

例如，如要连接到本机上的 MySQL 数据库服务器，root 用户密码为 admin，打开一个终端，可键入：

> mysql-hlocalhost -uroot -padmin 或 mysql -uroot -padmin

然后回车，即可进入到 MySQL 中了，MySQL 的提示符是 mysql＞。

在命令行上使用-p[用户密码]的选项很方便但不安全，因为用户密码是可见的。可以只使用一个-p 选项(不指定用户密码)，即：

> mysql-hlocalhost -uroot -p 或 mysql -uroot -p

然后回车，系统提示 Enter password:，用户在此输入正确的密码即可进入 MySQL 中。

注意，对于刚安装好的 MySQL，超级用户 root 是没有密码的，不用输入-p 选项，可直接进入 MySQL。

成功连接后，可以在 mysql＞提示符下输入 exit 或 quit，然后回车，即可断开连接。

3. 设置用户密码

格式如下：

> mysqladmin -u 用户名 −p 旧密码 password　新密码

其中，-u 和用户名之间，-p 和旧密码之间都无空格，而 password 和新密码之间有空格。

例如，对于刚安装好的 MySQL，超级用户 root 是没有密码的，若要给 root 设置密码 admin，需要键入：

> mysqladmin-uroot password　admin

因为 root 初始没有密码，所以-p 和旧密码选项可以省略。

任务 2　安装与使用 phpMyAdmin 工具

使用 phpMyAdmin 可以用图形界面的方式进行数据操作，包括数据库的管理、表的管理和数据的管理。phpMyAdmin 的界面简洁易用，通过页面上方的标签在不同功能区切换，下面介绍如何使用 phpMyAdmin 创建数据库和数据表，以及如何向表中插入数据。

首先，创建一个新的数据库 TestDB，如图 5-3 所示。

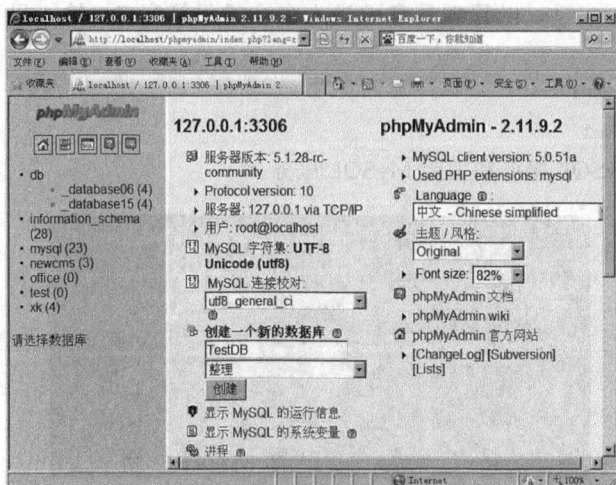

图 5-3　创建数据库 TestDB

在图 5-3 中输入所要创建的数据库的名称：TestDB，然后单击"创建"按钮，建立数据库。在数据库 TestDB 中创建一个数据表 Stuinfo，如图 5-4 所示。

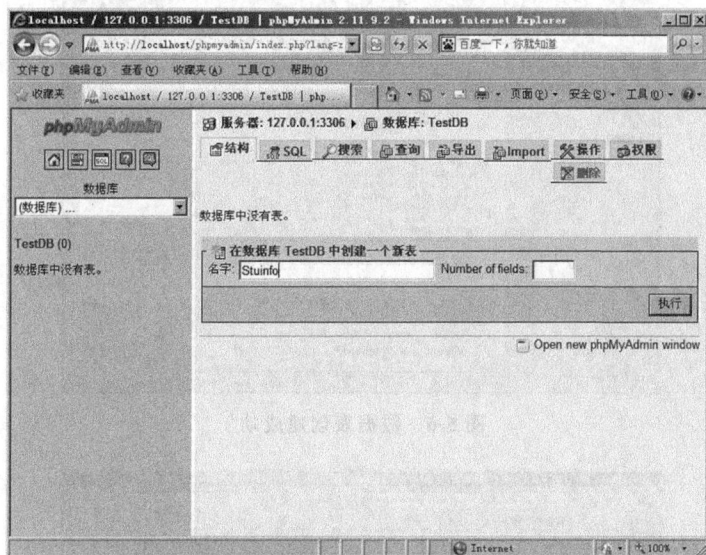

图 5-4　创建数据表 Stuinfo

输入数据表的名称 Stuinfo 和字段数目，之后单击"执行"按钮，出现如图 5-5 所示对话框，设计表的结构。

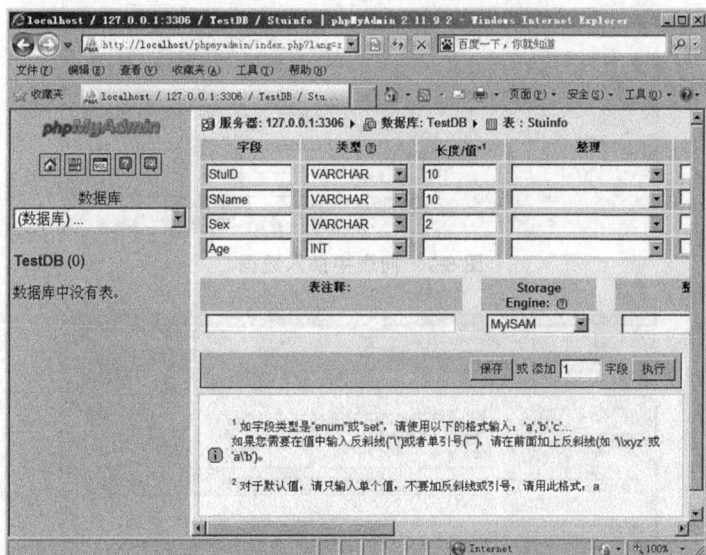

图 5-5　设计表的结构

字段设计完毕，单击"保存"按钮，数据表创建完成，如图 5-6 所示。

这时的表还是一个空表，需要往表中添加数据。单击图 5-6 中页面上方的"插入"标签，可以向表 Stuinfo 中插入数据，如图 5-7 所示。

插入数据完成后，单击页面下方的"执行"按钮，可将数据插入数据表中。单击页面上方的"浏览"标签可浏览表中的数据，如图 5-8 所示。

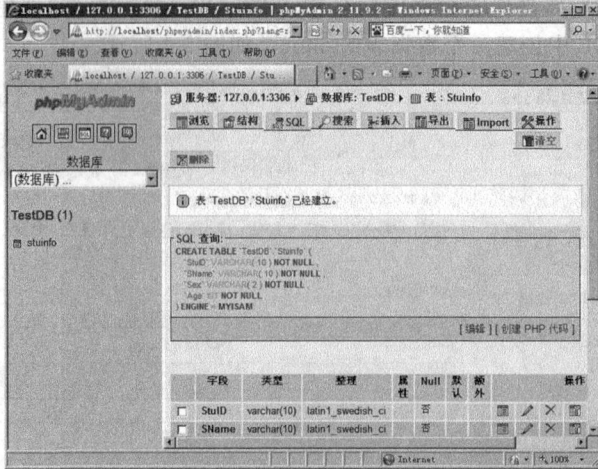

图 5-6　数据表创建成功

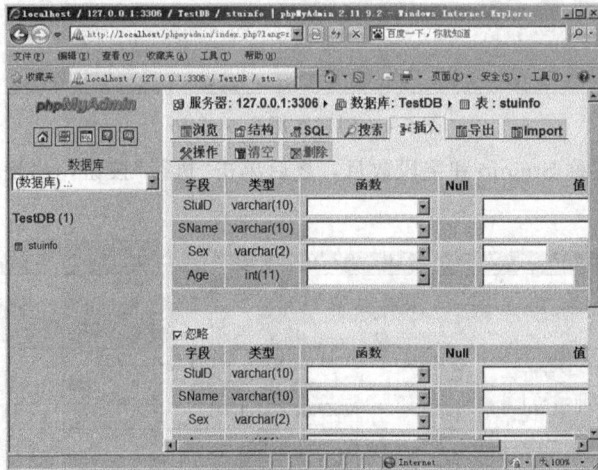

图 5-7　向表中插入数据

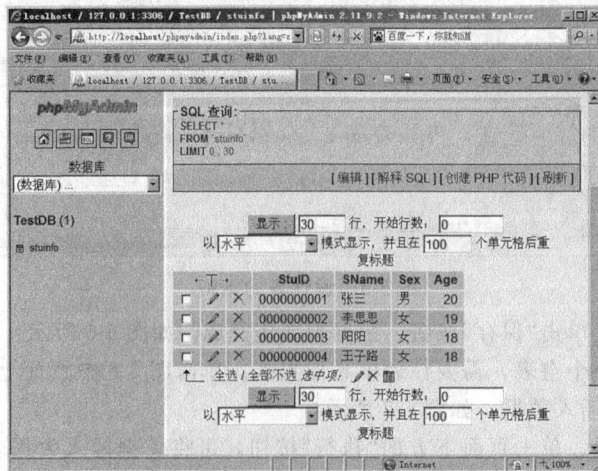

图 5-8　浏览表中的数据

5.2　MySQL 的基本语法

任务 3　MySQL 的命名规则

在 MySQL 中，给数据库、表、索引、列命名时，要遵循以下规则。

(1)可以使用字母、数字、_(下画线)和 $。

(2)可以以数字作为开始，但不能整个命名中都是数字。

(3)在 Linux 系统中要区分大小写，Windows 中不区分大小写。

(4)数据库名、表名、列名这些标识符的最大长度是 64 个字符，别名标识符的最大长度是 255 个字符。

例如：test、customer_123、car $ 都是合法的，而 123、car * 、name ＋ test 是不合法的。

数据库系统中的关键字，如 select、delete 等不能作为数据库、表、索引、列的名字进行命名。

在本章选取的项目中定义的数据库名字为 xk，其中的表有：class 表(班级表)、course 表(课程表)、department 表(系部表)、student 表(学生表)、StuCou 表(学生选课表)和 teacher 表(教学秘书表)。一般命名时遵循"见名思义"。

任务 4　MySQL 的列数据类型

在设计数据表时，必须考虑数据类型。MySQL 提供了多种列数据类型，下面介绍常见的几种类型。

1. 数值类型

MySQL 提供了很多数值类型，大体可以分为整数类型和浮点类型。整数类型根据取值范围分为 INT、SMALLINT 等，常见的整数类型如表 5-1 所示；浮点类型又分为 FLOAT、DECIMAL 等，常见的浮点类型如表 5-2 所示。

表 5-1　整数类型

数据类型	字节数	取值范围	说明
TINYINT	1	有符号：−128～127 无符号：0～255	最小的整数
SMALLINT	2	有符号：−32 768～32 767 无符号：0～65 535	小型整数
MEDIUMINT	3	有符号：−8 388 608～8 388 607 无符号：0～16 777 215	中型整数
INT	4	有符号：−2 147 483 648～2 147 483 647 无符号：0～4 294 967 295	常规整数
BIGINT	8	有符号：−9 223 372 036 854 775 808～9 223 372 036 854 775 807 无符号：0～18 446 744 073 709 551 615	较大的整数

表 5-2　浮点类型

数据类型	字节数	取值范围	说明
FLOAT	4	有符号：－3.402 823 466E＋38～－1.175 494 351E－38 无符号：0/1.175 494 351E－38～3.402 823 466E＋38	单精度
DOUBLE	8	有符号：－1.797 693 134 862 315 7E＋308～2.225 073 858 507 201 4E－308 无符号：0/2.225 073 858 507 201 4E－308～1.797 693 134 862 315 7E＋308	双精度
DECIMAL(M, D)	M＋2	有符号：－1.797 693 134 862 315 7E＋308～2.225 073 858 507 201 4E－308 无符号：0/2.225 073 858 507 201 4E－308～1.797 693 134 862 315 7E＋308 定点数	

　　DECIMAL 类型的有效取值范围是由 M 和 D 决定的。其中，M 表示数据长度，D 表示小数点后的长度。示例，数据类型设为 DECIMAL(4，1)，将 3.141 592 6 插入数据库后，显示的结果为 3.1。

　　从表中可以看出，各种数据类型占用的存储空间是不同的，取值范围较大的类型所需的存储空间也较大。

2. 字符串类型

　　字符串类型用于存储任何类型的字符数据，如姓名、地址等，表 5-3 列出了 MySQL 可用的字符串类型。

表 5-3　MySQL 的字符串类型

类型	描述
CHAR(M)	固定长度的字符串，M 为列长度，最大值为 255，如果一个字符串长度小于 M，存储时在右边补齐空格，达到指定长度。占 M B 存储空间
VARCHAR(M)	可变长度字符串，其后缀空格在存储时被删除，M 最大值为 255
TINYBLOB	最多 255 个字符的二进制对象，要求长度＋1 B 存储空间
TINYTEXT	最多 255 个字符的文本，要求长度＋1 B 存储空间
BLOB	二进制对象，最多 65 535 个字符，要求长度＋2 B 存储空间
TEXT	最多 65 535 个字符的文本，要求长度＋2 B 存储空间
MEDIUMBLOB	最多 16 777 215 个字符的中等二进制对象，要求长度＋3 B 存储
MEDIUMTEXT	最多 16 777 215 个字符的文本，要求长度＋3 B 存储
LONGBLOB	最多 4 GB 个字符的大二进制对象，要求长度＋4 B 存储
LONGTEXT	最多 4 GB 个字符的大文本，要求长度＋4 B 存储

3. 日期时间类型

日期时间类型用于处理时间数据，可以存储当日的时间或出生日期这样的数据。表 5-4 列出了 MySQL 中的可用日期时间类型。

表 5-4　MySQL 的日期时间类型

类型	描述
DATE	日期。格式为 YYYY-MM-DD，日期范围 1000-01-01～9999-12-31，占 3 B 存储空间
DATETIME	日期时间。格式为 YYYY-MM-DD HH：MM：SS，时间范围 1000-01-01 00：00：00～9999-12-31 23：59：59，占 8 B 存储空间
TIMESTAMP	时间戳。格式为 YYYY-MM-DD HH：MM：SS，如果要返回数字形式，则给 TIMESTAMP 列加 0，占 4 B 存储空间
TIME	时间。格式为 HH：MM：SS，占 3 B 存储空间
YEAR[(2 │ 4)]	年份。2 表示年份为 2 位数字，值为 70～69，表示 1970～2069 内的年份。4 表示年份为 4 位数字，值为 1901～2155，默认为 4 位的年份，占 1 B 存储空间

▶ 5.3　MySQL 的基本命令

本节以学生选课系统为例，介绍 MySQL 基本命令的使用。

在选择数据库时，根据学生接触最多的学生选课系统作为数据库的实例。因为学生选课系统是现在大学生在校学习要经常接触并使用的系统，容易理解。

1. 系统功能分析

该系统存在两种用户：教学秘书用户和学生用户，用户必须经过登录才能使用系统。对于教学秘书用户来讲，可以通过用户端浏览器登录系统，对课程进行管理，如添加课程、修改课程、删除课程、浏览课程、查询课程和查看课程的详细信息等。学生用户则可以通过用户端浏览器登录系统，浏览可选课程、显示已选课程和删除已选课程，并按志愿顺序预选自己想要选修的课程。因此，需要 6 个表来保存各方面的信息。

2. 数据库逻辑结构设计

图 5-9 表示了各个表间的联系。

Class 表和 Department 表之间通过 DepartNo(系部编号)进行连接，表示班级的系部编号来源于系部表。

Teacher 表和 Department 表之间通过 DepartNo(系部编号)进行连接，表示教学秘书的系部编号来源于系部表。

Course 表和 Department 表之间通过 DepartNo(系部编号)进行连接，表示课程的系部编号来源于系部表。

Student 表与 Class 表之间通过 ClassNo(班级编号)进行连接，表示学生的班级编号来源于班级表。

StuCou 表与 Student 表通过 StuNo(学号)进行连接，StuCou 表与 Course 表通过 CouNo(课程编号)进行连接，分别表示选课数据中的学号来源于学生表，课程编号来源于课程表。

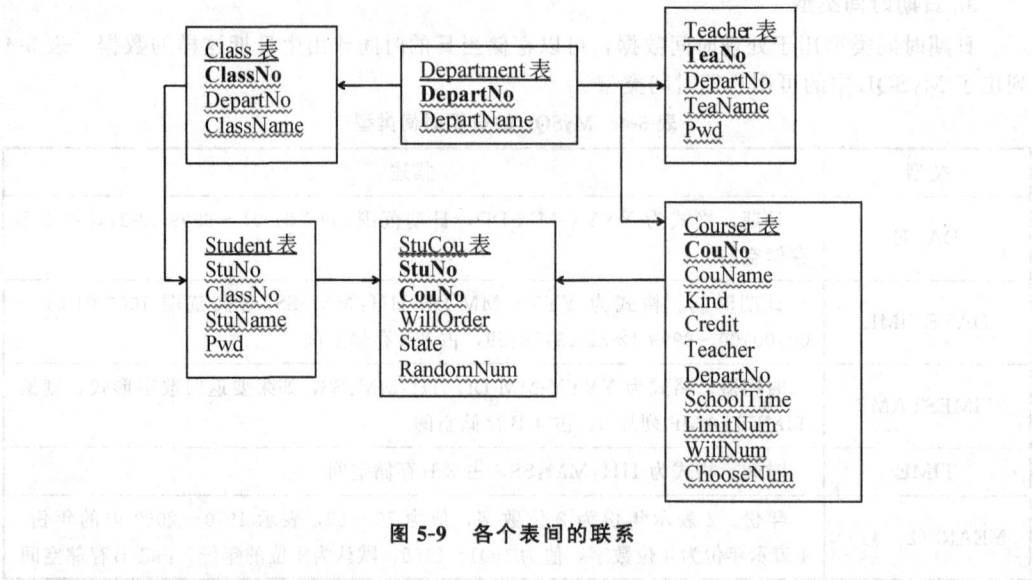

图 5-9 各个表间的联系

任务 5 创建和删除数据库

1. 创建数据库

格式如下：

```
CREATE DATABASE 数据库名;
```

该语句用来创建一个新的数据库，当此数据库已经存在时，将返回一个错误。数据库的名字遵循 MySQL 的命名规则。在 MySQL 中新建的数据库以一个目录形式存在于硬盘中，该目录名为新建的数据库名，并且由于该数据库为空，目录下没有任何文件。例如，创建学生选课数据库 xk，命令如下所示。

```
CREATE DATEBASE xk;
```

2. 打开数据库

在 MySQL 中，需要对某一个数据库的对象进行操作时，要先用 use 命令打开数据库。use 命令的格式为：

```
use 数据库名;
```

例如，打开 xk 数据库就可以使用如下命令：

```
use xk;
```

3. 删除数据库

格式如下：

```
DROP DATABASE [IF EXISTS]数据库名;
```

该语句用来删除一个数据库，并返回被删除文件的数目，这个数目通常是表数目的 3 倍，因为每个表对应 myd、myi、frm 三个文件。如果想在执行该语句时不会发生错误，则可以在语句中加入关键词 IF EXISTS。它首先检查此数据库是否存在，如果存在才会执行删除命令，如果不存在则返回 0，不会发生没有找到数据库的错误。例如：

```
DROP DATABASE xk;
```

任务 6 创建和删除数据库表

1. 创建新表

格式如下：

```
CREATE TABLE [IF NOT EXISTS] 表名 [(create_def,...)] [table_options] [select_
statement];
```

该语句用来在当前数据库中创建一个新表，其中各参数的含义如下所示。

（1）IF NOT EXISTS。如果指定的数据库不存在或表名已经存在，则返回一个错误，如果想避免出现这种错误，就可以加上关键词 IF NOT EXISTS。

（2）create_def 选项。create_def 选项用来定义表的结构，基本格式如下所示：

```
列名类型 [NOT NULL|NULL] [DEFAULT 默认值] [AUTO_INCREMENT] [Primary Key];
```

①NOT NULL | NULL：指定字段是否可以为 NULL 值，如果未指定，则各字段的默认值为 NULL。

②DEFAULT：指定字段的默认值。在插入记录时，未指定该字段的值，一般插入默认值。

③AUTO_INCREMENT：用于整型，该字段的值从 1 开始，每次插入新记录时，自动地以原来的最大值加 1 作为插入值。

④Primary Key：用来指定某一字段是该表的主键。一个表只能有一个主键，如果在表中没有一个主键，并且应用程序要求主键时，MySQL 将返回一个没有 NULL 值的 UNIQUE 列，作为表的主键。

当一个表被创建时，MySQL 将在数据库对应的目录下为该表创建 .frm(表结构文件)、.myd(数据文件)、.myi(索引文件)三个文件。在使用过程中用户要经常备份这些文件。

例如，创建 xk 数据库中的 student 表，命令如下所示：

```
use xk;
CREATE TABLE student(
    StuNo char(8) NOT NULL,
    ClassNo char(8) NOT NULL,
    StuName char(10) NOT NULL,
    Pwd char(8) NOT NULL,
    PRIMARY KET (StuNo)
) ENGINE = MYISAM DEFAULT CHARSET = gb2312;
```

2. 删除表

格式如下：

```
DROP TABLE[IF EXISTS] 表 1[,表 2,...];
```

该语句的功能是删除一个或多个数据库的表。表中的所有数据和表定义均被删除，并且如果没有备份表，则表是不能够恢复的，所以使用时一定要小心。

例如，删除 student 表，命令为：

```
DROP  TABLE student;
```

如果只想删除表中的数据而不是整个表，则可以用后面的 DELETE 语句。

任务 7   操作数据库表

1. 插入记录

插入记录的命令有三种格式。

格式 1 如下：

```
INSERT [LOW_PRIORITY | DELAYED] [INTO] 表名 [(字段 1，字段 2,...)] VALUES(值 1，
值 2,...);
```

其中 LOW_PRIORITY：可以使 INSERT 的执行被推迟到没有其他用户正在读取表时

执行。在这种情况下，用户必须等到插入语句完成后才能往后操作。如果表被频繁使用，就可能花很长时间。

DELAYED：可使要插入的记录不会马上写入数据库中，而是写入一个缓冲区中，等到要写入的数据达到一定的数目时，才一次性地写入数据库表中。

格式 1 可以将指定的值作为一个新记录插入表中，它可以一次插入多条记录。如果未指定字段列表，则 VALUES 部分必须按表中字段顺序给出每个字段的值。如果只给部分字段赋值，那么 VALUES 部分的值个数、类型必须和字段列表的字段个数、类型保持一致。例如：

```
INSERT INTO student(StuNo,StuName) VALUES("10000001","张三");
```

格式 2 如下：

```
INSERT [LOW_PRIORITY| DELAYED][INTO]表名 [(字段 1，字段 2,...)] SELECT 语句;
```

功能是将 SELECT 语句的查询结果作为新记录，插入指定的表中。

格式 3 如下：

```
INSERT [LOW_PRIORITY| DELAYED][INTO]表名 [(字段 1，字段 2,...)] SET 字段 1 = 表达式 1,
字段 2 = 表达式 2,...;
```

功能是以直接指定字段的值的方式插入一条新记录。

2. 删除记录

格式如下：

```
DELETE [LOW_PRIORITY] FROM 表名 [WHERE 条件][LIMIT rows];
```

功能是把满足条件的记录删除，并且返回被删除记录的行数。如果省略了 WHERE 条件，那么所有的行都被删除。例如，要删除姓名为"张三"的学生记录，命令为：

```
DELETE FROM student WHERE StuName = "张三";
```

3. 更新记录

格式如下：

```
UPDATE 表名 SET 字段 1 = 值 1,字段 2 = 值 2,...[WHERE 条件];
```

功能是根据条件更新指定列的值。如果 WHERE 省略，则所有行的记录被更新。

例如：把 student 表中学号为"00000001"的学生的姓名改为张三，命令如下：

```
UPDATE student SET StuName = "张三"WHERE StuNo = "00000001";
```

灵活利用 UPDATE 可以省去很多重复的工作。

4. 查询数据

格式如下：

```
SELECT [参数选项] 返回字段名列表
    [FROM 表名]
    [WHERE 条件]
    [GROUP BY 字段名列表]
    [HAVING 条件]
    [ORDER BY 字段名列表]
    [LIMIT]
```

各选项有如下含义。

(1)参数选项：共有 ALL、Distinct、Distinctrow 三个选项可用，其中 ALL 表示返回全部记录，Distinct 和 Distinctrow 则表示删除重复记录。

(2)返回字段名列表：指要返回的字段名列表，中间用逗号间隔，若是 * 号则表示返回所有字段。在字段上可加 As 来指定字段的别名。

(3)FROM 表名：指定要从哪个表中检索行。

(4)WHERE 条件：指定查询记录要满足的条件，在条件中可以使用 AND、OR 表示复合条件。

(5)GROUP BY 子句：指定分组规则，按照指定的字段进行分组。

(6)HAVING 子句与 GROUP BY 子句：配合使用，用于指定分组的记录满足条件的记录。

例如，统计各系部学生人数，命令为：

```
SELECT COUNT( * ) FROM student GROUP BY department;
```

(7)ORDER BY 子句：指定查询结果的排序规则，升序用关键字 ASC，降序用 DESC，默认为升序排序。

(8)LIMIT 子句：用来限制 SELECT 语句返回的行数。LIMIT 取一个或两个数字参数，第一个参数指定要返回的第一行的偏移量，第二个参数指定返回行的最大数目。初始行的偏移量为 0，而不是 1。例如：

```
SELECT * FROM student  LIMIT 5,10;//查询第 6～15 行的记录
```

如果给定一个参数，它指出返回行的最大数目。例如：

```
SELECT * FROM student  LIMIT 5;  //查询前 5 条记录
```

5. 修改表结构

修改表结构的命令是 ALTER TABLE 语句，它可以修改一个表的结构，例如，增加或删除列、改变列的类型或重新命名列或表名等。格式如下所示：

```
ALTER TABLE 表名 修改子句;
```

修改子句常用的有以下几种：

(1)

```
ADD [COLUMN] 列名 类型[FIRST|AFTER column_name];
```

该子句表示在表的末尾增加一个新的字段。例如，在 student 表增加一个名为 sex 的新列，类型为 char(2)，命令为：

```
ALTERB TABLE student ADD sex char(2);
```

(2)

```
CHANGE[COLUMN] 原列名 新列名 类型;
```

该子句的功能是更改表中列的定义。

(3)

```
DROP [COLUMN] 列名;
```

该子句的功能是删除指定的列。例如，删除 sex 列，命令为：

```
ALTER TABLE student DROP sex;
```

(4)

```
RENAME [AS] 新表名;
```

功能是重新命名表。例如，把 student 表改名为 stu，命令为：

```
ALTER TABLE student RENAME stu;
```

任务 8　与查询有关的运算符和函数

同 PHP 等程序设计语言一样，MySQL 等许多 DBMS 都有自己的数据类型(列类型)、运算符、语句结构、关键字以及函数。其中广泛用于 SELECT 和 WHERE 子句中的函数，对程序员简化查询语句的构造，提高查询计算的效率，起着非常重要的作用。这些函数将一些复杂的查询计算操作用函数封装起来，由 MySQL 自己执行计算，仅将结果返回给

PHP。这些函数，涵盖了数学运算、字符串处理、逻辑运算等许多方面的处理，下面介绍常用到的一些函数。为简便起见，用一＞表示执行查询后 MySQL 返回的结果。

1. 强制运算"( )"括号

使用它们来强制在一个表达式中数据的计算顺序。例如：

```
mysql> select 1 + 2 * 3;
            ->7
mysql> select (1 + 2) * 3;
            ->9
```

2. 算术运算

包括＋、－、＊、／，例如：

```
mysql> select 3 + 5;
        -> 8
```

被零除产生一个 NULL 结果，例如：

```
mysql> select 102/(1-1);
              -> NULL
```

3. 逻辑运算

所有的逻辑运算返回 1(TRUE)或 0(FALSE)。NULL 被认为是假值。逻辑运算主要有：

NOT(！)逻辑非；

OR(||)逻辑或；

AND(&&)逻辑与。

4. 比较运算符

比较运算的值为 1(TRUE)、0(FALSE)或 NULL。比较运算主要应用在数字和字符串上，比较运算符如表 5-5 所示。

表 5-5　比较运算符

运算符	描述
=	等于
<>	不等于
! =	不等于
<=	小于或等于
<	小于
>=	大于或等于
>	大于
IS NULL	是否为空
IS NOT NULL	是否不为空

例如：

```
mysql> select 2>2;
        ->0
mysql> select 1 IS NULL, 0 IS NULL, NULL IS NULL;
        ->0 0 1
```

5. expr BETWEEN min AND max

如果 expr 是在大于或等于 min 且 expr 是小于或等于 max 的数据，表达式返回 1，否则返回 0。例如：

```
mysql> select 1 BETWEEN 2 AND 3;
        -> 0
mysql> select 2 BETWEEN 2 AND 3;
        -> 1
```

6. expr IN (value, …)

如果 expr 是在 IN 表中的任何值返回 1，否则返回 0。如果 expr 是一个大小写敏感的字符串表达式，字符串比较以大小写敏感方式执行。例如：

```
mysql> select 2 IN (0,3,5,'wefwf');
        -> 0
mysql> select 'wefwf' IN (0,3,5,'wefwf');
        -> 1
```

7. expr NOT IN (value, …)

与 NOT (expr IN (value, …)) 相同。

8. 字符串比较函数

通常，如果在字符串比较中的任何表达式是区分大小写的，比较以大小写敏感的方式执行。

```
expr LIKE pattern[ESCAPE 'escape-char'];
```

将 expr 与模式字符串 pattern 进行模式匹配，返回 1(TRUE) 或 0(FALSE)。用 LIKE，你可以在模式中使用下列两个：

①%：匹配任何数目的字符，甚至零个字符；

②_：精确匹配一个字符。

例如：

```
mysql> select 'David! ' LIKE 'David_';
        -> 1
mysql> select 'David! 'LIKE '%D%v%';
        -> 1
```

9. 数学函数

所有的数学函数在一个出错的情况下返回 NULL。数学函数如表 5-6 所示。

表 5-6　数学函数

函数名	描述
ABS(X)	返回 X 的绝对值
SIGN(X)	返回参数的符号，为 −1、0 或 1，取决于 X 是否是负数、零或正数
MOD(N，M)	模（类似 C 语言中的 % 操作符），返回 N 被 M 除的余数
FLOOR(X)	对 X 向下取整
CEILING(X)	对 X 向上取整
ROUND(X)	返回参数 X 的四舍五入的一个整数

例如：

```
mysql> select FLOOR(1.23);
        -> 1
```

```
mysql> select FLOOR(-1.23);
                -> -2
mysql> select CEILING(1.23);
                -> 2
```

10. 分组计算函数

这些函数，常常是与 GROUP BY 子句一起使用的函数，作用是对聚合在组内的行进行计算。如果在不包含 GROUP BY 子句的一个语句中使用聚合函数，它等价于聚合所有行。

(1)COUNT(expr)，返回由一个 SELECT 语句检索出来的行的非 NULL 值的数目。例如：

```
mysql> select student.student_name,COUNT(*)
                from student,course
                where student.student_id = course.student_id
                GROUP BY student_name;
```

与 COUNT(expr)相比，COUNT(*)在返回的检索出来的行数上有些不同，不管它们是否包含 NULL 值。如果 SELECT 从一个表检索，或没有检索出其他列并且没有 WHERE 子句，COUNT(*)被优化以便快速地返回。例如：

```
mysql> select COUNT(*) from student;
```

(2)COUNT(DISTINCT expr,[expr...])，返回一个无重复值的数目。

```
mysql> select COUNT(DISTINCT results) from student;
```

在 MySQL 中，你可以通过给出一个表达式列表以得到不同的表达式组合的数目。

(3)AVG(expr)，返回 expr 的平均值。例如：

```
mysql> select student_name, AVG(test_score)
                from student
                GROUP BY student_name;
```

(4)MIN(expr)和 MAX(expr)，分别返回 expr 的最小或最大值。MIN()和 MAX()可以有一个字符串参数，在这种情况下，他们返回最小或最大的字符串值。例如：

```
mysql> select student_name, MIN(test_score), MAX(test_score)
                from student
                GROUP BY student_name;
```

(5)SUM(expr)，返回 expr 的和。

注意：如果返回的集合没有行，它返回 NULL 值。

▶ 5.4 MySQL 权限

任务 9 添加用户和设置权限

为 MySQL 数据库服务器添加一个新用户是最常用的操作之一，它可以为不同的用户设置不同的访问权限，并可以限制用户数据的访问范围。

可以通过两种不同的方法来设置权限。

(1)使用 GRANT 语句与 REVOKE 语句。

(2)通过 SQL 语句直接操作 MySQL 授权表。

比较好的方法是使用 GRANT 语句，因为 GRANT 语句更简明并且错误较少。GRANT 语句的格式如下所示：

```
GRANT priv_type [(column_list)][, priv_type [(column_list)]...]
    ON {tbl_name | * | *.* | db_name.*}
    TO user_name[IDENTIFIED NY'password']
        [,user_name[IDENTIFIED NY'password']...]
[WITH GRANT OPTION]
```

GRANT 和 REVOKE 命令允许系统管理员在四个权限级别上授权和撤回赋予 MySQL 用户的权限。这四个权限级别分别阐述如下。

(1)全局级别：全局权限作用于一个给定服务器上的所有数据库，这些权限存储于 mysql. user 表中。

(2)数据库级别：数据库权限作用于一个给定的数据库的所有表，这些权限存储于 mysql. db 和 mysql. host 表中。

(3)表级别：表权限作用于一个给定表的所有列，这些权限存储于 mysql. tables_priv 表中。

(4)列级别：列权限作用于一个给定表的某一列，这些权限存储于 mysql. columns_priv 表中。

说明：

(1)对于 GRANT 和 REVOKE 语句，priv_type 参数指定权限类型，它可以是下列权限之一。

ALL PRIVILEGES	FILE	RELOAD	INDEX	SELECT
CHANGE	INSERT	ALTER	SHUTDOWN	
DELETE	PROCESS	UPDATE	DROP	
REFERENCES	USAGE			

(2)tbl_name | * | *.* | db_name.*：表示权限所施加的层次，可用在所有数据库及数据表，也可以指定特定的数据库或数据字段。

(3)user_name：为特定的用户设置权限，包括"用户主机"和"用户名"。

(4)password：指定用户的密码。如果新增的用户没有指定密码，则代表该用户没有密码。

当安装完 MySQL 并开始使用时，便要根据不同用户的需要，为他们设置访问数据库的账号，例如：增加一个新用户：

```
mysql>grant all privileges on *.* to user @"%"
    ->identified by"123456";
```

上例表示增加一个新用户，其账号是 user，123456 是这个新用户的密码，如果不指定，则默认密码为空。

还可以在图形化界面下修改用户权限，如图 5-10 所示。

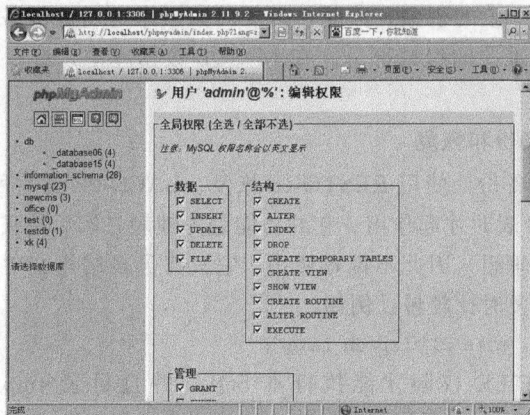

图 5-10　修改用户权限

任务 10　修改用户密码

在 MySQL 中，如果是刚安装的，它只有一个用户：root，这个用户是所谓的超级用户，享有一些操作数据库的权限，既可以创建和删除数据库、创建和删除数据表、数据检索和更新，还可以增加和删除用户等。root 用户的初始密码为空，可以通过如下 MySQL 命令来修改 root 用户的密码。

```
[root@myhost mysql] #.bin/mysqladmin-u root -password [newpassword]
```

其中的 newpassword 即是 root 用户的新密码。

也可以在 MySQL 用户端程序窗口中直接修改 mysql 数据库中保存的密码。如修改 root 用户密码，可以这样：

```
mysql>SET PASSWORD FORroot = PASSWORD("newpassword");
```

当然还可以在 phpMyAdmin 图形化界面修改用户密码，如图 5-10 所示。

任务 11　撤销用户权限

利用 REVOKE 命令撤销用户的权限。REVOKE 命令只删除权限而非用户，该用户的资料存于 user 数据表中，所以用户依旧可以连接到服务器上。要完全删除用户，必须在 user 表上使用 delete 语句，明确将用户记录删除。REVOKE 命令的格式为：

```
REVOKE priv_type [(column_list)][, priv_type [(column_list)]...]
    ON {tbl_name | * | *. * |db_name. * }
      FROM user_name[,user_name...]
```

REVOKE 命令中各部分的含义和 GRANT 命令相同。例如：

```
mysql>revoke all on student. * from lixiao@localhost;
```

REVOKE 命令只是撤销用户的某种权限。如果希望彻底删除该用户，应当直接对 user 表进行删除记录操作，例如：

```
mysql>delete from user where user = lixiao and host = localhost;
```

任务 12　备份和恢复数据库

数据库经常可能发生数据丢失或者数据损坏的情况，如当用户更新完数据表后，实际被更新的数据还没有被刷新到磁盘中，此时系统崩溃，则这部分数据很可能没有被真正地保存，数据可能出现不一致的现象，因此，必须对数据库定期进行备份。可以说，备份是任何数据库系统中至关重要的组成部分。在 MySQL 数据库中，有以下几种备份和恢复数据库的方法。

1. 使用 SQL 语法备份和恢复

(1)使用 BACKUP 备份，使用 RESTORE 恢复。BACKUP 是一种最容易的备份方法，这只有在使用 MyISAM 表时才起作用。它的功能是先锁表，然后拷贝数据文件。它能实现在线备份，但是效果不理想，因此不推荐使用。它只拷贝表结构文件和数据文件，不同时拷贝索引文件，因此恢复时比较慢。例如：

```
BACKUP TABLE tbl_name TO '/tmp/db_name/';
```

注意，必须要有 FILE 权限才能执行本 SQL，并且目录/tmp/db_name/必须能被 mysqld 用户可写，导出的文件不能覆盖已经存在的文件，以避免安全问题。

用 BACKUP TABLE 方法备份出来的文件，可以运行 RESTORE TABLE 语句来恢复数据表。例如：

```
RESTORE TABLE FROM '/tmp/db_name/';
```

权限要求类似上面所述。

（2）用 SELECT INTO 备份，用 LOAD DATA INFILE 恢复。SELECT INTO OUTFILE 则是把数据导出来成为普通的文本文件，可以自定义字段间隔的方式，方便处理这些数据。例如：

```
SELECT INTO OUTFILE '/tmp/db_name/tbl_name.txt' FROM tbl_name;
```

注意，必须要有 FILE 权限才能执行本 SQL，并且文件/tmp/db_name/tbl_name.txt 必须能被 mysqld 用户可写，导出的文件不能覆盖已经存在的文件，以避免安全问题。

用 SELECT INTO OUTFILE 方法备份出来的文件，可以运行 LOAD DATA INFILE 语句来恢复数据表。例如：

```
LOAD DATA INFILE '/tmp/db_name/tbl_name.txt' INTO TABLE tbl_name;
```

权限要求类似上面所述。导入数据之前，数据表要已经存在才行。如果担心数据会发生重复，可以增加 REPLACE 关键字来替换已有记录或者用 IGNORE 关键字来忽略它们。

2. 通过直接复制文件的方法备份 MyISAM 表

MyISAM 表以文件的形式存放在以数据库名命名的目录中（.frm 代表定义文件，.myd 代表数据文件，.myi 代表索引文件），所以备份数据表的一个简便方法就是复制这些文件。这种方法与 BACKUP 命令不同，直接复制文件不会自动给这些表加锁。因此为了保证复制文件的完整性，直接在服务器关闭时复制文件。

注意：直接复制文件的方法恢复数据库时，需要将数据库目录下的文件的所有者设置为 mysql 用户，这样才能在 MySQL 中访问这些恢复的表数据。

3. 使用 mysqldump 备份和恢复

例如，在 Linux 超级用户的环境下，执行以下命令，可以备份 student 表，生成的 SQL 语句存放到 student.sql 文件中。

```
#mysqldump xk student>/backup/student.sql;
```

若在 Windows 下，可执行以下命令：

```
D:\MySQL\bin>mysqldump xk student>d:\backup\student.sql;
```

恢复时在 Linux 下可执行以下命令：

```
mysql>DROP TABLE student;
mysql>exit;
#mysql student </backup/student.sql;
```

至此，student 表已经被恢复了。

4. 使用 phpMyAdmin 图形化界面备份和恢复

使用 phpMyAdmin 图形化界面进行数据库的备份和恢复是一种比较直观的操作方法。在 phpMyAdmin 中，单击"导出"选项卡，出现如图 5-11 所示的界面，在此界面中选择要备份的数据表、保存的文件类型及存放位置，单击界面右下角的按钮"执行"即可。如果要恢复，则在 phpMyAdmin 中，单击"import"选项卡，出现如图 5-12 所示的界面，在此界面中选择要恢复的数据表，文件存放位置，单击界面右下角的按钮"执行"即可。

至此，通过定期对数据表进行备份和恢复，对数据起到保护作用。在动态网站的后台功能中也应该有维护数据库的部分功能，使网站管理员能够远程管理数据。

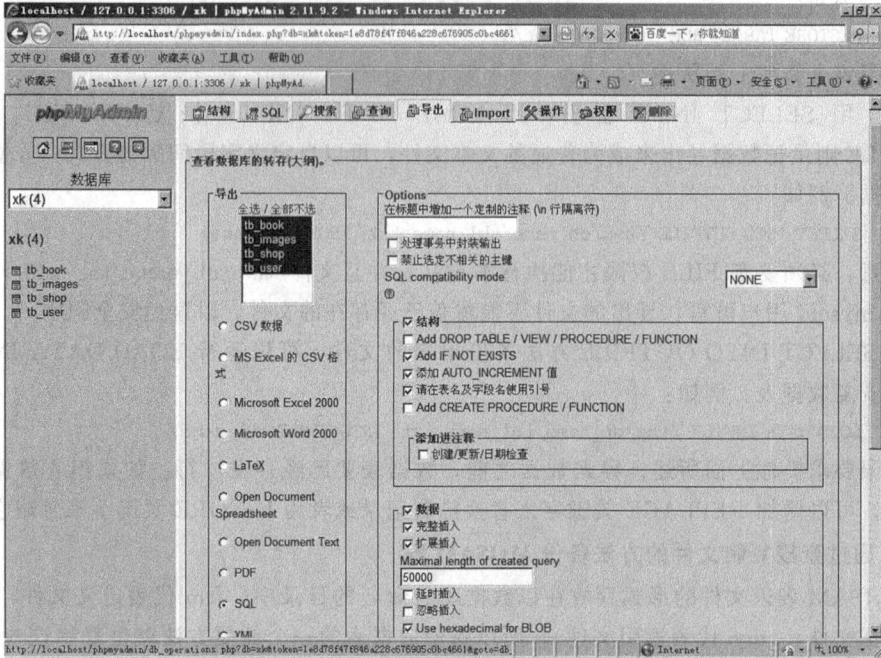

图 5-11　备份数据表

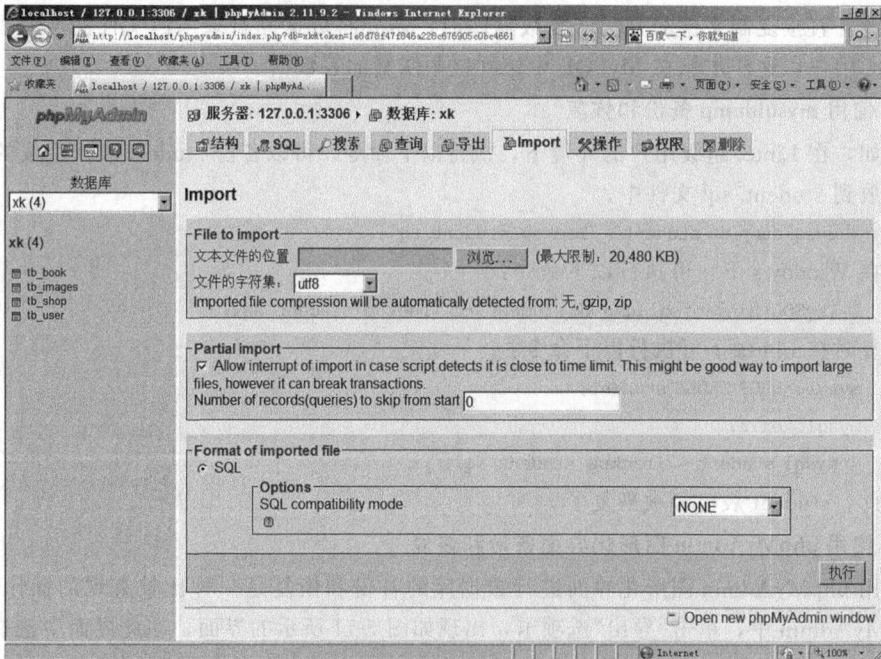

图 5-12　恢复数据表

▶实训项目 5

主题：为学生信息进行数据库的创建、数据表的操作、数据查询及用户权限设置。

1. 参考知识点

(1)学生信息管理的功能。

(2)学生信息管理的数据结构设计。

(3)如何进行数据库创建操作。

(4)如何对数据表进行操作。

(5)如何使用 SQL 进行查询。

2. 参考技能点

(1)理解学生信息管理的工作流程。

(2)按照工作流程绘制出对应的数据结构图和数据库逻辑设计。

3. 实训训练目的

(1)理解学生信息管理的工作流程。

(2)分析训练。训练学生如何把实际的需求进行分类,转化成功能模块。

(3)知识技能组织训练。训练学生能够运用所学的知识和技能,辩证地选择合适的技术去实现客户的需求。

4. 实训步骤

动态 Web 有了数据库的支持,可以显示存在数据库对应表中的动态数据。为了便于大家学习使用 PHP 实现数据的插入、查询、修改及删除操作,特假定以下需求。

我院实行计算机管理学生信息,学生信息包含学号[StuNo, char(8), primary key]、姓名[StuName, varchar(20), not null]、性别[Sex, char(2), not null]、手机号码[Mobile, char(11), not null]。

(1)创建数据库 Student,创建表 StuInfo,包含上述字段。

(2)创建系统首页 index. html。

(3)添加学生信息由 insert_stu_info. html 和对应的 insert_stu_info. php 构成。

(4)查询学生信息由 query_stu_info. html 和对应 query_stu_info. php 构成。

①查询可以是等值查询,也可以制作成模糊查询。

②请先完成按学号查询,然后再按姓名查询,或者按性别、按手机号码查询。

(5)修改学生信息由 update_stu_info. html 和对应 update_stu_info. php 构成;也可以参照程序结构,来修改其他的信息,如修改性别或手机号码。

(6)删除学生信息由 delete_stu_info. html 和对应 delete_stu_info. php 构成。也可以参照程序结构,来根据其他条件进行删除操作。

5. 提交材料

(1)绘制学生信息管理的工作流程。

(2)绘制学生信息管理的数据结构图与 E-R 图。

第 6 章　人机交互和会话

PHP 主要用于进行动态网站的开发，动态网页很重要的一个特性就是要实现良好的人机交互。在进行个性化网络编程时，常常会遇到这样的情况：需要不断地跟踪浏览者在整个网站的活动，并对他们的身份进行自动或半自动识别。如网站登录功能，不仅要求用户输入用户名和密码进行认证，还时常采用一组变量来跟踪访客。或者当你做了一个投票系统，如何防止有人利用恶意手段来不断提高某项的投票值。这些操作的实现方法有很多，常用的就是 Cookie 和 Session。

🎓 工作过程

在 Web 应用系统开发中，良好的人机交互界面是衡量系统的一个很重要的标准，进行某些特殊的功能往往还需要一些技术来实现有效的身份认证和权限管理，即需要防止那些非授权者也进入该系统；而对于那些经过授权，拥有用户名及密码的系统管理员们，只要他们通过了第一次的身份认证，在规定的时间内，就可以自由地出入该系统。

👑 知识领域

在很多网站中都提供有用户注册和用户登录的功能，通过这个实例，可以学习 PHP 的人机交互界面的设计和用户认证方法，如需要跟踪用户，可以使用 Cookie 和 Session 轻易地解决。

📞 学习情境

掌握 PHP 页面重定向的方法。

理解表单提交的方法。

掌握几个全局变量的应用。

掌握 PHP 中 Cookie 的使用方法。

掌握 PHP 中 Session 的使用方法。

掌握如何防止用户绕过登录。

充分理解用户认证的方法。

▶ 6.1　网页重定向

在网页中，可以利用超链接把用户导航到另一个页面，但用户必须单击超链接才可以实现。还有的时候要求页面自动重定向到另一个页面，显示另一个页面的内容。

任务 1　HTTP 协议报头

HTTP 协议是 Web 的通信协议，由两个阶段组成，即请求和响应。浏览器和 Web 服务器之间的每个 HTTP 通信的请求消息或响应消息都包括 HTTP 头部和主体两部分。浏览器向服务器发送一个请求，请求消息包含请求的方法、URL、协议版本、头部字段、一个空行和请求主体。服务器接收到请求后，给浏览器发送相应的响应信息，响应信息包括状态行、响应头部字段、一个空行和响应主体。其中，头部字段可以有一个或多个字段，每个头部字段由一个域名、冒号(:)和赋值三部分组成。域名是大小写无关的，赋值前可以添加任何数量的空格符。

传统的头部字段一定包含下面三种字段之一，并只能出现一次。

(1) Location: xxxx: yyyy/zzzz。

(2) Content-Type: xxxx/yyyy。

(3) Status: nnn xxxxxx。

其中，Location 字段表示向浏览器发送重定向代码，并显示指定 URL 地址的网页；Content-Type 字段指明发送给浏览器的 MIME 类型；Status 字段指明向浏览器发送的状态码。

任务 2 PHP 的 header() 函数

PHP 中 header() 函数最常见的应用之一是重定向网页。在脚本程序中，通过利用 header() 函数，强制地向浏览器发送一个 HTTP 协议的 Location 头部字段，同时将一个 REDIRE(302) 状态码发送给浏览器，使得浏览器跳转到指定 URL 地址的页面。下面程序是一个包含表单的网页文件 h1.php，提交数据后调用文件名为 h2.php 的 PHP 程序，来检查表单的输入是否为空。h1.php 文件的代码如下所示。

```
行号        代码
1          <html>
2          <head>
3          <title>header 函数的应用</title>
4          <meta http-equiv = "Content-Type" content = "text/html ;char
set = gb2312">
5          </head>
6          <body>
7          <form action = "h2.php" method = "post">
8          姓名:<input type = "text" name = "uname">
9            <input type = "submit" value = "确定">
10         </form>
11         </body>
12         </html>
```

h2.php 文件用来检查提交的表单的数据是否为空，如果为空，则重新显示表单，要求重新输入数据。h2.php 文件的代码如下所示。

```
行号        代码
1          <? php
2          if(trim( $ _POST['uname']) == "")
3          {   header("location:h1.php");
4                exit;
5          }
6          echo "用户的名字为:".$ _POST['uname'];
7          ? >
```

h1.php 文件运行的效果如图 6-1 所示，在文本框中输入"张三"，单击"确定"按钮，显示效果如图 6-2 所示。

图 6-1　表单输入

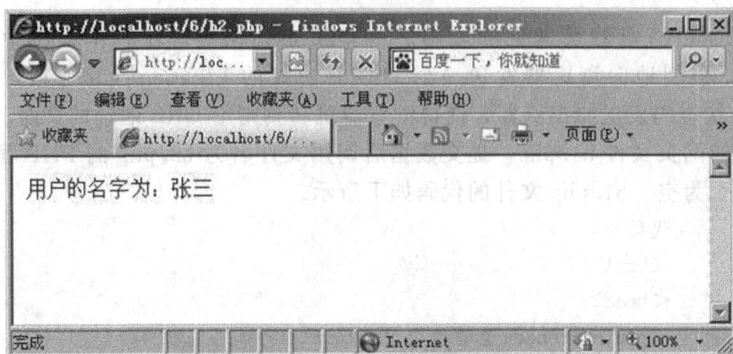

图 6-2　调用 h2. php 的结果

在 h2. php 程序的第 2 行，通过使用系统数组 $ _POST 的 $ _POST['uname']元素获取从浏览器传来的表单数据，如果是空的字符串，通过调用函数 header()，向浏览器发送 Location 头部，从而浏览器显示指定 h1. php 网页文件的内容。

通过上例可以看到 header()函数的功能是用来向浏览器发送 HTTP 头标信息，其语法格式为：

> void header(string string[,bool replace[,int http_response_code]]);

参数 string 是指将被发送的 HTTP 头部字段；可选参数 replace 指明是替换前一条类似的头标还是增加一条相同类型的头标，默认值为替换；可选参数 http_response_code 用来强制将 HTTP 响应代码设为指定值。

利用 header()函数还可以向浏览器发送非 HTML 文档的内容。

注意：header()函数必须在发送任何输出(包括 HTML 标记、空行)之前执行。使用 header()函数时，最容易引起错误的有两种情况：一是用 include()或 require()函数或者其他文件存取函数来读取程序代码；二是执行 header()函数之前输出了空行或者空格。

▶ 6.2　表单验证

任务 3　用户注册表单设计

网页设计经常用到表单，几乎所有的网站都会有表单项，任务 2 中就用到了表单。用户注册、投票系统、信息搜索等都是通过表单项来实现的。如下代码就是一个用户注册页面的制作。

行号	代码

1　　　　　`<! DOCTYPE html PUBLIC "-//W3C//DTD XHTML 1.0 Transitional//EN" "http://www.w3.org/TR/xhtml1/DTD/xhtml1-transitional.dtd">`

2　　　　　`<html xmlns = "http://www.w3.org/1999/xhtml">`

3　　　　　`<head>`

4　　　　　`<meta http-equiv = "Content-Type" content = "text/html; charset = utf-8"/>`

5　　　　　`<title>表单注册</title>`

6　　　　　`<link href = "mystyle.css" rel = "stylesheet" type = "text/css"/>`

7　　　　　`<style type = "text/css">`

8　　　　　`<! --`

9　　　　　`.style1 {color：#FF0000}`

10　　　　　`-->`

11　　　　　`</style>`

12　　　　　`</head>`

13　　　　　`<body>`

14　　　　　`<p align = "center">用户注册</p>`

15　　　　　`<form action = "zc2.php" method = "post" enctype = "multipart/form-data" name = "form1" id = "form1">`

16　　　　　`<table width = "563" border = "0" align = "center" cellspacing = "1" bgcolor = "#009999">`

17　　　　　`<tr bgcolor = "#FFFFFF">`

18　　　　　`<td width = "81">姓　　名：</td>`

19　　　　　`<td colspan = "2"><label>`

20　　　　　`<input type = "text" name = "user" id = "user"/>`

21　　　　　`</label>`

22　　　　　`<span class = "style1">`

23　　　　　`* 必填上 4 - 16 个字符　　</span></td>`

24　　　　　`</tr>`

25　　　　　`<tr bgcolor = "#FFFFFF">`

26　　　　　`<td>电子邮箱：</td>`

27　　　　　`<td colspan = "2"><label>`

28　　　　　`<input type = "text" name = "email" id = "email"/>`

29　　　　　`<span class = "style1">　　　　* 必填上合法的电子邮箱地址</span></label></td>`

30　　　　　`</tr>`

31　　　　　`<tr bgcolor = "#FFFFFF">`

32　　　　　`<td>用户密码：</td>`

33　　　　　`<td colspan = "2"><label>`

34　　　　　`<input type = "password" name = "pass1" id = "pass1"/>`

35　　　　　`<span class = "style1">* 与确认密码保持一致</span></label></td>`

36　　　　　`</tr>`

37　　　　　`<tr bgcolor = "#FFFFFF">`

```
38          <td>确认密码：</td>
39          <td colspan = "2"><input type = "password" name = "pass2" id = "
pass2"/></td>
40          </tr>
41          <tr bgcolor = "#FFFFFF">
42          <td> ；</td>
43        <td colspan = "2">
44      <p>
45      </td>
46          </tr>
47          <tr bgcolor = "#FFFFFF">
48          <td>性     别：</td>
49          <td colspan = "2"><label>
50          <select name = "sex" id = "sex">
51            <option value = "男">男</option>
52            <option value = "女">女</option>
53          </select>
54          </label></td>
55          </tr>
56          <tr bgcolor = "#FFFFFF">
57          <td>婚     否：</td>
58          <td colspan = "2"><label>
59            <input name = "marriage" type = "radio" id = "marriage" value = "已
婚"/>
60          </label>
61          已婚
62          <input name = "marriage" type = "radio" id = "marriage2" value = "未
婚"/>
63      未婚</td>
64          </tr>
65          <tr bgcolor = "#FFFFFF">
66          <td>出生日期：</td>
67          <td colspan = "2"><input name = "year" type = "text" id = "year"
size = "4" maxlength = "4"/>
68      年
69              <input name = "month" type = "text" id = "month" size = "2"
maxlength = "2"/>
70      月
71              <input name = "day" type = "text" id = "day" size = "2" maxlength = "
2"/>
72      日        <span class = "style1">＊日期要合法</span></td>
73          </tr>
74          <tr bgcolor = "#FFFFFF">
75          <td>兴趣爱好：</td>
```

```
76              <td colspan = "2"><label>
77                  < input name = "favorites[]" type = "checkbox" id = "favorites"
value = "阅读" checked = "checked"/>阅读
78                  < input name = "favorites[]" type = "checkbox" id = "favorites"
value = "音乐"  />音乐<br/>
79                  < input name = "favorites[]" type = "checkbox" id = "favorites"
value = "旅游"/>
80          旅游
81                  < input name = "favorites[]" type = "checkbox" id = "favorites"
value = "游泳"/>
82          游泳
83              </label></td>
84          </tr>
85          <tr bgcolor = "#FFFFFF">
86          <td>相片上传：</td>
87          <td colspan = "2"><label>
88            <input type = "file" name = "upfile" id = "upfile"/>
89          </label></td>
90          </tr>
91          <tr bgcolor = "#FFFFFF">
92          <td height = "102">个人描述：</td>
93          <td colspan = "2"><label>
94              <textarea name = "content" cols = "20" rows = "5" id = "content">请
输入你的个人介绍！让我们更了解你！</textarea>
95              </label></td>
96          </tr>
97          <tr bgcolor = "#FFFFFF">
98          <td>  </td>
99          <td width = "153">< input type = "submit" name = "button" id = "button"
value = "提交"/></td>
100             <td width = "302">< input type = "reset" name = "button2" id = "
button2" value = "取消"/></td>
101         </tr>
102         </table>
103     </form>
104     </body>
105     </html>
```

上述代码可以保存为 PHP 文件也可以保存为 HTML 文件，在这里保存的文件名为 zc.php，在浏览器中浏览该文件，运行的效果如图 6-3 所示。

上例第 15 行定义了一个表单，表单中放了一些表单元素，表单的提交方式为 POST，表单的动作为 zc2.php，第 88 行定义了一个文件控件，实现相片上传，其格式为：

　　<input type = "file" name = "upfile" id = "upfile"/>

其中页面中带 * 的选项是必填项，同时还有格式的要求。

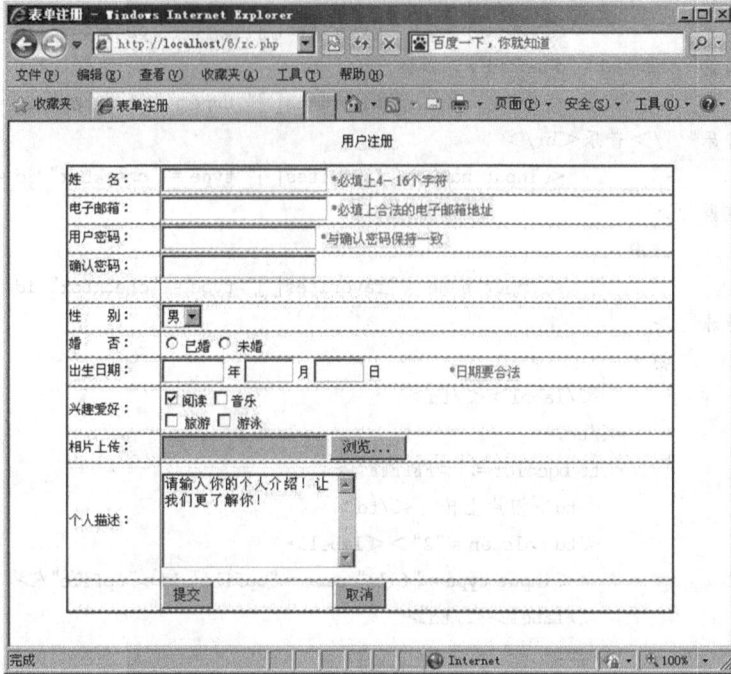

图 6-3　注册表单

任务 4　用 PHP 验证表单

在任务 3 设计的表单中，是按照表单中显示的约束来验证表单的，在本次任务中，一起来编写 PHP 代码来验证表单。任务 3 中表单的动作的文件为"zc2. php"，该文件是个动态网页文件，其主要功能为对提交的表单进行后台数据的处理，其代码如下所示。

```
行号        代码
1           <! DOCTYPE html PUBLIC "-//W3C//DTD XHTML 1.0 Transitional//EN" "http://
www. w3. org/TR/xhtml1/DTD/xhtml1-transitional. dtd">
2           <html xmlns = "http://www. w3. org/1999/xhtml">
3           <head>
4           <meta http-equiv = "Content-Type" content = "text/html; charset = utf-8"/>
5           <title>
6           <?
7           echo $ _ POST["user"]. "的注册信息页"      //标题上显示用户名信息
8           ? >
9           </title>
10          <link href = "mystyle. css" rel = "stylesheet" type = "text/css"/>
11          </head>
12          <body><?
13          function valid _ email( $ email)      //该函数检查邮件地址是否有效
14          {
15          if(ereg("^[ _ a-zA-Z0-9-] + ( \ . [ _ a-zA-Z0-9-] + ) * @[a-zA-Z0-9-] + ( \ . [a-zA-
Z0-9-] + ) * $ ", $ email))
16          return true;
```

164

```php
17              else
18              return false;
19              }
20              $ user = $ _ POST["user"];              //获取输入框 user 的值
21              $ email = $ _ POST["email"];              //获取输入框 email 的值
22              $ pass1 = $ _ POST["pass1"];              //获取密码框 pass1 的值
23              $ pass2 = $ _ POST["pass2"];              //获取确认密码框 pass2 的值
24              $ marriage = $ _ POST["marriage"];      //获取单选按钮 marriage 的值
25              $ year = $ _ POST["year"];              //获取日期年
26              $ month = $ _ POST["month"];            //获取日期月
27              $ day = $ _ POST["day"];                //获取日期日
28              $ birthday = $ year. "年". $ month. "月". $ day. "日";              //连接年月
日，获取出生日期
29              $ sex = $ _ POST["sex"];              //获取下拉列表 sex 的值
30              $ content = $ _ POST["content"];      //获取文本字段 content 的值
31              if(! $ user || ! $ email || ! $ pass1 || ! $ year || ! $ month || !
$ day)    //判断带 * 的选项是否为空
32              {
33              echo "信息填写不完整，填写完整后再继续……<a href = 'zc. php'>返回</a>";
                //为空的提示信息
34              }
35              elseif(strlen( $ user)<4 || strlen( $ user)>16)  //判断姓名长度是否在
4 - 16 个字符之间
36              echo "姓名字段长度不够！<a href = 'zc. asp'>返回</a>";
37              elseif(! valid_email( $ email))  //利用自定义函数 valid_email()验证电
子邮件地址是否合法
38              {
39              echo "电子邮件地址不正确！请确认后填写！<a href = 'zc. php'>返回</a>";
40              }
41              elseif( $ pass1! = $ pass2)  //判断两次密码输入是否一致
42              {
43              echo "两次输入的密码不一致！<a href = 'zc. php'>返回</a>";
44              }
45              elseif(strlen( $ year)>4 || $ day>31 || $ day< = 0 || $ month< = 0 ||
$ month>12)  //判断日期年月日是否输入正确
46              {
47              echo "日期格式不对，请核对后继续……<a href = 'zc. php'>返回</a>";
48              }
49              else    //全部正确合法地填写完，以表格的形式输出表单提交的注册信息
50              {
51              ?>
52              <table width = "465" height = "286" border = "1" align = "center">
53                <tr>
54                  <td colspan = "2"><? echo $ _ POST["user"]. "的注册信息页" ? ></td>
55                </tr>
```

```
56          <tr>
57            <td>姓       名：</td>
58            <td><? echo $ _ POST["user"] ? ></td>
59          </tr>
60          <tr>
61            <td>电子邮箱：</td>
62            <td><? echo $ _ POST["email"] ? ></td>
63          </tr>
64          <tr>
65            <td>密       码：</td>
66            <td><? echo $ pass1 ? ></td>
67          </tr>
68          <tr>
69            <td>性       别：</td>
70            <td><? echo $ _ POST["sex"] ? ></td>
71          </tr>
72          <tr>
73            <td>婚姻状况：</td>
74        <td><? echo $ _ POST["marriage"] ? ></td>
75          </tr>
76          <tr>
77            <td>出生日期：</td>
78            <td><? echo $ birthday ? ></td>
79          </tr>
80          <tr>
81            <td>兴趣爱好：</td>
82            <td><?
83        //获取复选框 favorites[]的值
84        if(count( $ _ POST[favorites]) == 0)   //判断是否没有选择一项
85        echo "无";
86        else
87        {
88        for( $ i = 0； $ i<count( $ _ POST[favorites])； $ i++ )   //循环遍历所有选
项，并输出
89        {
90        echo $ _ POST[favorites][ $ i];
91        echo "   ";
92        }
93        } ? ></td>
94          </tr>
95          <tr>
96            <td>相片是否成功上传：</td>
97            <td><?
98        //获取文件控件内容，并实现相片上传
99        if( $ _ FILES[upfile][name] == "")         //没有选定文件的处理
```

```
100        {
101            echo "没有选择文件";              //显示提示信息
102        }
103        else                 //选定文件
104        {
105          $ filepath = "images/";            //定义路径
106          $ filename = $ filepath. $ _ FILES[upfile][name]; //新的路径及文件名
107          if(copy( $ _ FILES[upfile][tmp _ name], $ filename))//复制文件的目标路径
108          {
109            unlink( $ _ FILES[upfile][tmp _ name]);           //删除原有文件
110            echo "<p>";
111            echo "指定文件已经成功上传至本地文件夹". $ filepath. "中!";
112            echo "<p>";
113          }
114          else
115          {
116            echo "文件上传失败!";
117          }
118        }
119           ? ></td>
120        </tr>
121        <tr>
122          <td>个人描述：</td>
123          <td><? echo $ _ POST["content"]? ></td>
124        </tr>
125      </table>
126      <?
127      }
128      ? >
129      </body>
130      </html>
```

在如图 6-3 所示的界面中，如果没有输入用户名，直接单击"提交"按钮，则显示如图 6-4 所示的提示信息，其他必填项显示相同。如果电子邮件地址格式输入错，则显示如图 6-5 所示的提示信息。单击"返回"超链接回到注册页面重新填写。

图 6-4　信息填写不完整

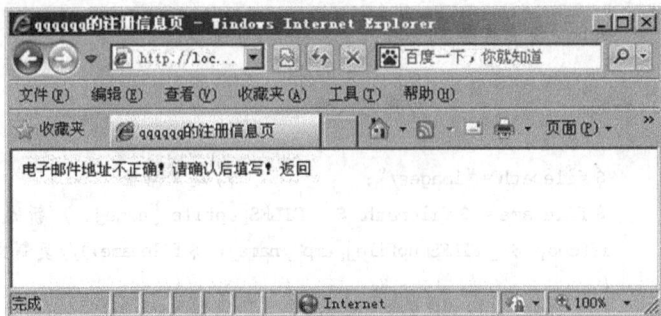

图 6-5　电子邮件格式不正确

上例代码中获取表单信息的方法主要是通过 $_POST 与 $_FILES 进行获取的，需要说明的是，在 zc.php 文件中设置表单提交方式为 POST 时才能采用全局变量 $_POST。若为 GET，则采用全局变量 $_GET 进行获取。

表单的 METHOD 属性是指表单数据的发送方式。通常数据通过两种方式发送到目标 URL：POST 方式和 GET 方式，这两种方式有一定的区别。

当用 GET 方法提交表单时，提交的数据被附加到 URL 上，作为 URL 的一部分发送到服务器；而 POST 方法则是将表单中的信息作为一个数据块发送到服务器端，这种方式不依赖于 URL。因为 GET 方法中的数据依赖于 URL，故安全性不高，传递的信息长度有限制，不能太多，适合于收藏或传递少量数据的情况；而 POST 方法的数据收藏性不好，但安全性较高，能传递不多于 255 个字符，适合于安全性高、传递信息量大的情况。

通过上例第 20～第 30 行的代码可以获得表单中文本框、密码框、单选按钮、下拉列表/菜单等表单元素的值，可以使用 $_POST["表单元素名"]进行获取，如下所示。

```
$ user = $_POST["user"];           //获取输入框 user 的值
$ email = $_POST["email"];         //获取输入框 email 的值
$ pass1 = $_POST["pass1"];         //获取密码框 pass1 的值
$ pass2 = $_POST["pass2"];         //获取确认密码框 pass2 的值
$ marriage = $_POST["marriage"];   //获取单选按钮 marriage 的值
$ year = $_POST["year"];           //获取日期年
$ month = $_POST["month"];         //获取日期月
$ day = $_POST["day"];             //获取日期日
$ sex = $_POST["sex"];             //获取下拉列表 sex 的值
$ content = $_POST["content"];     //获取文本字段 content 的值
```

$_POST[]以及后面要介绍的 $_GET[]可以用全局变量 $_REQUEST[]来替换，效果相同。如 $_POST["user"]等价于 $_REQUEST["user"]，当你辨别不出什么时候用 $_POST[]，什么时候用 $_GET[]时，改用 $_REQUEST[]是最安全的方法。

获取复选框的值的方法是采用数组遍历的方式，如上例第 84～第 92 行代码。

必填项是不允许为空的，可以使用 if 语句进行判断，而电子邮件地址的判断需要用到正则表达式，正则表达式在参考书或相关网站中可以找到。这里只给出了正确的电子邮件的正则表达式。正确的 email 地址包括三部分：POP3 用户名(@左边的字符)、@、服务器名(@右边的字符)。用户名与服务器名都可以为大小写字母、阿拉伯数字、句号、减号，用户名还可以用下划线，但服务器名不能用下划线。所以，正确的电子邮件地址的匹配正则表达式为：

^[_a-zA-Z0-9-]+(\.[_a-zA-Z0-9-]+)*@[a-zA-Z0-9-]+(\.[a-zA-Z0-9-]+)*$

使用 ereg 函数对 email 与此正则表达式进行匹配，ereg 函数在匹配字符串中严格区分大小写，匹配表达式为：

ereg("^[_a-zA-Z0-9-]+(\.[_a-zA-Z0-9-]+)*@[a-zA-Z0-9-]+(\.[a-zA-Z0-9-]+)*$", $email)

如上例第 15 行代码。

文件组件值采用全局变量 $_FILES[]进行获取，此数组中包含所有上传的文件信息，如表 6-1 所示。

表 6-1 $_FILES[]数组

名称	说明
$_FILES['userfile']['name']	用户端机器文件的原名称
$_FILES['userfile']['type']	文件的 MIME 类型，需要浏览器提供该信息的支持，如 "image/gif"
$_FILES['userfile']['size']	已上传文件的大小，单位为字节
$_FILES['userfile']['tmp_name']	文件被上传后在服务端储存的临时文件名
$_FILES['userfile']['error']	和该文件上传相关的错误代码。['error']是在 PHP 4.2.0 版本中增加的

说明：如果表单中没有选择上传的文件，则 PHP 变量 $_FILES['userfile']['size']的值将为 0，$_FILES['userfile']['tmp_name'] 将为 none。

文件被上传结束后，默认地被存储在了临时目录中，这时必须将它从临时目录中删除或移动到其他地方，如果没有，则会被删除。也就是不管是否上传成功，脚本执行完后临时目录里的文件肯定会被删除。所以在删除之前要用 PHP 的 move_uploaded_file()函数将它复制到其他位置，此时，才算完成了文件上传过程。

任务 5   用 JavaScript 验证表单

除了使用 PHP 进行表单验证外，还可以使用 JavaScript 脚本验证表单。如下代码实现的功能与任务 4 是相同的，使用 JavaScript 对表单中的元素进行验证。将任务 3 中设计的表单文件 zc.php 另存为 zc3.php，并在 zc3.php 的<head>与</head>之间加入 JavaScript 语句，该语句用来对表单中的必填项进行验证，加入的语句如下所示。

```
行号      代码
1        <script language = "javascript">
2        function valid_form(theForm)      //定义验证表单函数
3        {
4        if(theForm. user. value == ""||theForm. email. value == ""||theForm. pass1. value
== ""||theForm. pass2. value == "")//判断必填项
5        {
6        alert("必填项不能为空,原因在于以下几点:\n1. 姓名为空;\n2. 电子邮箱地址
为空;\n3. 用户密码为空;\n4. 确认密码为空。");
7        //return false;
8        }
9        else if(theForm. user. value. length<4||theForm. user. value. length>16)//判
断姓名字段的长度
```

```
10            {
11            alert("“姓名”长度不合格！要求填写 4－16 个字符 \n");
12            theForm. user. focus();
13            return false;
14            }
15            else if(theForm. pass1. value! = theForm. pass2. value)//判断两次密码是否一致
16            {
17            alert("确认密码与用户密码不一致！\n");
18            theForm. pass2. focus();
19            return false;
20            }
21            else   //输出注册信息
22            {
23            alert("你的注册信息:\n你的姓名:" + theForm. user. value + "\n 你的电子邮箱
地址为:" + theForm. email. value + "\n 你的密码为:" + theForm. pass1. value + "\n");
24            }
25            }
26            </script>
```

定义完验证表单函数的 valid_form()后，应该将函数应用到表单中，所以，对表单部分做如下修改：

```
<form action = "zc3. php" method = "post" enctype = "multipart/form-data" name = "form1"
id = "form1" onsubmit = "valid_form(this)">
```

然后，运行调试程序，当没有输入任何数据，直接单击"提交"按钮，显示结果如图 6-6 所示。

图 6-6　JavaScript 脚本验证效果

上面的 JavaScript 脚本没有对 email 格式的合法性进行验证，下面通过函数 checkemail ()来实现。其代码如下所示。

行号	代码
1	<script language = "javascript">
2	function checkemail()
3	{
4	if(theForm. email. value == ""){
5	{
6	alert("请输入电子邮箱地址");
7	theForm. email. focus();
8	return false;
9	}
10	var email = theForm. email. value;
11	var errormsg = false;
12	var str1 = email. indexof("@");
13	var str2 = email. indexof(". ",pn_0);
14	var str3 = email. length;
15	if(str1<1||str2<str2 + 2||str2 + 2>str3)
16	errormsg = true;
17	if(errormsg)
18	{
19	alert("请输入正确的电子邮箱地址");
20	theForm. email. focus;
21	return false;
22	}
23	{
24	return true;
25	}
26	</script>

任务 6　用全局变量 $ _GET 进行页面参数传递

页面之间可以通过全局变量 $ _GET[]进行参数的传递，下面创建两个文件，其文件名分别为 get. php 和 get1. php，用于实现页面导航，get1. php 为导航具体的显示页。get. php 文件的主要代码如下所示。

行号	代码
1	<! DOCTYPE html PUBLIC "-//W3C//DTD XHTML 1.0 Transitional//EN" "http:// www. w3. org/TR/xhtml1/DTD/xhtml1-transitional. dtd">
2	<html xmlns = "http://www. w3. org/1999/xhtml">
3	<head>
4	<meta http-equiv = "Content-Type" content = "text/html; charset = utf-8"/>
5	<title> $ _GET 的运用</title>
6	</head>
7	<body>
8	<p>HTML 标记的应用</p>
9	<p><a href = "get1. php? title = 网页的标题">网页的标题示例</a></p>

```
10       <p><a href = "get1.php? title = 字体标记">字体标记示例</a></p>
11       <p><a href = "get1.php? title = 列表标记">列表标记示例</a></p>
12       <p><a href = "get1.php? title = 链接标记">链接标记示例</a></p>
13       <p>  </p>
14       </body>
15       </html>
```

get1.php 文件的主要代码如下所示。

```
行号       代码
1        <! DOCTYPE html PUBLIC "-//W3C//DTD XHTML 1.0 Transitional//EN" "http://
www.w3.org/TR/xhtml1/DTD/xhtml1-transitional.dtd">
2        <html xmlns = "http://www.w3.org/1999/xhtml">
3        <head>
4        <meta http-equiv = "Content-Type" content = "text/html; charset = utf-8"/>
5        <title>
6        <?
7        echo "HTML 应用". $ _ GET["title"]."";
8        ? ></title>
9        </head>
10       <body>
11       <?
12       $ title = $ _ GET["title"];
13       if( $ title == "网页的标题")
14       {
15            echo "<center><a href ='get.php'>HTML 应用</a>之". $ title. "</
center><br>";
16            echo "<h1 align ='left'>标题一 </h1><br>";
17            echo "<h2 align ='left'>标题二</h2><br>";
18            echo "</center>";
19       }
20       if( $ title == "字体标记")
21       {
22            echo "<center><a href ='get.php'>HTML 应用</a>之". $ title. "</
center><br>";
23            echo "<p><font size ='3'>3 号字体</font></p><br>";
24            echo "<p><font size ='- 1'>比基准字体小 1 号的字体</font></p>
<br>";
25            echo "<p><font color ='red'>红色的字</font></p><br>";
26       }
27       if( $ title == "列表标记")
28       {
29            echo "<center><a href ='get.php'>HTML 应用</a>之". $ title. "</
center><br>";
30            echo "<H4>使用方块作为列表项标记的无序列表：</H4><br>";
31            echo "<UL type ='square'><br>";
32            echo "<LI>列表项 1<LI>列表项 2<LI>列表项 3<br>";
33            echo "</UL><br>";
```

```
34              }
35          if( $ title == "链接标记")
36          {
37              echo "<center><a href = 'get.php'>HTML 应用</a>之". $ title. "</
center><br>";
38              echo "<A HREF = 'http://www.sohu.com/' Target = _ blank>搜狐(绝对路
径)</A><br>";
39          }
40          ? >
41          </body>
42          </html>
```

运行 get.php，显示效果如图 6-7 所示。

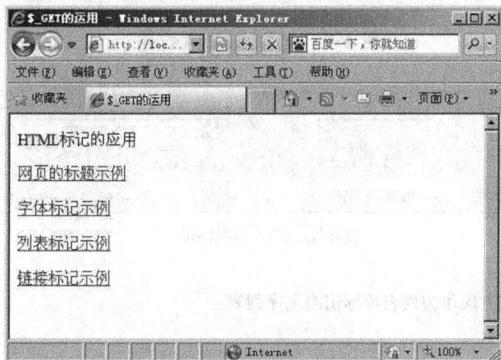

图 6-7　导航页显示效果

当鼠标停留在每个链接的标题上时，会在状态栏显示信息：

http://localhost/get1.php? title＝网页的标题

或

http://localhost/get1.php? title＝字体标记

或

http://localhost/get1.php? title＝列表标记

或

http://localhost/get1.php? title＝链接标记

单击任何一个链接，会进入如图 6-8 至图 6-11 所示的 HTML 应用的详细内容页。

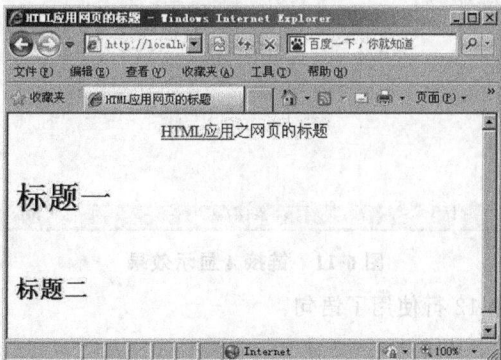

图 6-8　链接 1 显示效果

173

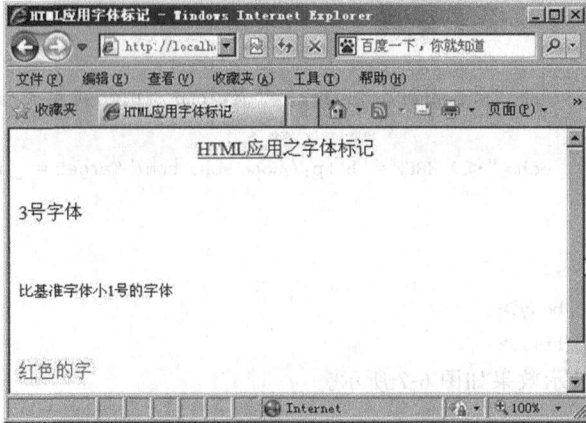

图 6-9　链接 2 显示效果

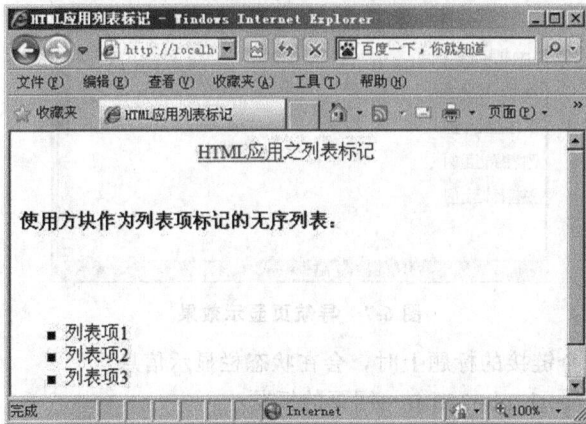

图 6-10　链接 3 显示效果

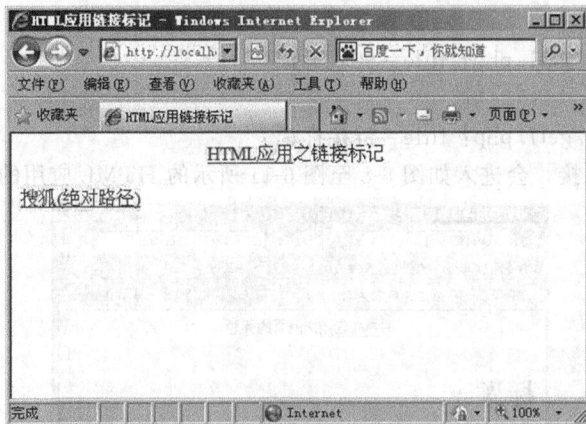

图 6-11　链接 4 显示效果

如上例代码文件的第 12 行使用了语句：

```
$ title = $ _GET["title"];
```

来获取上一页面传递的参数 title。使用全局变量 $ _GET[]实现页面跳转及页面参数信息传递时，在 href 的值后面多了一个?，并且这个? 后面还有一个"参数＝参数值"。利用这种方法在 URL 地址中附带一些参数给另一个页面。注意当有多个参数传递时，则多个参数之间要使用"＆"符号，来表示参数与参数之间的连接。

6.3　PHP 的 Cookie

Cookie 是 Web 服务器通过其页面的程序写到浏览器所在计算机硬盘上的一个数据文件。Cookie 由某一 Web 页面程序创建，并能够被同一个域的其他 Web 页面检索和使用。Cookie 的主要用途是存储用户已经在一个 Web 站点上访问了哪些页面、最后访问时间、访问站点的次数以及用户输入的信息，如用户名、密码等。这样当用户下次再访问这个网站时，Web 应用程序就可以检索以前保存在 Cookie 的信息。不同浏览器保存 Cookie 的位置各不相同。例如，在 Windows 10 系统中，IE 浏览器把 Cookie 信息保存在％APPDATA％\Microsoft\Windows\Cookies 文件夹下。

根据有效期限的不同，Cookie 分为两种类型：临时性 Cookie(也称会话 Cookie)和永久性 Cookie。临时性 Cookie 将信息保存在计算机的内存中。当用户关闭浏览器结束会话过程后自动清除。永久性 Cookie 将信息保存在计算机的文本文件中，当用户关闭浏览器后，这些信息仍然保存在计算机硬盘中。永久性 Cookie 有一个终止日期，在终止日期之后操作系统将删除该 Cookie。

Cookie 文件的内容包括若干个变量名和相关值对，习惯上表示为名/值对。一个单独的 Cookie 文件最多可以保存 20 个名/值对，或者 4 096 个字符。如果 Cookie 已经达到了这个限制，而浏览器又需要在 Cookie 中添加新的名/值对，它将从 Cookie 中删除最先保存的名/值对，再加入新的名/值对。

任务 7　创建临时性 Cookie

在 PHP 脚本中，可以利用 setcookie()函数来创建和删除 Cookie，如下代码是创建临时性 Cookie。

行号	代码
1	`<? php`
2	`setcookie("username","张三");`
3	`setcookie("age",20);`
4	`echo "已经创建了 cookie";`
5	`? >`
6	`<html>`
7	`<head>`
8	`<meta http-equiv = "Content-Type" content = "text/html; charset = gb2312">`
9	`<title>Cookie 的创建</title>`
10	`</head>`
11	`<body>`
12	`</body>`
13	`</html>`

上例中第 2、3 行创建一个名为 username 的 cookie 变量，其值为张三；创建一个名为 age 的 cookie 变量，其值为 20。

从上例中可以看到 setcookie()函数的格式为：

```
bool setcookie(string name[,string value [,int expire [,string path [,string domain [,
bool secure]]]]]);
```

在所有的参数中，除了 name 之外，其余参数都是可选的，可以用空字符串替换某参数以跳过该参数。参数 expire 和 secure 的值是整型，不能用空字符串，而是用 0 来替换。各参数的含义如表 6-2 所示。

表 6-2　setcookie( )函数的参数

参数	说明
name	表示 Cookie 变量名
value	表示 Cookie 变量的值
expire	指定 Cookie 变量值的有效时间，通常用 time( )函数再加上秒数来设定 Cookie 的失效期，或者用 mktime( )来实现。如果未设定，Cookie 将会在关闭浏览器后失效
path	指定 Cookie 在 Web 服务器端的相对路径，默认值为 Cookie 的当前目录
domain	指定 Cookie 的有效域名
secure	指定 Cookie 是否通过安全的 HTTPS 连接传送。当为 true 时，Cookie 仅在安全的连接中被设置，默认值为 false

注意：由于 Cookie 是 HTTP 标头的一部分，必须在向浏览器输出 HTML 内容之前执行 setcookie( )函数。否则会显示错误信息。除非使用缓冲输出方法，先在服务器保存输出内容，再向浏览器输出。

任务 8　读取 Cookie

当用户端设置了 Cookie 后，用户端浏览器会将请求和 Cookie 一起发送给 Web 服务器。因此，在其他 PHP 程序中便可以通过全局数组 $_COOKIE 来读取 Cookie 变量的值。如下代码是读取 Cookie 信息。

```
行号        代码
1          <? php
2          echo "输出 cookie 的信息"."<br>";
3             echo "username 的值:". $_COOKIE["username"]."<br>";
4          echo "age 的值:". $_COOKIE["age"]."<br>";
5          ?>
```

程序的运行结果是显示两个 Cookie 变量的值。显示效果如图 6-12 所示。

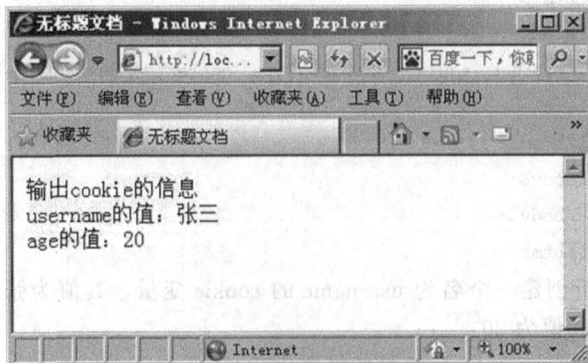

图 6-12　读取 Cookie 变量的值

读取 Cookie 数据，也可以用 foreach 循环语句来实现，如：

```
行号    代码
1       <?
2       foreach( $ _COOKIE as $ name = > $ value)
3           echo $ name."   ". $ value."<br>";
4       ? >
```

任务 9   创建永久性 Cookie

永久性 Cookie 是存储在用户计算机硬盘上的一个数据文件。为了创建永久性 Cookie，延长 Cookie 的生存期，可以在 setcookie()函数中指定有效时间，这样，关闭浏览器后，Cookie 仍然驻留在用户计算机硬盘中。有效时间是一个 Unix 时间戳(从 1970 年 1 月 1 日零时开始计算的秒数)。可以利用两个函数来计算时间戳：一是 time()函数，它返回当前的 Unix 时间戳，对它加上一个秒数来设定 Cookie 的有效时间；二是 mktime()函数，它计算一个日期的 Unix 时间戳。创建永久性 Cookie 的代码如下所示。

```
行号    代码
1       <? php
2           //2010 年 10 月 8 日 12:30:50
3           $ lifetime = mktime(12,30,50,10,8,2010);
4           setcookie("Myuser","wang", $ lifetime);
5           setcookie("test1",1,time() + 3600 * 24);    //有效期 1 天
6           setcookie("test2",2,time() + 3600 * 24 * 30);    //有效期 1 月
7       ? >
8       <! DOCTYPE HTML PUBLIC "-//W3C//DTD HTML 4.01 Transitional//EN" "http://
www.w3.org/TR/html4/loose.dtd">
9       <html>
10      <head>
11      <meta http-equiv = "Content-Type" content = "text/html; charset = gb2312">
12      <title>创建永久性 Cookie</title>
13      </head>
14      <body>
15      </body>
16      </html>
```

浏览器访问此程序后，可以在系统盘中看到一个新建的 Cookie 文件夹。

任务 10   删除 Cookie

删除 Cookie 的方法是重新执行 setcookie()函数，将 Cookie 值设置为空字符串，其余参数和上一次调用 setcookie()函数时相同，这样可以删除用户端指定名称的 Cookie。当然，将有效时间设置为过去任何时间戳，也可以删除指定名称的 Cookie。例如，删除名称为 Myuser 的 Cookie 变量。

```
行号    代码
1       <? php
2           setcookie("Myuser","",time() - 3600 * 24 * 365);
3       ? >
```

可以在 Cookie 中使用 Cookie 数组，它的作用相当于多个 Cookie。它的 Cookie 个数和数组中元素的个数相等。在 Cookie 变量名后面加上一对方括号以及下标值来定义 Cookie 数组。

下面代码是使用 Cookie 数组的一个实例。

```
行号        代码
1          <? php
2              if(! isset( $ _COOKIE['useinfo']['name']))
3              {
4                  setcookie("useinfo[name]","黄超");
5                  setcookie("useinfo[address]","北京市");
6                  header("location:{ $ _SERVER['PHP_SELF']}");
7              }
8              else{
9                  $ name = $ _COOKIE['useinfo']['name'];
10                 $ addr = $ _COOKIE['useinfo']['address'];
11                 echo $ name."    ". $ addr."<br>";
12             }
13         ? >
```

上述实例首先判断 Cookie 数组 useinfo['name']是否存在，如果不存在，则创建 Cookie 数组 useinfo，然后调用 header()函数，向浏览器发送 location 标头，重新访问本程序，此时，因 useinfo['name']已被赋值，执行 else 分支，显示 Cookie 数组 useinfo 元素值。

▶ 6.4 PHP 的 Session

用户可以利用 Session 实现多页面之间信息的传递。

任务 11 认识 Session 的工作原理

从用户的角度看，Session 的含义是会话，它从用户登录网站开始，到关闭浏览器或者结束会话。而从 Web 开发者来看，Session 是在服务器端保存的与用户交互相关的变量和信息，其中的变量称为会话变量，记录有关浏览器会话的信息，比如用户名和密码。每个会话可以存储许多变量以及它们的值。当首次启动会话时，服务器生成一个唯一的会话标识符(Session ID，SID)，它是一个标记会话的字符串。通过这个会话标识符，服务器与浏览器保持彼此之间的联系。一旦启动会话后，浏览器每次请求一个页面时，必须把这个会话标识符发送到服务器。服务器根据会话标识符来对用户进行识别，就可以返回用户对应的会话数据。

会话的生命期是有限的，默认为 24min，可以通过修改 PHP 的 php.ini 配置文件的指令来设置。在会话的生命期内，会话是有效的。如果用户的浏览器在超过生命期的时间里没有向 Web 服务器发送任何请求，那么服务器会认为这个会话已停止了活动，从而断开该会话，会话就会自动过期，其存储的信息也不再有效。

用户端浏览器和服务器之间必须传输的唯一数据是会话标识符，所有与会话相关的其他数据都驻留在服务器，没有敏感的数据在网络中传输。因此，Session 技术更加安全。

任务 12　Session 的基本使用

1. 启动 Session

只有在每个页面上启动会话，才能在会话中创建、修改和删除会话变量，跟踪用户信息。在 PHP 中可以在每个 PHP 脚本程序中使用 session_start()函数来启动会话，也可以将 php. ini 文件中的 session_auto_start 指令设为 1，自动地启动会话。session_start()函数的格式为：

```
boolean session_start();
```

它根据是否存在会话标识符，创建一个新的会话或者继续当前会话。如果已经存在一个会话标识符(SID)，无论 SID 是来自 Cookie 还是 URL，该函数继续当前的会话；如果不存在 SID，则创建一个新的会话。不管 session_start()函数的执行结果如何，该函数的返回值总是 true。

注意：必须在调用 header()函数或者向浏览器输出其他内容之前调用该函数，否则会话不能正常工作。

2. 读写 Session 变量

一旦启动会话，就可以利用 $_SESSION 全局数组来给会话变量赋值或者读取会话变量的值。只需在 $_SESSION 数组的括号内写上会话变量名作为其下标，就可以存取会话变量了。如果给 $_SESSION 全局数组指定一个新的会话变量，那么该会话变量被自动地添加到当前会话中。所有会话变量的值都存放到会话文件或其他存储媒体中。当给会话变量赋值后，就可以在其后的程序或其他 PHP 脚本程序中读取会话变量的值。

如下代码是创建会话变量并读取会话变量的值(文件名为 session1. php)。

行号	代码
1	<? php
2	session_start();
3	$ _SESSION['uname'] = "王子";
4	$ _SESSION['pwd'] = "123456";
5	echo "用户名为:". $ _SESSION['uname']. " ";
6	echo "密码为:". $ _SESSION['pwd']. " ";
7	echo "<a href = session2. php>下一页面</a>";
8	? >

读取会话变量的值的代码(文件名为 session2. php)。

行号	代码
1	<? php
2	session_start();
3	echo "用户名为:". $ _SESSION['uname']. " ";
4	echo "密码为:". $ _SESSION['pwd']. " ";
5	? >

运行 session1. php 的效果如图 6-13 所示。单击超链接"下一页面"，输出的结果如图 6-14 所示。

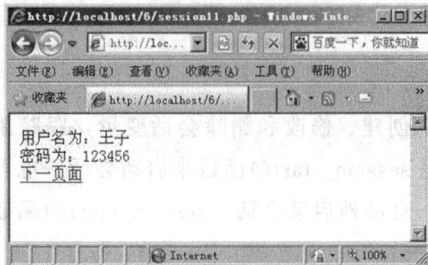

图 6-13   session1. php 的运行效果图

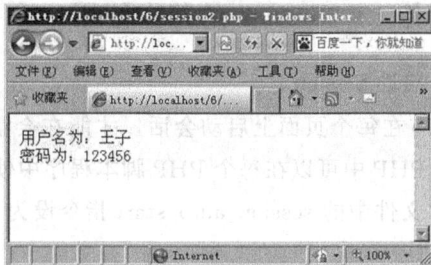

图 6-14   session2. php 的运行效果图

3. 删除 Session 变量

虽然可以修改 php. ini 配置文件中的指令来删除会话，但有时也需要在程序中删除会话。例如，用户退出网站时，要求删除全部的会话变量。通过调用 session_unset()和 session_destroy()函数，可以删除会话变量。

(1)session_unset()函数，格式：

```
void session_unset();
```

该函数的功能是删除当前会话中的所有会话变量，并将会话设置为没有创建会话变量时的状态。

如下代码是利用 session_unset()函数删除会话变量的程序。

行号	代码
1	`<? php`
2	`    session_start();`
3	`    $ _SESSION['uname'] = "王子";`
4	`    $ _SESSION['pwd'] = "123456";`
5	`    echo "用户名为:". $ _SESSION['uname']. " ";`
6	`    echo "密码为:". $ _SESSION['pwd']. " ";`
7	`    session_unset();`
8	`    echo "删除 session 后". " ";;`
9	`    echo "用户名为:". $ _SESSION['uname']. " ";`
10	`    echo "密码为:". $ _SESSION['pwd']. " ";`
11	`    ? >`

运行此程序，运行结果如图 6-15 所示。

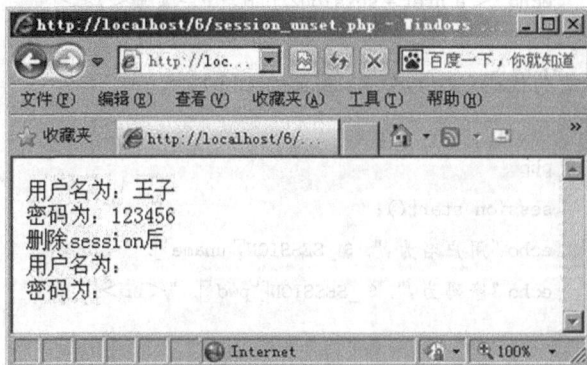

图 6-15   session_unset()函数的应用

注意：该函数不能完全地删除存储在服务器中的会话，会话文件仍然存在。如果要完全删除会话，需要使用 session_destroy()函数。

（2）session_destroy()函数，格式：

```
boolean session_destroy();
```

功能是删除当前会话中的所有会话变量，并且删除会话对应的会话文件，使得当前会话无效。

需要注意的是，尽管它删除了会话变量，但是当前页面上，会话变量仍存在，且变量值也存在。此外，如果用 Cookie 存放会话标识符，它不能删除用户浏览器上的任何 Cookie。如果不想使用会话 Cookie，只需在 php. ini 文件中将 session_cookie_lifetime 指令设置为 0.

4. Session 在用户登录中的应用

在如下实例中有 4 个 php 文件，文件名分别为 login1. php、login2. php、login3. php、login4. php，用于实现用户登录以及登录信息的显示。

login1. php 文件的代码如下所示。

行号	代码
1	`<? php`
2	`session_start();`
3	`if(isset( $ _SESSION["user_cookie"])) {`
4	`header("Location:login3. php");`
5	`}`
6	`? >`
7	`<html>`
8	`<head></head>`
9	`<body>`
10	`<form action = "login2. php" method = "post">`
11	`<p>用户名:<input type = "text" name = "username">`
12	`密码:<input type = "password" name = "pwd">`
13	`<input type = "submit" name = "enter" value = "登录"></p>`
14	`</form>`
15	`</body>`
16	`</html>`

login2. php 文件的代码如下所示。

行号	代码
1	`<? php`
2	`session_start();`
3	`$ username = $ _POST["username"];`
4	`$ pwd = $ _POST["pwd"];`
5	`/* 通常在此进行用户身份验证,即检索数据库,若用户身份合法,则用` Session 记录用户信息。在此我们省略了用户身份验证,只是简单的判断是否为空 */
6	`if( $ username! = "" && $ pwd! = ""){`
7	`$ _SESSION["user_cookie"] = $ username;`
8	`echo "<script>location. href = 'login3. php';</script>";`
9	`}`
10	`else{`
11	`echo ( "<script> alert ('用户名或密码不正确! '); history. go ( - 1);`

```
</script>");
12        }
13        ? >
```

login3.php 文件的代码如下所示。

```
行号        代码
1          <? php
2          session_start();
3          if(isset( $ _SESSION["user_cookie"])) {
4          echo "欢迎您,". $ _SESSION["user_cookie"]." | ";
5              echo "<a href = \"login4.php\">退出</a>";
6          }
7          else{
8              header("Location:login1.php");
9          }
10         ? >
```

login4.php 文件的代码如下所示。

```
行号        代码
1          <? php
2          session_start();
3          $ _SESSION = array();
4          session_destroy();
5          header("Location:login1.php");
6          ? >
```

在浏览器中浏览 login1.php，显示效果如图 6-16 所示。

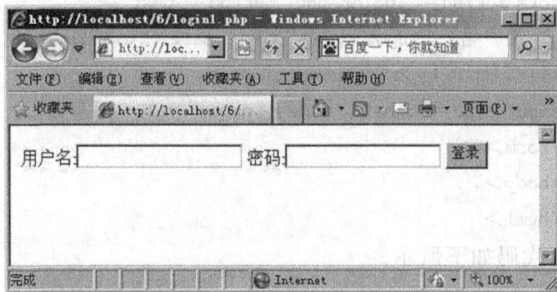

图 6-16 登录首页面

输入用户名(如 session)和密码，单击"登录"按钮后进入下一页面，显示效果如图 6-17 所示。

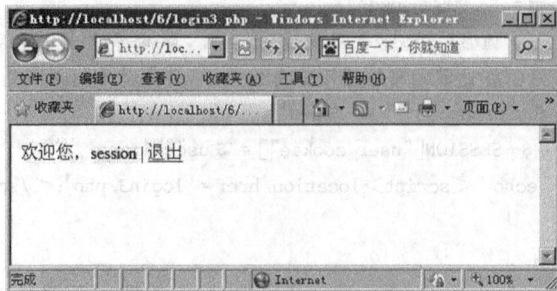

图 6-17 登录后的页面

单击超链接"退出"按钮，则又返回到首页面。

在上述实例中使用 $ _SESSION["user_cookie"]注册会话变量，使用 $ _SESSION = array()和 session_destroy()删除会话变量，在每个页面的会话开始处都调用了 session_start()。在程序调试过程中，如果出现如图 6-18 所示的错误提示"Cannot send session cache limiter-headers already sent(...)"，必须确保在使用 session_start()前没有任何的输出，这时可以通过修改 php.ini 文件中的缓冲设置来解除错误信息。

Warning: session_start() [function.session-start]: Cannot send session cache limiter - headers already sent (output started at E:\APMServ5.2.6\www\htdocs\xkxt\stu\ShowCourse.php:1) in **E:\APMServ5.2.6\www\htdocs\xkxt\stu\ShowCourse.php** on line 2

图 6-18   使用 session 时的错误提示

具体设置为：打开文件 php.ini，找到如下所示的代码行：

```
output_buffering = off;
```

把该行代码改为：

```
output_buffering = on;
```

然后，关闭运行环境，重新开启运行环境即可。

▶ 6.5   用户认证

用户认证是一种验证身份的安全机制。用户可以用多种方式证明其身份，最常见的是通过用户名和密码来证明。用户身份进行验证后可以根据其权限的不同来决定其得到不同的请求资源。

任务 13   基于数据库的基本认证

在各种基本认证方法中，基于数据库的认证方案是功能最强的方法。因为它不仅增强了管理员的方便性和可伸缩性，而且可以把身份凭证信息集成到数据库中。

首先利用 phpMyAdmin 软件或者 SQL 命令创建一个数据库，再在该数据库中创建一个表，用来存储每个用户的用户名和密码等信息。例如，在学生选课数据库 xk 中创建一个 student 表，它包含 StuNo、ClassNo、StuName、Pwd 四个字段，分别存储学号、班级、姓名、密码，创建该表的 SQL 命令如下所示。

```
SET NAMES 'gbk';
use xk;
CREATE TABLE student(
StuNo char(8) NOT NULL,
ClassNo char(8) NOT NULL,
StuName char(10) NOT NULL,
Pwd char(8) NOT NULL,
PRIMAY KEY(StuNo)
)ENGINE = MyISAM DEFAULT CHARSET = gb2312;
```

接下来，给 student 表添加以下三条记录：

```
INSERT INTO student(StuNo,ClassNo,StuName,Pwd) VALUES("00000001","20000001","朱
川",PASSWORD("12345"));
INSERT INTO student(StuNo,ClassNo,StuName,Pwd) VALUES("00000002","20000002","甘
蕾",PASSWORD("67890"));
INSERT INTO student(StuNo,ClassNo,StuName,Pwd) VALUES("00000003","20000003","李
```

红", PASSWORD("123456"));

说明：在添加记录中，每个用户的密码用数据库函数 PASSWORD()进行加密，以防别人查看。

如下代码就是根据 student 表中的用户信息，认证用户输入用户名和密码的代码。其中，数据库是各模块经常调用的部分，为了提高代码的重用性，把链接数据库及调用数据库的部分单独组成一个文件 db_conn. php，其中 db_conn. php 的内容如下所示。

行号	代码
1	`<? php`
2	`$ DB_HOST = "localhost";  //数据库主机位置`
3	`$ DB_LOGIN = "root";  //数据库的使用账号`
4	`$ DB_PASSWORD = "";  //数据库的使用密码`
5	`$ DB_NAME = "xk";        //数据库名称`
6	`$ conn = mysql_connect( $ DB_HOST, $ DB_LOGIN, $ DB_PASSWORD);`
7	`mysql_select_db( $ DB_NAME);`
8	`mysql_query("SET NAMES UTF8");`
9	`? >`

其中 db _ func. php 的内容如下所示。

行号	代码
1	`<? php`
2	`function db_query( $ sqlstr){return mysql_query( $ sqlstr);}`
3	`function db_num_rows( $ res){return mysql_num_rows( $ res);}`
4	`function db_fetch_array( $ res){return mysql_fetch_array( $ res);}`
5	`function db_fetch_object( $ res){return mysql_fetch_object( $ res);}`
6	`function db_data_seek( $ res, $ num){return mysql_data_seek( $ res, $ num);}`
7	`? >`

数据库认证部分的代码如下所示。

行号	代码
1	`<? php`
2	`session_start();`
3	`include("conn/db_conn. php");`
4	`include("conn/db_func. php");`
5	`$ username = $ _POST[username];`
6	`$ userpwd = $ _POST[userpwd];`
7	`$ ChkLogin = "SELECT *  FROM student WHERE StuNo = ' $ username' and Pwd = ' $ userpwd'";`
8	`$ ChkLoginResult = db_query( $ ChkLogin);`
9	`$ number = db_num_rows( $ ChkLoginResult);`
10	`$ row = db_fetch_array( $ ChkLoginResult);`
11	`if ( $ number>0) {`
12	`$ _SESSION["username"] = $ username;`
13	`header("Location;stu/index. php");`
14	`}`
15	`} else {`
16	`echo "<script>";`

```
17          echo "alert(\"错误的用户名或密码,请重新登录\");";
18          echo "location. href = \"login. php\" ";
19          echo "</script>";
20        }
21      ? >
```

在此程序中,通过调用 SQL 命令,输入用户名和密码。当获得用户名和密码后,向 MySQL 发送 SELECT 命令,在 student 表中查询是否存在符合认证条件的记录。如果找到,则证明该用户是合法的,进入下一页面;否则显示错误信息,要求用户重新登录。

在上例文件 db_comn. php 代码中使用 mysql_query("SET NAMES UTF8")函数来设置字符集为 UTF8。该函数必须在第一次执行查询、插入、更新记录之前执行,才能在 MySQL 数据库中存储汉字和显示汉字,否则存储和显示的都是乱码。

任务 14　基于 IP 地址的基本认证

在某些情况下,需要更高级别的访问控制,不仅要求正确的用户名和密码,而且要求限制用户在某些机器上登录,确保用户的合法性。例如,在计算机无纸化考试中,需要限制每位考生只能在某个固定 IP 地址的机器上登录。这种情况通常针对一个局域网的站点,其中,某些网页内容只能被局域网中的某些机器浏览。

为了实现用户名/密码和 IP 地址来认证用户,只需要在上述表中增加一个字段 IP_add,用来存放用户登录的机器的 IP 地址。根据用户名/密码和 IP 地址进行用户身份认证的代码如下所示。

```
行号        代码
1         <?
2         function auth_user()
3         {
4             Header('WWW-Authenticate: Basic realm = "请输入你的用户名和密码:"');
5             Header("HTTP/1. 0 401 Unauthorized");
6             echo "认证失败,可能是用户名和密码有误,也可能是未在指定 IP 地址登录!";
7             exit;
8         }
9         if(! isset( $ _SERVER['PHP_AUTH_USER'])) {
10            auth_user();
11        }
12        else{
13            mysql_connect("localhost","root","") or die("不能连接到服务器!");
14            mysql_select_db("xk") or die("不能打开数据库!");
15            $ query = "select * from student WHERE StuName = '$ _SERVER[PHP_AUTH_USER]' AND
Pwd = PASSWORD('$ _SERVER[PHP_AUTH_PW]') AND Ip_add = '$ _SERVER[REMOTE_ADDR]'";
16            mysql_query("SET NAMES 'gbk'");
17            $ result = mysql_query( $ query);
18            if(mysql_num_rows( $ result) == 0) {
19                auth_user();
20            }
21            else{
22                echo mysql_result( $ result,0, "name"). "欢迎进入选课";
```

```
23              //在此编写合法用户执行的代码段
24          }
25      }
26  ？＞
```

上述代码中，第 15 行利用系统预定义数组元素＄_SERVER[REMOTE_ADDR]获取用户机的 IP 地址，用它与 student 表存储的 IP 地址进行比对，如果不相同，则表明用户未在指定 IP 地址的机器上登录，拒绝进入系统。

注意：目前网络上有人通过 IP 欺骗或其他攻击方法可以绕过这种登录方法，因此不要使用该方法来保护重要信息，如银行卡等。

▶ 实训项目 6

问题描述：某网站的功能要求使用者必须是注册用户，用户注册的时候需要向网站提供一些信息，如用户名、密码、真实姓名、性别、联系电话。当用户访问该网站的时候，用户需要输入用户名和密码来进行验证，若验证通过，则可以显示正常的页面；否则，就跳转回登录页面要求输入用户名和密码。

1. 参考知识点
(1)参照"添加学生信息"来进行数据的插入。
(2)参照"查询学生信息"来进行数据的验证。
(3)页面之间的参数传递可以采用以下几种。
①URL 的参数列表。
②隐藏在 Form 中的隐含属性变量。
③使用 SESSION。

2. 参考技能点
(1)理解用户登录的工作流程。
(2)按照需求分析出用户登录的模块结构并绘制出对应的结构图和流程图。

3. 实训训练目的
(1)理解用户登录的工作流程，如何防止用户绕过登录。
(2)分析训练。训练学生如何把实际的需求进行分类，转化成功能模块。
(3)知识技能组织训练。训练学生能够运用所学的知识和技能，辩证地选择合适的技术去实现客户的需求。

4. 实训步骤
(1)创建数据库 Userchk，再在 Userchk 库中创建表 user(uname, upass, name, sex, tel)。
(2)创建 useradd. html，即用户注册页面，要求用户输入用户名、密码、姓名、性别和电话，通过表单收集这些信息，传递给 useradd. php，具体代码请参考本章。
(3)创建 index. html，即登录页面，要求用户输入用户名和密码，通过表单收集用户输入的用户名和密码，传给 userchk. php。
(4)userchk. php 通过传送过来的用户名和密码，对表 user 进行搜索，如果根据用户名和密码搜索到记录，则说明是合法用户，就跳转到 updatepass. html 页面；否则，跳转到 index. html 要求重新填写用户名和密码。具体代码请参考本章。
(5)如果用户需要修改自己的密码，则在 updatepass. html 页面中输入新的密码。然后通过 updatepass. php 执行对相应用户的修改密码的操作。

(6)在用户名和密码都正确的时候，可以利用 SESSION 来进行页面信息的传递。

5. 提交材料

(1)绘制用户登录、注册的工作流程。

(2)绘制用户登录、注册的模块结构图与流程图。

(3)完整的网站代码。

第 7 章　PHP 和 MySQL 数据库编程
——学生选课系统

　　学生选课系统是一个学校不可缺少的部分，它的内容对于学校的决策者和管理者来说都至关重要，所以学生选课系统应该能够为用户提供充足的信息和快捷的查询手段。

　　在各个高校的数字化校园网上，教务管理部门首先会根据教师申报的选修课进行审核，然后把本学期的选修课挂到网上，让学生在规定的时间段进行选修课的选课。管理员可以管理课程的相关信息，如课程名称、任课教师、上课教室、学分设置和人数限制等；学生可以根据发布在网上的课程信息进行选课，如果选择某一门课程的人数超过规定人数，则不允许进行该课程的选课，须重新选择其他课程。

　　一般在学生进行选课之前，校园网上都会以醒目的字眼显示学生选课的总体流程，学生只要按要求操作就可以了，因此，学生选课系统对高校学生来说应是非常熟悉的。这也是我们选择学生选课系统作为本次教学项目的目的所在。

🎓 工作过程

　　首先对学生选课系统进行总体设计，根据总体设计进行功能分析，然后进行各子功能的设计，确定首页设计方案。从首页的功能中体现出两个层面的用户，一个是使用该系统的学生，他们登录系统后，通过用户端浏览器浏览可选课程的信息，并根据自己的实际情况，按照一定意愿次序选课；另一个是教学秘书，他们可以通过用户端浏览器进行一些系统管理和维护的工作，如对课程信息进行添加、修改和删除等。

👑 知识领域

　　学生选课系统主要的功能模块就是学生端的选课和教师端的管理。通过选课系统的实现，我们可以熟悉 PHP 和 MySQL 进行系统开发的设计理念和方法。进一步理解如何存储信息量比较大的数据。数据库有很多种，就 PHP 而言，PHP 和 MySQL 数据库的结合一直被认为是黄金组合，本次项目涉及如何利用 PHP 进行 MySQL 数据库的编程。

📞 学习情境

　　充分理解系统开发的概念、思想和方法。
　　掌握 PHP 的数据类型。
　　掌握 MySQL 数据库的设计。
　　理解 PHP 操作 MySQL 数据库常用的函数。
　　掌握 PHP 和 MySQL 数据库编程。

▶ 7.1　PHP 中访问 MySQL 的相关函数

　　在项目开发中，经常需要 PHP 程序对 MySQL 数据库进行操作，如增加一篇文章、修改一篇文章等，而 PHP 本身并不具备操作数据库的功能。因此，需要利用 PHP 提供的数据库扩展，才能完成 PHP 应用和 MySQL 数据库之间的数据交互。接下来将对 PHP 中常用的数据库扩展进行详细讲解。

任务 1　认识数据库扩展

PHP 提供了多种数据库扩展，这里根据实际需要我们只讲其中的三种，具体如下。

1. MySQL 扩展

MySQL 扩展是针对 MySQL 4.1.3 或更早版本设计的，是 PHP 与 MySQL 数据库交互的早期扩展，只支持面向过程的方式处理 MySQL 数据库。由于其不支持 MySQL 数据库服务器的新特性，且安全性差，在项目开发中不建议使用，可用 MySQLi 扩展代替。

2. MySQLi 扩展

MySQLi 扩展是 MySQL 扩展的增强版，MySQLi 扩展既支持面向对象的方式处理 MySQL 数据库，也保留了面向过程的处理方式，它不仅包含了所有 MySQL 扩展的功能函数，还可以使用 MySQL 新版本中的高级特性。例如，多语句执行和事务的支持，预处理方式完全解决了 SQL 注入问题等。MySQLi 扩展只支持 MySQL 数据库，如果不考虑其他数据库，该扩展是一个非常好的选择。

3. PDO 扩展

PDO 是 PHP Data Objects(数据对象)的简称，PDO 支持面向对象的方式处理各种数据库类型(如 MySQL、Oracle、DB2)，也就是说 PDO 是可以跨数据库类型的，它提供了一个统一的 API 接口，只要修改其中的 DSN (数据源)，就可以实现 PHP 应用与不同类型数据库服务器之间的交互。

通过 phpinfo()函数可以查看 PHP 数据库扩展是否开启，以 MySQL 与 MySQLi 扩展为例，如图 7-1 所示。

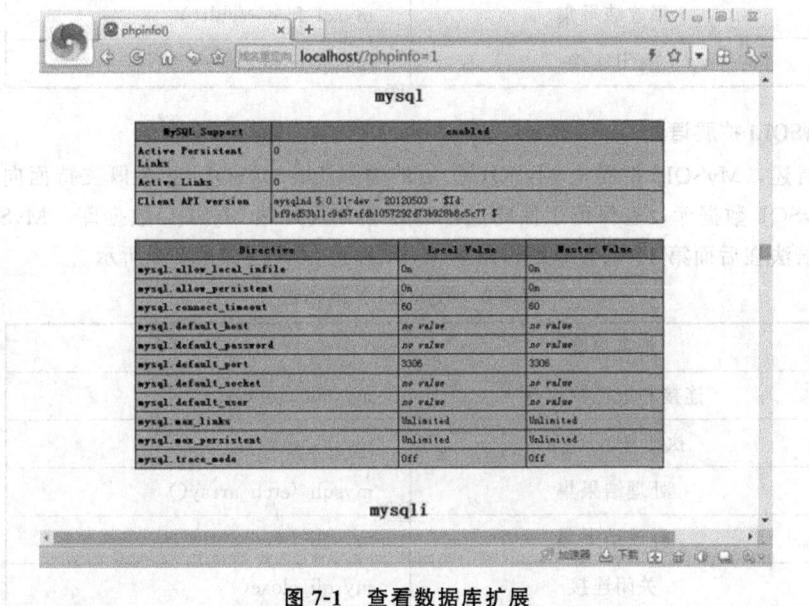

图 7-1　查看数据库扩展

任务 2　PHP 访问 MySQL 数据库基本步骤

在前面的学习中，想要完成对 MySQL 数据库的操作，首先需要启动 MySQL 数据库服务器，打开 phpmyadmin，输入相应的用户名和密码；然后选择要操作的数据库，才可以执

行具体 SQL 语句，获取到结果。

同样地，在 PHP 应用中，要想完成与 MySQL 服务器的交互，也需要经过上述步骤。PHP 访问 MySQL 的基本步骤具体如图 7-2 所示。

图 7-2　PHP 访问数据库的基本步骤

1. MySQL 扩展语法

如前所述，MySQL 扩展是针对 MySQL 4.1.3 或更早版本设计的，是 PHP 与 MySQL 数据库交互的早期扩展，只支持面向过程的方式处理 MySQL 数据库，MySQL 扩展语法如表 7-1 所示。

表 7-1　MySQL 扩展语法

基本步骤	MySQL 扩展
连接和选择数据库	mysql_connect()
执行 SQL 语句	mysql_query()
处理结果集	mysql_fetch_array()
释放结果集	mysql_free_result()
关闭连接	mysql_close()

2. MySQLi 扩展语法

如前所述，MySQLi 扩展是 MySQL 扩展的增强版，MySQLi 扩展既支持面向对象的方式处理 MySQL 数据库，也保留了面向过程的处理方式处理 MySQL 数据库。MySQLi 扩展面向对象语法在后面第 11 章会详细讲解，MySQLi 扩展语法如表 7-2 所示。

表 7-2　MySQLi 扩展语法

基本步骤	MySQLi 扩展
连接和选择数据库	mysqli_connect()
执行 SQL 语句	mysqli_query()
处理结果集	mysqli_fetch_array()
释放结果集	mysqli_free_result()
关闭连接	mysqli_close()

通过对两种数据库扩展语法的比较可以看出，MySQLi 扩展在函数名上保持了和 MySQL 扩展相同的风格，可以帮助只会用 MySQL 扩展的开发者也能快速上手使用 MySQLi 扩展。

任务 3　　连接数据库服务器函数

在使用 PHP 操作 MySQL 数据库之前，需要先与 MySQL 数据库服务器建立连接，PHP 的 MySQLi 扩展可以通过 mysqli_connect() 函数进行数据库连接。函数语法格式如下：

```
mysqli_connect(host,username,password,dbname,port,socket);
```

mysqli_connect() 函数用于打开一个到 MySQL 服务器的连接，如果成功，则返回一个 MySQL 连接标识，失败返回 false，该函数参数如表 7-3 所示。

表 7-3　mysqli_connect() 参数说明

参数	说明
host	可选。规定主机名或 IP 地址
username	可选。规定 MySQL 用户名
password	可选。规定 MySQL 密码
dbname	可选。规定默认使用的数据库
port	可选。规定尝试连接到 MySQL 服务器的端口号
socket	可选。规定 socket 或要使用的已命名 pipe
返回值	返回一个代表到 MySQL 服务器的连接的对象

为了更好地掌握 mysqli_connect() 函数的使用方法，下面通过程序代码来理解函数的使用方法。

1. 连接并选择数据库

若要完成数据库的连接和选择操作，在函数调用时传递参数即可，具体代码如下。

```
行号    代码
1       <? php
2       //连接数据库，并通过 $ conn 保存连接
3       $ conn = mysqli_connect("localhost","user","","stu");
4       ? >
```

上述代码表示连接的 MySQL 服务器主机为 localhost，用户为 root，密码为空，选择的数据库为 stu。由于省略了端口号，函数将使用默认端口号 3306。

2. 自定义错误信息

当数据库连接失败时，mysqli_connect() 提示的错误信息并不友好，可以通过下面的方式解决。具体代码如下。

```
行号    代码
1       <? php
2       //连接数据库，并通过 $ conn 保存连接，屏蔽错误信息
3        $ conn = mysqli_connect("localhost","user","","stu") or exit('数据库连接失败');
4       ? >
```

上述代码中，@用于屏蔽函数的错误信息；or 是比较运算符，只有左边表达式的值为 false 时，才会执行右边的表达式；exit 用于停止脚本，同时可以输出错误信息。另外，当需要详细的错误信息时，可以通过 mysqli_connect_error() 函数来获取。

3. 设置字符集

在使用 MySQL 命令行工具操作数据库时，需要使用 mysqli_set_charset() 函数设置字

符集。函数语法格式如下：

```
mysqli_set_charset(connection,charset);
```

mysqli_set_charset()函数规定当与数据库服务器进行数据传送时要使用的默认字符集。该函数参数如表 7-4 所示。

表 7-4　mysqli_set_charset()函数参数说明

参数	说明
connection	必需。规定要使用的 MySQL 连接
charset	必需。规定默认字符集

为了更好的掌握 mysqli_set_charset() 函数的使用方法，下面通过程序代码来理解函数的使用方法。

行号	代码

```
1      <? php
2      //连接数据库
3      $ conn = mysqli_connect('localhost','root','','stu');
4      //设置字符集
5      mysqli_set_charset($ conn,'gbk');//成功返回 true,失败返回 false
```

上述代码通过 mysqli_set_charset() 函数将字符集设置为 gbk。需要注意的是，只有保持 PHP 脚本文件、Web 服务器返回的编码、网页的＜meta＞标记、PHP 访问 MySQL 使用的字符集都统一时，才能避免中文出现乱码的问题。

任务 4　执行 SQL 语句函数

在完成数据库的连接后，就可以通过 SQL 语句操作数据库了。在 MySQLi 扩展中，通常使用 mysqli_query() 函数发送 SQL 语句，获取执行结果。函数的声明方式如下。

```
mysqli_query(connection,query,resultmode);
```

mysqli_query()函数用于执行某个针对数据库的查询，该函数参数如表 7-5 所示。

表 7-5　mysqli_query()函数参数说明

参数	说明
connection	必需。规定要使用的 MySQL 连接
query	必需。规定查询字符串
resultmode	可选。一个常量。可以是下列值中的任意一个： MYSQLI_USE_RESULT(如果需要检索大量数据，请使用这个)； MYSQLI_STORE_RESULT(默认)
返回值	针对成功的 SELECT、SHOW、DESCRIBE 或 EXPLAIN 查询，将返回一个 mysqli_result 对象；针对其他成功的查询，将返回 TRUE；如果失败，则返回 FALSE

在上述声明中，$ link 表示通过 mysqli_query() 函数获取的数据库连接，$ query 表示 SQL 语句。当函数执行 SELECT 查询时，返回值是查询结果集，而对于其他查询，成功返回 true，失败返回 false。

为了更好地掌握 mysqli_query() 函数的用法，下面通过代码进行演示。

```
行号        代码
1           <? php
2           //连接数据库
3            $ conn = mysqli_connect('localhost', 'root', '','cms');
4           mysqli_set_charset( $ conn,'utf8');
5           //执行 SQL 语句,并获取结果集
6            $ result = mysqli_query( $ conn, 'SHOW DATABASES');
7           if(! $ result)
8              exit('执行失败。错误信息:'.mysqli_error( $ conn));
9           ? >
```

上述代码演示了如何通过 mysqli_query() 函数执行 SQL 语句、获取结果集,以及通过 mysqli_error() 函数获取错误信息。当 SQL 语句执行失败时, $ result 的值为 false,因此通过判断就可以输出错误信息并停止脚本执行。

任务 5　处理结果集函数

当通过 mysqli_query() 函数执行 SQL 语句后,返回的结果集并不能被直接使用,需要使用函数从结果集中获取信息,保存为数组。MySQLi 扩展中常用的处理结果集的函数如表 7-6 所示。

表 7-6　MySQLi 扩展处理结果集函数

函数名	功能描述
mysqli_fetch_all()	从结果集中取得所有行作为关联数组,或数字数组,或二者兼有
mysqli_fetch_array()	从结果集中取得一行作为关联数组,或数字数组,或二者兼有
mysqli_fetch_assoc()	从结果集中取得一行作为关联数组
mysqli_fetch_row()	从结果集中取得一行,并作为枚举数组返回

在表 7-6 列举函数中, mysqli_fetch_all() 和 mysqli_fetch_array() 的返回值支持关联数组和索引数组两种形式,函数第 1 个参数表示结果集,第 2 个参数是可选参数,表示返回的数组形式,其值有 MYSQLI_ASSOC、MYSQLI_NUM、MYSQLI_BOTH 三种常量,分别表示关联数组、索引数组,或两者皆有,默认值为 MYSQLI_BOTH。

1. mysqli_fetch_array( )

格式如下:

```
array mysqli_fetch_array(int query);
```

功能是对下一行数据进行读取,如果执行成功,则返回一个数组,该数组保存有下一条记录的值。如果执行失败,则返回 false。返回的数组既可以用下标来表示,也可以用字段来表示。

例如:

```
行号        代码
1           <? php
2            $ query = mysqli_query( $ conn, $ sql);
3           while( $ arval = mysqli_fetch_array( $ query)){
4               echo $ arval[column1]. "|". $ arval[column2]. "<br>";
5           }
6           ? >
```

注意：数组的下标从 0 开始。

2. mysqli_fetch_row( )

格式如下：

```
array = mysqli_fetch_row(int query);
```

功能与 mysqli_fetch_array()函数功能基本相同，都是对下一行数据进行读取，执行成功返回一个数组，否则返回 false。返回的数组为索引数组，只能用下标来表示。

例如：

行号	代码
1	`<? php`
2	`$ query = mysqli_query( $ conn, $ sql);`
3	`while( $ arval = mysqli_fetch_row( $ query)){`
4	`    echo $ arval[0]. "|". $ arval[1]. " ";`
5	`}`
6	`? >`

mysqli_fetch_row()与 mysqli_fetch_array()的区别是：前者只能利用数组下标来表示，而且它比 mysqli_fetch_array()执行速度快。

3. mysqli_fetch_assoc( )

格式如下：

```
array mysqli_fetch_assoc(int query);
```

功能是对下一行数据进行读取，如果执行成功，则返回一个数组，该数组保存有下一条记录的值。如果执行失败，则返回 false。返回的数组为关联数组，只能用字段来表示。

例如：

行号	代码
1	`<? php`
2	`$ query = mysqli_query( $ conn, $ sql);`
3	`while( $ arval = mysqli_fetch_assoc( $ query)){`
4	`    echo $ arval[column1]. "|". $ arval[column2]. " ";`
5	`}`
6	`? >`

4. mysqli_fetch_all( )

格式如下：

```
array mysql_fetch_all(int query);
```

功能是对记录集所有数据进行读取，如果执行成功，则返回一个二维数组，该数组保存有所有记录的值。如果执行失败，则返回 false。返回的数组既可为索引数组，也可为关联数组。例如：

行号	代码
1	`<? php`
2	`$ query = mysqli_query( $ conn, $ sql);`
3	`$ data = mysqli_fetch_all( $ query,MYSQLI_ASSOC));`
4	`//打印数组结构`
5	`echo '<pre>';`
6	`var_dump( $ data);  //每行记录是一个数组,所有的行组成了 $ data 数组`
7	`? >`

上述代码在调用 mysqli_fetch_all() 函数时传入了第 2 个参数 MYSQLI_ASSOC，表示返回关联数组结果。$data 是一个包含所有行的二维数组，当访问第 1 行记录中的 name 时，可以通过 $data[0]['name'] 进行访问。使用 var_dump() 函数可以查看该数组的结构。

▶ 7.2　项目引入与需求分析

任务 6　系统的架构、功能和用户

"网上选课"的功能从用户角度上应该分两个层面，一个是使用该系统的学生，他们登录系统后，通过用户端浏览器浏览可选课程的信息，并根据自己的实际情况，按照一定意愿次序选课；另一个是教学秘书，他们可以通过用户端浏览器进行一些系统管理和维护的工作，如对课程信息进行添加、修改和删除等。

无论是学生用户还是教学秘书用户，均不用在本地机安装用户端，只需要通过浏览器就可以进行上述的操作。

按照上述的项目概述，该系统应该是建立在 B/S 结构上的动态 Web 应用，如图 7-3 所示。

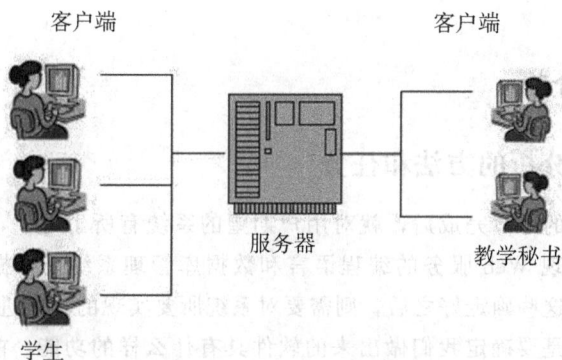

图 7-3　基于 B/S 结构的动态 Web 应用

除此之外，还需按照学校的规模和条件，以及学生集中选课的时间，选定服务器、相应的软硬件和网络设施。

任务 7　系统的需求概述与分析

需求分析的任务是要搞清楚用户想要的软件具有什么样的功能。

进行"网上选课"系统开发，首先要聆听用户（在这里是指教务部门）对系统的描述和需求。

教务部门希望教学秘书用户可以通过用户端浏览器登录系统，对课程进行管理，如添加课程、修改课程、删除课程、浏览课程、查询课程和查看课程的详细信息等；学生用户则可以通过用户端浏览器登录系统，浏览课程、查询课程和查看课程的详细信息，并按志愿顺序预选自己想要选修的课程，也可显示自己已经预选的课程。

教务部门希望该系统可以让学生按照志愿顺序预选 5 门课程，也就是说每个学生至多选 5 门课程。

其次，进行网站开发，在做系统需求分析时，除了对功能的认知之外，还必须按照学校的实际情况，如学校的规模来测算进行网上选课的开发规模，从而确定系统架构和软硬件的选取。网上选课往往是发生在一个比较集中的时段，这个特点就必须要求服务器的承载能力比较强，所以必须考虑硬件和网络设施的指标和系统软件以及 Web 架构。

对于硬件和网络设施在此暂且不考虑。

当今服务器系统软件无外乎是 Windows 和基于开源技术的 Linux。Windows 及其开发工具作为商业软件，其使用的便利性和开发工具的完善性无疑是最好的；然而随着美国监听丑闻的继续发酵以及开源技术应用的普及，一些国家和地区的政府已经表明有计划把自己的服务器体系结构由 Windows 向 Linux 转移。LAMP(Linux＋Apache＋MySQL＋PHP)，一组常用来搭建动态网站或者服务器的开源软件，本身都是各自独立的程序，但是因为常被放在一起使用，拥有了越来越高的兼容度，共同组成了一个强大的 Web 应用程序平台。

开放源代码的 LAMP 已经与 J2EE 和 .net 商业软件形成三足鼎立之势，市场份额已经超过 60％。且该软件开发的项目在软件方面的投资成本较低，因此受到整个 IT 界的关注。

针对选课系统，可以考虑使用 AMP(Apache＋MySQL＋PHP)架构，AMP 无论是从系统稳定性和并发处理的能力来说，都可以胜任选课系统的要求。同时 AMP 与平台无关，可以非常方便地将代码转移到 Linux 平台上。

▶ 7.3 功能分析

任务 8 功能分析的方法和任务

当系统需求分析的环节完成后，就对用户期望的系统有所了解了，然后应该确定好对应的服务器架构、实现 Web 服务的编程语言和数据库管理系统。根据这些软、硬件的配置，确定开发技术，这些确定好之后，则需要对系统所要实现的功能进行条理化、规范化。

功能分析的任务是要确定我们做出来的软件具有什么样的功能。前提条件是根据拟定的开发技术和软硬件特点，将用户的需求转化成系统可以实现的功能。

在进行本阶段的工作时，尽量将系统可以实现的功能与用户的需求相对应。当然，有时可以直接一一对应，有时因限于当前技术手段和水平，间接对应。当进行间接对应的时候，应该考虑目标功能的易用性，尽量满足用户的使用。

任务 9 "网上选课"系统的功能分析

针对系统的功能描述，可以知道该系统存在两种用户：教学秘书用户和学生用户。用户必须经过登录才能使用系统。在首页可以给用户提供一个登录的功能，同时显示本网站被浏览的次数，还随机显示课程的详细信息。系统功能模块图如图 7-4 所示。

对于教学秘书用户来讲，可以通过用户端浏览器登录系统，对课程进行管理，如添加课程、修改课程、删除课程、浏览课程、查询课程和查看课程的详细信息等。具体的实现方案如下所示。

(1)添加课程功能。给用户提供一个界面，用户在界面中填入规定的信息。

(2)修改课程功能。给用户提供一个课程列表，列表里显示了课程的主要信息，用户单击需要修改的课程链接，进入修改课程信息的界面，用户修改了的有关信息，提交给服务

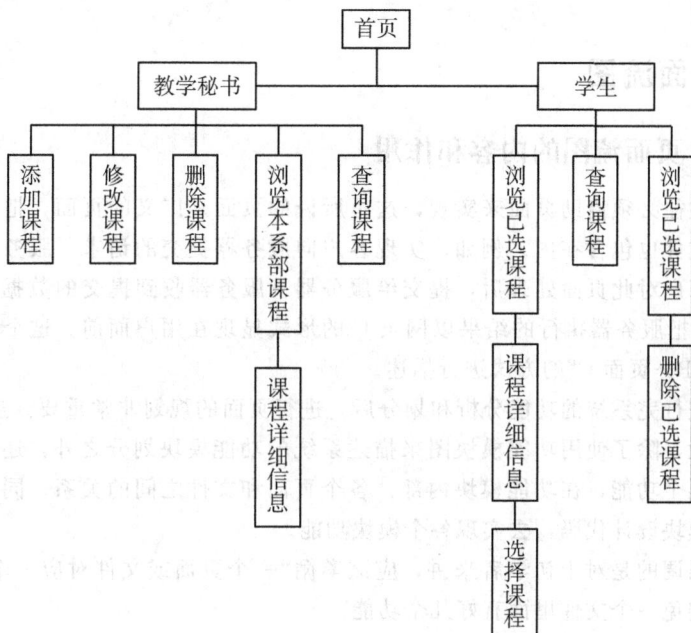

图 7-4　系统功能模块图

器，服务器接收到新的信息后，将数据库对应表的相关内容进行修改。

(3)删除课程功能。用户一次可以删除多门课程。给用户提供一个课程列表，用户将需要删除的课程选定，然后提交给服务器，服务器接收到相关的删除信息后，将数据库对应表的相关内容进行删除。

(4)浏览本系部课程功能，给用户提供一个课程列表，列表里显示了课程的主要信息，用户单击需要显示详细信息的课程链接，进入显示课程详细信息的界面。

(5)查询课程功能。给用户提供一个界面，用户首先选择查询的范围，然后输入关键字，提交给服务器。服务器接收到查询的信息后，调用相关程序执行查询，然后将查询结果以列表的形式展示出来，列表里显示了课程的主要信息，用户单击需要显示详细信息的课程链接，进入显示课程详细信息的界面。

学生用户则可以通过用户端浏览器登录系统，浏览可选课程、显示已选课程和删除已选课程，并按志愿顺序预选自己想要选修的课程。

(1)浏览可选课程功能。给用户提供一个课程列表，列表里显示了该用户可以选择课程的主要信息，用户单击需要修改的课程链接，进入显示课程详细信息的界面，如果该用户还没有选够 5 门课程，则该用户可以选择此课程。

(2)显示已选课程和删除已选课程。给用户提供一个列表，列表显示了该用户已经选择的课程列表，用户可以单击其中的任何一门课程的链接，删除此课程的选课记录，同时，其他已选课程的志愿顺序将自动调整。

(3)查询课程功能，同教学秘书用户。

通过图 7-4 系统功能模块图，我们可以清楚地了解本系统的概貌，对其中的各个功能模块也十分清楚，针对后期的开发，程序员可以非常清楚地按照功能模块规划页面和文件进行设计。

▶ 7.4 页面流图

任务 10 页面流图的内容和作用

网站功能往往必须借助页面来实现，这里所说的页面是广义的页面，把运行在服务器端的程序处理文件也包含在内。例如，实现客户向服务器提交的请求，服务器向用户提供一个页面 A，用户对此页面处理后，提交给服务器；服务器收到提交的数据后，调用程序处理文件 B，再把服务器执行的结果以网页 C 的形式显现在用户面前。这个过程就可以用"页面 A→文件 B→页面 C"的方式进行描述。

因此，在进行完系统的功能分析和划分后，进行页面的规划非常重要。进行网站开发，在系统分析阶段，除了使用功能模块图来描述系统的功能模块划分之外，还使用页面流图描述为了实现某个功能，在功能模块内部，各个页面和文件之间的关系。同时也方便程序员按照系统和模块设计代码，去实现各个模块功能。

这里特别强调的是对于初学者来讲，应该遵循"一个页面或文件对应一个功能或操作"的原则，尽量避免一个文件里面有好几个功能。

任务 11 登录模块的页面流图样例

图 7-5 表示了一个登录模块的页面流图。

该页面流图告诉程序员，登录模块需要 4 个文件(页面)。首先是首页 index.php，这个页面内应该包含一个供用户填写用户名和密码以及身份的表单，表单提交的内容是 username、userpwd 和 role 三个变量，提交的目标文件是用户检查 ChkLogin.php。文件 ChkLogin.php 是用来检查用户输入的用户名和密码的合法性。如果合法，身份是教师的话就引导到对应的教学秘书页面 teacher.html，并把 teacher(身份)、TeaNo(教师编码)和 DepartNo(系部编码)保存在服务器的会话中，供以后使用。如果身份是学生的话，就引导到学生页面 student.html，并把 student(身份)、StuNo(学生编码)和 ClassNo(班级编码)保存在服务器的会话中，供以后使用。如果用户不合法，就重新引导到"首页 index.php"。

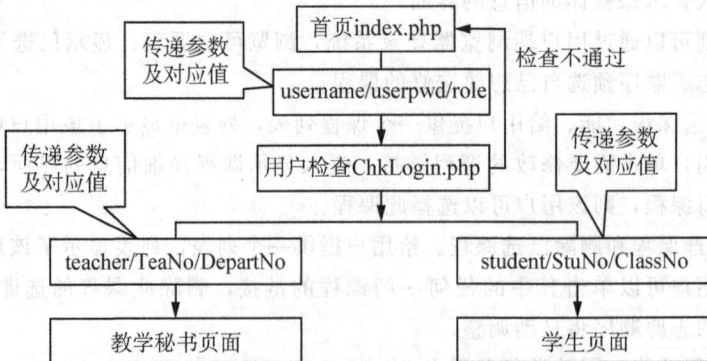

图 7-5 登录模块的页面流图

由于网站是由若干网页加上链接或调用构成的，页面流图规定了一个功能模块被几个页面去执行和实现，页面(文件)流图是进行网站设计的非常有利的工具，直观地告诉程序员各个模块的组成和实现这些模块所需的文件组成以及相应的链接(跳转)关系。

在接下来的内容里，对"网上选课"系统按照功能进行划分，分成若干模块，每个模块、子模块都有相应的页面流图，方便程序员进行代码实现。

▶ 7.5　数据库和表设计

任务 12　表及其之间的联系

本书所使用的示例均来自选课数据库 xk。根据前面的需求分析，如果要实现网上选课，则需要 Department 表（系部表）、Class 表（班级表）、Student 表（学生表）、Course 表（课程表）、Teacher 表（教学秘书表）、StuCou 表（学生选课表）6 个表来保存各方面的信息。

各个表之间的联系见本书第 5 章 5.3 节。

任务 13　表的结构

选课数据库 xk 包含任务 12 所述 6 个用户表。

系部表 Department 有 2 列：DepartNo（系部编号）、DepartName（系部名称）。系部表的结构如表 7-7 所示。

表 7-7　系部表

字段名	类型	是否为空	是否为主键
DepartNo	Char(2)	No	Pri
DepartName	Char(20)	No	No

班级表 Class 有 3 列：ClassNo（班级编号）、DepartNo（系部编号）、ClassName（班级名称），如表 7-8 所示。

表 7-8　班级表

字段名	类型	是否为空	是否为主键
ClasstNo	Char(8)	No	Pri
DepartNo	Char(2)	No	No
ClassName	Char(20)	No	No

学生表 Student 有 4 列：StuNo（学号）、ClassNo（班级编号）、StuName（姓名）、Pwd（密码），如表 7-9 所示。

表 7-9　学生表

字段名	类型	是否为空	是否为主键
StutNo	Char(8)	No	Pri
ClassNo	Char(8)	No	No
StuName	Char(10)	No	No
Pwd	Char(8)	No	No

教学秘书表 Teacher 有 4 列：TeaNo（教师编号）、DepartNo（系部编号）、TeaName（教师姓名）、Pwd（密码），如表 7-10 所示。

表 7-10　教学秘书表

字段名	类型	是否为空	是否为主键
TeatNo	Char(8)	No	Pri
DepartNo	Char(2)	No	No
TeaName	Char(10)	No	No
Pwd	Char(8)	No	No

课程表 Course 有 10 列：CouNo(课程编号)、CouName(课程名称)、Kind(课程类别)、Credit(学分)、Teacher(教师)、DepartNo(系部编号)、SchoolTime(上课时间)、LimitNum(限制选课人数)、WillNum(报名人数)、ChooseNum(被选中上该课程的人数)，如表 7-11所示。

表 7-11　课程表

字段名	类型	是否为空	是否为主键
CouNo	Char(3)	No	Pri
CouName	Char(30)	No	No
Kind	Char(8)	No	No
Credit	Decimal(5，0)	No	No
Teacher	Char(20)	No	No
DepartNo	Char(2)	No	No
SchoolTime	Char(10)	No	No
LimitNum	Decimal(5，0)	No	No
WillNum	Decimal(5，0)	No	No
chooseNum	Decimal(5，0)	No	No

学生选课表 StuCou 有 5 列：StuNo(学号)、CouNo(课程编号)、WillOrder(志愿号)、State(选课状态)、RandomNum(随机数)，如表 7-12 所示。

表 7-12　学生选课表

字段名	类型	是否为空	是否为主键
StuNo	Char(8)	No	Pri
CouNo	Char(3)	No	Pri
WillOrder	Smallint(6)	No	No
State	Char(2)	No	No
RandomNum	Char(50)	Yes	No

7.6 系统实现

任务 14　教师/学生登录与退出

1. 教师/学生登录

选课系统登录用户有两类：教师用户和学生用户，教师用户登录以后可以浏览课程信息、添加课程、修改和删除课程，学生用户登录以后可以浏览所有课程信息、进行选课、查看选课情况、删除所选课程的操作。

(1)登录界面设计。教师和学生用户通过一个登录页面进入选课系统，因此设计了一个下拉列表框供登录用户选择，登录界面(login. php)代码设计如下所示。

行号	代码
1	`<html>`
2	`<head>`
3	`<meta http-equiv = "Content-Type" content = "text/html; charset = gb2312"/>`
4	`<title>`登录`</title>`
5	`<link rel = "stylesheet" href = "style. CSS">`
6	`</head>`
7	`<body>`
8	`<center>`
9	
10	`<table border = "0" cellspacing = "1" width = "90 % ">`
11	`<tr>`
12	`<td> <form method = "post" action = "ChkLogin. php">`
13	`<table width = "45 % " border = "1" cellspacing = "0" cellpadding = "1" align = "center"`
14	`bordercolordark = " # ecf5ff" bordercolorlight = " #6699cc">`
15	`<tr>`
16	`<td><table width = "100 % " border = "0" cellspacing = "1" cellpadding = "1">`
17	`<tr>`
18	`<td width = "33 % " align = "right" height = "30">`用户名:`</td>`
19	`<td width = "67 % "><input name = "username" maxlength = "20"　size = "20"></td>`
20	`</tr>`
21	`<tr>`
22	`<td width = "33 % " align = "right" height = "30">`密 码:`</td>`
23	`<td width = "67 % "><input type = "password" name = "userpwd" maxlength = "16"`
24	`size = "20"> </td>`
25	`</tr>`
26	`<tr>`

```
27              <td width = "33%" align = "right" height = "30">身  ；份：
</td>
28              <td width = "67%"> <select name = role>
29      <option value = student>学生
30      <option value = teacher>教师
31      </select> </td>
32                  </tr>
33                  <tr>
34                  <td colspan = "2" height = "15"></td>
35                  </tr>
36              </table>
37          </td>
38          </tr>
39      <tr align = "center">
40          <td height = "40">
41          <input type = "submit" name = "Submit" value = "确定">
42           
43          <input type = "reset" name = "Submit2" value = "重写">
44                  </td>
45              </tr>
46          </table>
47          </form>
48      </td>
49      </tr>
50  </table>
51  </center>
52  </body>
53  </html>
```

在浏览器地址栏输入 http：//localhost/xkxt/login.php，结果如图 7-6 所示。

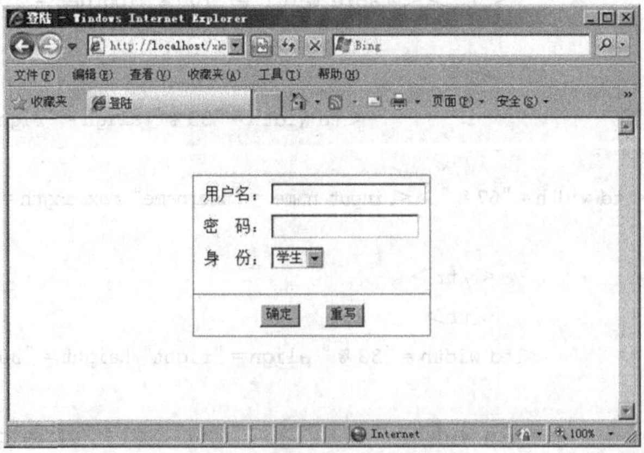

图 7-6 登录界面

(2)用户登录功能实现。选课系统中教师用户的权限是浏览、添加、修改、删除课程，学生用户的权限是选课、查看选课情况、删除所选课程。因此为了方便实现不同身份登录，我们设计了两套页面，学生用户和教师用户登录成功后进入不同的页面，设计代码（ChkLogin. php）如下所示。

行号	代码
1	`<? php`
2	`session_start();`
3	`include("conn/db_conn. php");`
4	`include("conn/db_func. php");`
5	`$ role = $ _POST[role];`
6	`$ username = $ _POST[username];`
7	`$ userpwd = $ _POST[userpwd];`
8	`if ( $ role == "teacher") {`
9	`    $ ChkLogin = "SELECT * FROM teacher WHERE TeaNo = '$ username' and Pwd = '$ userpwd'";`
10	`} else {`
11	`    $ ChkLogin = "SELECT * FROM student WHERE StuNo = '$ username' and Pwd = '$ userpwd'";`
12	`}`
13	
14	`$ ChkLoginResult = db_query( $ ChkLogin);`
15	`$ number = db_num_rows( $ ChkLoginResult);`
16	`$ row = db_fetch_array( $ ChkLoginResult);`
17	
18	`if ( $ number>0) {`
19	`    if ( $ role == "teacher") {`
20	`        $ _SESSION["username"] = $ username;`
21	`        $ _SESSION["role"] = "teacher" ;`
22	`        header("Location:tea/ShowCourse. php");`
23	`    } else {`
24	`        $ _SESSION["username"] = $ username;`
25	`        header("Location:stu/ShowCourse. php");`
26	`    }`
27	`} else {`
28	`    echo "<script>";`
29	`    echo "alert(\"错误的用户名或密码,请重新登录\");";`
30	`    echo "location. href = \"login. php\" ";`
31	`    echo "</script>";`
32	`}`
33	`? >`

如果用户名和密码都正确，就可以进入学生选课端进行选课或进入教师端进行课程管理。

2. 教师/学生退出系统

使用 session 属性可以防止使用者绕过登录，因此，退出系统时要清空 session 属性的值。退出系统操作非常简单，清空 session 属性的值，然后跳转到登录页面即可，退出系统代码（logout. php）如下所示。

行号	代码
1	`<? php`
2	`session_start(); //启动会话`
3	`$ _SESSION = array();//清空保存会话的数组`
4	`session_destroy();//毁灭会话`
5	`echo "<script>";`
6	`echo "alert(\"您已经安全退出,如有需要请重新登录\");";`
7	`echo "location. href = \"login. php\" ";`
8	`echo "</script>";`
9	`? >`

任务 15　学生选课

1. 学生选课主页面

当学生正确登录该系统后,就可以进入学生选课主页面(stu/ShowCourse. php),将未选课程信息通过表格分页显示出来,通过单击课程编码链接可以查看课程细节。同时该页面提供了查询课程、浏览已选课程、退出系统的链接。在浏览器地址栏输入 http://localhost/xkxt/login. php,输入学生用户名和密码,登录成功进入如图 7-7 所示页面。

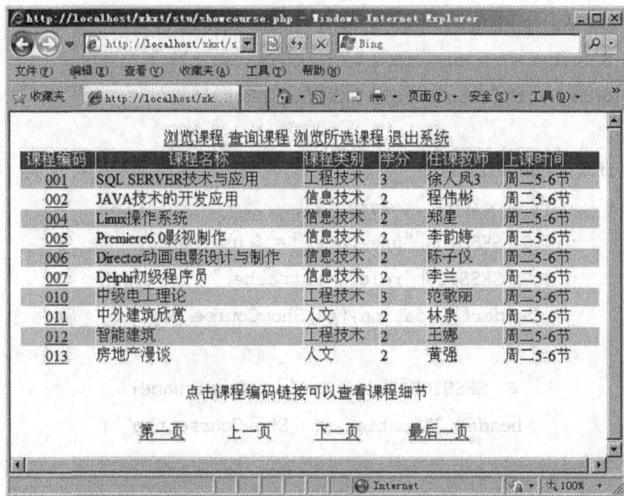

图 7-7　学生端页面

其关键代码如下。

行号	代码
1	`<? php`
2	`session_start();//必须登录后才可使用`
3	`if (! isset( $ _SESSION["username"])) {`
4	`    header("Location:../login. php");`
5	`    exit();`
6	`}`
7	`include("../conn/db_conn. php");`
8	`include("../conn/db_func. php");`
9	`$ StuNo = $ _SESSION['username'];`
10	`$ ShowCourse_sql = "SELECT * FROM course WHERE CouNo NOT IN ( SELECT CouNo`

```
        FROM stucou WHERE StuNo = '$ StuNo') ORDER BY CouNo";
11          $ ShowCourseResult = db_query($ ShowCourse_sql);
12          ?>
13      <table align = "center">
14              <tr>
15                  <td>
16                      <a href = "showcourse.php">浏览课程</a>
17                  </td>
18                  <td>
19                      <a href = "SearchCourse.php">查询课程</a>      </td>
20                  <td>
21                      <a href = "showchoosed.php">浏览所选课程</a>
22                  </td>
23                  <td>
24                      <a href = "../logout.php">退出系统</a>
25                  </td>
26
27              </tr>
28      </table>
29      <table width = "610" border = "0" align = "center" cellpadding = "0"
cellspacing = "1">
30          <tr bgcolor = "#0066CC">
31          <td width = "80" align = "center"><font color = "#FFFFFF">课程编
码</font></td>
32          <td width = "220" align = "center"><font color = "#FFFFFF">课程
名称</font></td>
33          <td width = "80"><font color = "#FFFFFF" align = "center">课程类
别</font></td>
34          <td width = "50"><font color = "#FFFFFF" align = "center">学分
</font></td>
35          <td width = "80"><font color = "#FFFFFF" align = "center">任课教
师</font></td>
36          <td width = "100"><font color = "#FFFFFF" align = "center">上课
时间</font></td>
37          </tr>
38      <? php
39      if (db_num_rows($ ShowCourseResult)>0) {          //若表中有数据
40          $ number = db_num_rows($ ShowCourseResult);    //取得数据笔数
41          $ p = $ _GET['p'];
42          $ check = $ p + 10;                            //每页抓取 10 笔数据
43          for ($ i = 0; $ i< $ number; $ i ++) {//用来呈现多笔数据的循环
44              $ row = db_fetch_array($ ShowCourseResult);
45
46          //选取第 $ p 笔到 $ check 笔数据
47          if ($ i >= $ p && $ i< $ check) {
```

```
48              //利用是否被整除来判断字段的背景颜色
49              if ( $ i % 2 == 0)
50                echo "<tr bgcolor = '# DDDDDD'>";
51              else
52                echo "<tr>";
53              echo "<td width = '80' align = 'center'><a href = 'CourseDetail. php?
CouNo = ". $ row['CouNo']. "'>". $ row['CouNo']. "</a></td>";
54              echo "<td width = '220'>". $ row['CouName']. "</td>";
55              echo "<td width = '80'>". $ row['Kind']. "</td>";
56              echo "<td width = '50'>". $ row['Credit']. "</td>";
57              echo "<td width = '80'>". $ row['Teacher']. "</td>";
58              echo "<td width = '100'>". $ row['SchoolTime']. "</td>";
59              echo "</tr>";
60              $ j = $ i + 1;
61            }
62          }//for 循环
63        }
64      ? >
65      </table>
66      <br>
67      <center>点击课程编码链接可以查看课程细节</center>
68      <br>
69      <table width = "400" border = "0" align = "center">
70        <tr>
71          <td align = "center">
72      <! --- 将 p 值设为 0, 让模块从第一笔数据开始 ---->
73            <a href = "ShowCourse. php? p = 0">第一页</a>
74          </td>
75          <td align = "center">
76      <?
77          if ( $ p>9) {//判断是否有上一页
78            $ last = (floor( $ p/10) * 10) - 10;
79            echo "<a href = 'ShowCourse. php? p = $ last'>上一页</a>";
80          }
81          else
82            echo "上一页";
83      ? >
84          </td>
85          <td align = "center">
86      <?
87          if ( $ i>9 and $ number> $ check)//判断是否有下一页
88            echo "<a href = 'ShowCourse. php? p = $ j'>下一页</a>";
89          else
90            echo "下一页";
91      ? >
```

```
92
93              </td>
94              <td align = "center">
95          <?
96            if ($i>9)//判断目前呈现的笔数之后是否还有页面
97            {
98              //取得最后一页的第一笔数据
99              $final = floor($number/10) * 10;
100             echo "<a href='ShowCourse.php?p=$final'>最后一页</a>";
101           }
102           else
103             echo "最后一页";
104         ?>
105             </td>
106           </tr>
107         </table>
```

　　上述代码中第72～第104行主要用于解决分页显示的问题。这里用到的解决分页问题比较简单，显示"上一页""下一页""首页"和"最后一页"，通过"GET"方法获取当前要显示的页，然后读取数据库中对应要显示页的信息，并提供"上一页""下一页""首页"和"最后一页"的链接。还有一种分页的解决方法是：首先确定每页要显示的记录数（如 10），当显示课程信息没有超过 10 个时，页数为 1，并且当超过 10 个时，计算总页数。如果不止一页，就要把页数都显示出来，并提供各页的链接。这种分页方法见第 9 章。下面介绍一个数字分页方法，代码如下所示。

行号	代码
1	`<html>`
2	`<head>`
3	`<meta http-equiv = "Content-Type" content = "text/html; charset = gb2312"/>`
4	`<title>PHP 数字分页</title>`
	`<style type = "text/css">`
5	`<! --`
6	`.page a:link {`
7	`    color: #0000FF;`
8	`    text-decoration: none;`
9	`}`
10	`.page a:visited {`
11	`text-decoration: none;`
12	`color: #0000FF;`
13	`}`
14	`.page a:hover {`
15	`text-decoration: none;`
16	`color: #0000FF;`
17	`}`
18	`.page a:active {`
19	`text-decoration: none;`
20	`color: #0000FF;`

```
21          }
22          .page{color:#0000FF;}
23          -->
24          </style>
25          </head>
26          <body>
27          <table width="500" height="103" border="0" align="center" cellpadding=
    "0" cellspacing="1" bgcolor="#CCCCCC">
28          <tr>
29          <th width="250" height="38" bgcolor="#FFFFFF" scope="col">序号</
    th>
30          <th width="250" bgcolor="#FFFFFF" scope="col">测试内容</th>
31          </tr>
32          <? php
33              require("conn.php");
34              $Page_size=10;
35              $result=mysqli_query($conn,'select * from test');
36              $count=mysqli_num_rows($result);
37              $page_count  =ceil($count/$Page_size);
38              $init=1;
39              $page_len=7;
40           $max_p=$page_count;
41           $pages=$page_count;
42        //判断当前页码
    if(empty($_GET['page'])||$_GET['page']<0){
43              $page=1;
44          }else{
45              $page=$_GET['page'];
46          }
47        $offset=$Page_size*($page-1);
48        $sql="select * from v_char limit $offset,$Page_size";
49        $result=mysqli_query($conn,$sql);
50        while ($row=mysqli_fetch_array($result)){
51        ?>
52        <tr>
53        <td bgcolor="#FFFFFF" height="25px"><div align="center">
54        <? echo $row['id']?>
55        </div></td>
56          <td bgcolor="#FFFFFF"><div align="center">
57          <? echo $row['name']?>
58        </div></td>
59        </tr>
60        <? php
61          }
62        $page_len=($page_len%2)? $page_len:$pagelen+1;//页码个数
```

```
63        $ pageoffset = ( $ page_len-1)/2;//页码个数左右偏移量
64        $ key = '<div class = "page">';
65        $ key. = "<span> $ page/ $ pages</span> ";//第几页,共几页
66        if( $ page! = 1){
67        $ key. = "<a href = \"". $ _SERVER['PHP_SELF']. "? page = 1\">第一页</a> ";
//第一页
68        $ key. = "<a
69        href = \"". $ _SERVER['PHP_SELF']. "? page = ". ( $ page-1)."\">上一页</a>";
//上一页
70        }else {
71        $ key. = "第一页 ";//第一页
72        $ key. = "上一页";//上一页
73        }
74        if( $ pages> $ page_len){//如果当前页小于等于左偏移
75        if( $ page< = $ pageoffset){
76        $ init = 1;
77        $ max_p = $ page_len;
78        }else{//如果当前页大于左偏移,如果当前页码右偏移超出最大分页数
79        if( $ page + $ pageoffset> = $ pages + 1){
80        $ init = $ pages- $ page_len + 1;
81        }else{//左右偏移都存在时的计算
82        $ init = $ page- $ pageoffset;
83        $ max_p = $ page + $ pageoffset;
84        }} }
85        for( $ i = $ init; $ i< = $ max_p; $ i++ ){
86        if( $ i == $ page){
87        $ key. =' <span>'. $ i. '</span>';
88        } else {
89        $ key. = " <a href = \"". $ _SERVER['PHP_SELF']. "? page = ". $ i."\">".
$ i."</a>";
        }}
90        if( $ page! = $ pages){
91        $ key. = " <a href = \"". $ _SERVER['PHP_SELF']. "? page = ". ( $ page + 1)."\">下
一页</a> ";//下一页
92        $ key. = "<a href = \"". $ _SERVER['PHP_SELF']. "? page = { $ pages}\">最后
一页</a>";//最后一页
93        }else {
94        $ key. = "下一页 ";//下一页
95        $ key. = "最后一页";//最后一页
96        } $ key. ='</div>';
97        ? >
98        <tr>
99            <td colspan = "2" bgcolor = "#FFFFFF"><div align = "center"><? php
echo $ key? ></div></td>
100        </tr>
```

```
101        </table>
102        </body>
103        </html>
```

运行上面的代码，运行效果如图 7-8 所示。

图 7-8 数字分页显示效果

在分页设计中，根据连接数据库的要求，修改第 33 行中的数据库连接，修改第 35 行选择所需的数据表，以及选择需要输出的数据的关键字即可。把上述代码放在页面的合适位置，修改页数偏移量及相关参数，即可实现效果不同的分页方法，这一点在讲授过程中需要给学生强调。

2. 查看课程细节

在学生选课主页面单击课程编码链接可以进入查看课程细节页面（stu/CourseDetail.php）查看课程细节，如果登录用户选过的课程低于 5 门会出现"选择该课程"按钮，单击该按钮即完成选课。其代码如下所示：

```
行号       代码
1         <? php
2         session_start();//必须登录后才可使用
3         if (! isset( $ _SESSION["username"])) {
4             header("Location:../login.php");
5             exit();
6         }
7         include("../conn/db_conn.php");
8         include("../conn/db_func.php");
9         $ CouNo = $ _GET['CouNo'];
10        $ ShowDetail_sql = "SELECT * FROM course, department WHERE CouNo = '$ CouNo'
AND course. DepartNo = department. DepartNo";
11        $ ShowDetailResult = db_query( $ ShowDetail_sql);
12        $ row = db_fetch_array( $ ShowDetailResult);
13        ? >
```

```
14          <html>
15          <title>显示课程详细信息</title>
16          <body>
17          <center>
18          <table>
19          <tr bgcolor = "#0066CC">
20          <td colspan = "3" columspan = "2"><div align = "center"><font color = "
#FFFFFF">课程细节</font></div></td>
21          </font></tr>
22          <tr>
23              <td rowspan = "8"><img width = 80 height = 120 img src = '../uploadpics/
<? php echo $ CouNo.". jpg" ? >' border = "0"></td>
24              <td bgcolor = '#DDDDDD'>编号</td>
25              <td bgcolor = '#DDDDDD'><? php echo $ row['CouNo'] ? ></td>
26          </tr>
27          <tr>
28            <td>名称</td>
29            <td><? php echo $ row['CouName'] ? ></td>
30          </tr>
31          <tr>
32            <td bgcolor = '#DDDDDD'>类型</td>
33            <td bgcolor = '#DDDDDD'><? php echo $ row['Kind'] ? ></td>
34          </tr>
35          <tr>
36            <td>学分</td>
37            <td><? php echo $ row['Credit'] ? ></td>
38          </tr>
39          <tr>
40            <td bgcolor = '#DDDDDD'>教师</td>
41            <td bgcolor = '#DDDDDD'><? php echo $ row['Teacher'] ? ></td>
42          </tr>
43          <tr>
44            <td>开课系部</td>
45            <td><? php echo $ row['DepartName'] ? ></td>
46          </tr>
47          <tr>
48            <td bgcolor = '#DDDDDD'>上课时间</td>
49            <td bgcolor = '#DDDDDD'><? php echo $ row['SchoolTime'] ? ></td>
50          </tr>
51
52          <tr>
53            <td>限定人数</td>
54            <td><? php echo $ row['LimitNum'] ? ></td>
55          </tr>
56          </table>
```

```
57        <? php
58          $ StuNo = $ _SESSION["username"];
59          //判断该生志愿数是否已经超过 5 个
60          $ GetTotal_SQL = "SELECT  *  FROM stucou WHERE StuNo = '$ StuNo'";
61          $ GetTotalResult = db_query( $ GetTotal_SQL);
62          if (db_num_rows( $ GetTotalResult)<5) {
63          ? >
64            <form method = "post" action = "takecourse. php">
65              < input type = " hidden"  name = " StuNo" value = <? php echo $ _
SESSION["username"] ? > >
66              <input type = "hidden" name = "CouNo" value = <? php echo $ CouNo ?
> >
67              <input type = "submit" value = "选择该课程" name = "B1">
68            </form>
69        <? php
70          }
71        ? >
72        </center>
73        </body>
74        </html>
```

在学生选课主页面单击课程编码链接可以进入查看课程细节页面，如图 7-9 所示，如果登录用户选过的课程低于 5 门会出现"选择该课程"按钮，单击该按钮跳转到选课 stu/takecourse. php 页面完成选课操作。其代码如下所示：

```
行号       代码
1        <?
2        session_start();//必须登录后才可使用
3        if (! isset( $ _SESSION["username"])) {
4            header("Location: ../login. php");
5            exit();
6        }
7        include("../conn/db_conn. php");
8        include("../conn/db_func. php");
9        $ StuNo = $ _POST[StuNo];
10       $ CouNo = $ _POST[CouNo];
11       $ ShowDetail_sql = "SELECT  *  FROM stucou WHERE StuNo = '$ StuNo'";
12       $ ShowDetailResult = db_query( $ ShowDetail_sql);
13       if(db_num_rows( $ ShowDetailResult)<5) {
14       $ WillOrder = db_num_rows( $ ShowDetailResult) + 1;
15       $ insertCourse = "insert into stucou(StuNo, CouNo, WillOrder, State) VALUES('
$ StuNo','$ CouNo', $ WillOrder,'报名')";
16       $ insertCourse_Result = db_query( $ insertCourse);
17       if ( $ insertCourse_Result) {
18           echo "<script>";
19           echo "alert(\"选择课程成功\"); ";
20           echo "location. href = \"showchoosed. php\" ";
```

```
21          echo "</script>";
22      } else {
23          echo "<script>";
24          echo "alert(\"选择课程失败,请重新选择\"); ";
25          echo "location. href = \"CourseDetail. php\" ";
26          echo "</script>";
27      }
28      } else{
29          echo "<script>";
30          echo "alert(\"课程已经选择五门,请先删除已选课程再选择\"); ";
31          echo "location. href = \"showchoosed. php\" ";
32          echo "</script>";
33      }
34      ? >
```

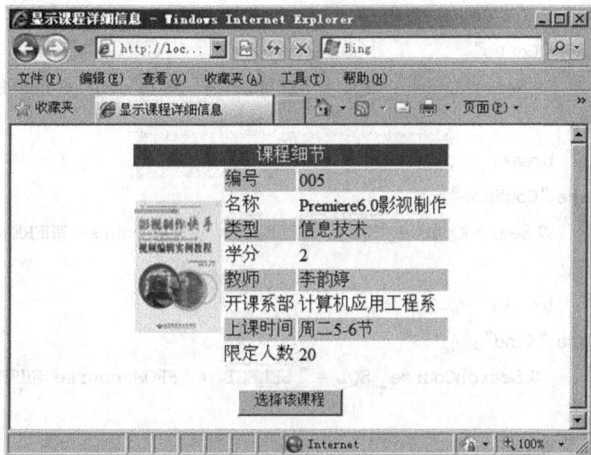

图 7-9　课程详细信息

3. 查询未选课程

学生用户登录后还可以按照指定查询条件查询未选课程,在学生选课主页面单击"查询课程"链接可以进入查询未选课程页面,如图 7-10 所示。

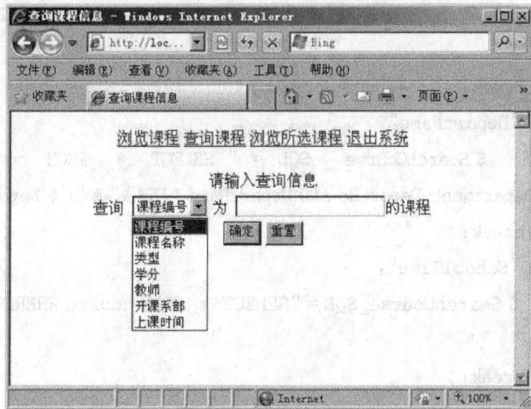

图 7-10　查询页面

查询课程的主要代码如下所示：

```
行号        代码
1          <? php
2          session_start();//必须登录后才可使用
3          if (! isset($_SESSION["username"])) {
4              header("Location: ../login.php");
5              exit();
6          }
7          $KeyWord = $_GET['KeyWord'];
8          $ColumnName = $_GET['ColumnName'];
9
10         $KeyWord = trim($KeyWord);
11         include("../conn/db_conn.php");
12         include("../conn/db_func.php");
13         switch ($ColumnName) {
14         case "CouNo":
15             $SearchCourse_SQL = "SELECT * FROM course WHERE CouNo LIKE \"%". $KeyWord. "%\" ";
16             break;
17         case "CouName":
18             $SearchCourse_SQL = "SELECT * FROM course WHERE CouName LIKE \"%". $KeyWord. "%\" ";
19             break;
20         case "Kind":
21             $SearchCourse_SQL = "SELECT * FROM course WHERE Kind LIKE \"%". $KeyWord. "%\" ";
22             break;
23         case "Credit":
24             $SearchCourse_SQL = "SELECT * FROM course WHERE Credit LIKE \"%". $KeyWord. "%\" ";
25             break;
26         case "Teacher":
27             $SearchCourse_SQL = "SELECT * FROM course WHERE Teacher LIKE \"%". $KeyWord. "%\" ";
28             break;
29         case "DepartName":
30             $SearchCourse_SQL = " SELECT * FROM course, Department WHERE Course.DepartNo = Department.DepartNo AND DepartName LIKE \"%". $KeyWord. "%\" ";
31             break;
32         case "SchoolTime":
33             $SearchCourse_SQL = "SELECT * FROM course WHERE SchoolTime LIKE \"%". $KeyWord. "%\" ";
34             break;
35         }
36
```

```
37        $ SearchCourseResult = db_query( $ SearchCourse_SQL);
38        ? >
```

4. 浏览已选课程

学生用户登录后还可以浏览自己已经选过的课程，在学生选课主页面单击浏览"已选课程"链接可以进入浏览已选课程页面（stu/showchoosed. php），在该界面单击课程编码链接可以进入查看已选课程细节页面（stu/CourseDetail1. php），单击"删除所选课程"按钮转到 stu/delCourse. php 页面即完成删除已选课程操作，如图 7-11 所示。

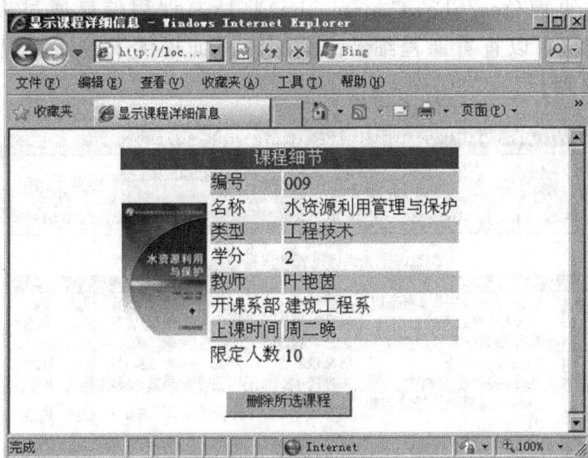

图 7-11　已选课程浏览

删除所选课程（stu/delCourse. php）代码如下所示：

```
行号     代码
1        <?
2        session_start();//必须登录后才可使用
3        if (! isset( $ _SESSION["username"])) {
4            header("Location: login. php");
5            exit();
6        }
7        include(".. /conn/db_conn. php");
8        include(".. /conn/db_func. php");
9        $ StuNo = $ _POST[StuNo];
10       $ CouNo = $ _POST[CouNo];
11       $ DeleteCourse = "DELETE FROM stucou WHERE CouNo = ' $ CouNo ' and StuNo = ' $ StuNo'";
12       $ DeleteCourse_Result = db_query( $ DeleteCourse);
13       if ( $ DeleteCourse_Result) {
14           echo "<script>";
15           echo "alert(\"所选课程删除成功\"); ";
16           echo "location. href = \"showchoosed. php\" ";
17           echo "</script>";
18       } else {
19           echo "<script>";
20           echo "alert(\"所选课程删除失败,请重新修改\"); ";
```

```
21          echo "location. href = \"DeleteCourse. php\" ";
22          echo "</script>";
23      }
24  ?>
```

任务 16 教师管理课程

1. 教师管理课程主页面

教师管理课程主页面(tea/ShowCourse. php)将所有课程信息通过表格分页显示出来，通过点击课程编码链接可以查看课程细节。同时该页面提供了查询课程、添加课程、退出系统链接，如图 7-12 所示。

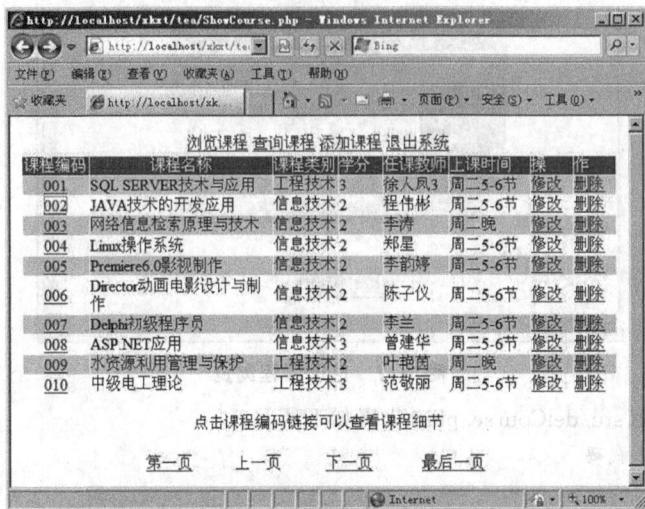

图 7-12 教师端主页面

2. 添加课程

在教师管理课程主页面单击"添加课程"链接可以进入添加课程页面(tea/AddCourse. php)，如图 7-13 所示。

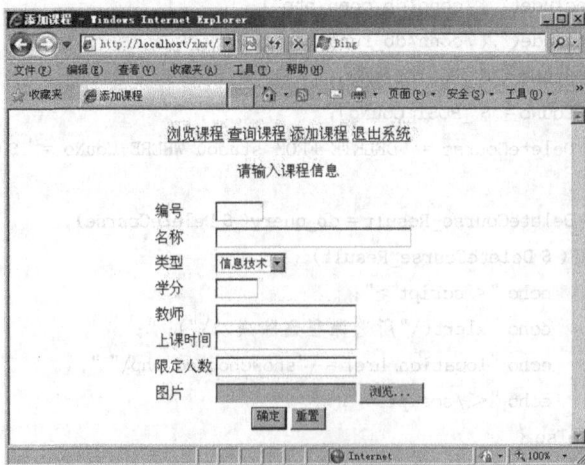

图 7-13 添加课程页面

添加课程页面(AddCourse. php)的代码如下所示：

行号	代码

```php
1       <? php
2       session_start();
3       if (! isset( $ _SESSION["username"])) {
4           header("Location: ..//login. php");
5           exit();
6       } else if ( $ _SESSION["role"]<>"teacher") {
7           header("Location:..//login. php");
8           exit();
9       }
10      ? >
11      <html>
12      <title>添加课程</title>
13      <body>
14      <center>
15      <table align = "center">
16              <tr>
17                  <td>
18                      <a href = "showcourse. php">浏览课程</a>
19                  </td>
20                  <td>
21                      <a href = "SearchCourse. php">查询课程</a> </td>
22                  <td>
23                      <a href = "AddCourse. php">添加课程</a>
24                  </td>
25                  <td>
26                      <a href = "../logout. php">退出系统</a>
27                  </td>
28              </tr>
29      </table><br>
30      请输入课程信息
31      <form method = "post" action = "AddCourse1. php" enctype = "multipart/form-
data">
32      <table>
33      <tr>
34      <td>编号</td>
35      <?
36      include("../conn/db_conn. php");
37      include("../conn/db_func. php");
38      $ StuNo = $ _SESSION['username'];
39      $ ShowCourse_sql = "SELECT * FROM course order by CouNodesc";
40      $ ShowCourseResult = db_query( $ ShowCourse_sql);
41      $ row = db_fetch_array( $ ShowCourseResult);
42      $ CouNo = '0'. strval(intval( $ row[CouNo]) + 1);
```

```
43      ? >
44      <td><input name = "CouNo" type = text value = "<? = $ CouNo? >" size = 3>
</td>
45      </tr>
46      <tr>
47      <td>名称</td>
48      <td><input type = text name = "CouName" size = 30></td>
49      </tr>
50      <tr>
51      <td>类型</td>
52      <td>
53      <select name = Kind>
54        <option value = 信息技术>信息技术
55        <option value = 工程技术>工程技术
56        <option value = 人文>人文
57        <option value = 管理>管理
58      </select>
59      </td>
60      </tr>
61      <tr>
62      <td>学分</td>
63      <td><input type = text name = "Credit" size = 2></td>
64      </tr>
65      <tr>
66      <td>教师</td>
67      <td><input type = text name = "Teacher" size = 20></td>
68      </tr>
69      <tr>
70      <td>上课时间</td>
71      <td><input type = text name = "SchoolTime" size = 20></td>
72      </tr>
73      <tr>
74      <td>限定人数</td>
75      <td><input type = text name = "LimitNum" size = 20></td>
76      </tr>
77      <tr>
78      <td>图片</td>
79      <td><input type = file name = "photo"></td>
80      </tr>
81      </table>
82      <input type = "submit" value = "确定" name = "B1">
83      <input type = "reset" value = "重置" name = "B2">
84      </form>
85      </center>
86      </body>
```

87	</html>

在图 7-12 所示的界面中，输入课程信息并选择课程图片后单击"确定"按钮跳转到 tea/
AddCourse1.php 页面完成添加课程操作。其代码如下：

行号	代码
1	`<? php`
2	`session_start();`
3	`if (! isset( $ _SESSION["username"])) {`
4	`header("Location: index. php");`
5	`exit();`
6	`} else if ( $ _SESSION["role"]<>"teacher") {`
7	`header("Location:student. php");`
8	`exit();`
9	`}`
10	`include("../conn/db_conn. php");`
11	`include("../conn/db_func. php");`
12	`$ CouNo = $ _POST['CouNo'];`
13	`$ CouName = $ _POST['CouName'];`
14	`$ Kind = $ _POST['Kind'];`
15	`$ Credit = $ _POST['Credit'];`
16	`$ Teacher = $ _POST['Teacher'];`
17	`$ SchoolTime = $ _POST['SchoolTime'];`
18	`$ LimitNum = $ _POST['LimitNum'];`
19	`$ CouNo = trim( $ CouNo);`
20	`$ CouName = trim( $ CouName);`
21	`$ Kind =   trim( $ Kind);`
22	`$ Credit = trim( $ Credit);`
23	`$ Teacher = trim( $ Teacher);`
24	`$ DepartNo = $ _SESSION["departno"];`
25	`$ SchoolTime = trim( $ SchoolTime);`
26	`$ LimitNum = trim( $ LimitNum);`
27	`$ AddCourse_SQL = "INSERT INTO Course VALUES ('$ CouNo','$ CouName','$ Kind','$ Credit','$ Teacher','$ DepartNo','$ SchoolTime','$ LimitNum',0,0) ";`
28	`$ AddCourse_Result = db_query( $ AddCourse_SQL);`
29	`$ target_path = "../uploadpics/". $ CouNo.". jpg";`
30	`move_uploaded_file( $ _FILES['photo']['tmp_name'], $ target_path);`
31	`if ( $ AddCourse_Result&&file_exists( $ target_path)) {`
32	`echo "<script>";`
33	`echo "alert(\"添加课程成功\"); ";`
34	`echo "location. href = \"ShowCourse. php\" ";`
35	`echo "</script>";`
36	`} else {`
37	`echo "<script>";`
38	`echo "alert(\"添加课程失败,请重新添加\"); ";`
39	`echo "location. href = \"AddCourse. php\" ";`
40	`echo "</script>";`

```
41              }
42         ? >
```

3. 修改课程

在教师管理课程主页面单击要修改的课程右边的"修改"链接，可以进入修改课程页面（tea/ModifyCourse1.php），如图 7-14 所示。

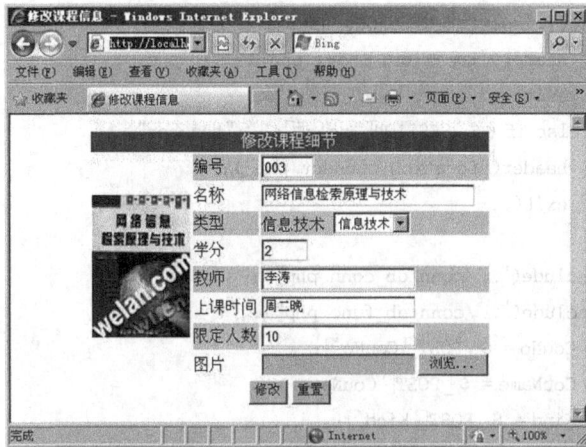

图 7-14　修改课程页面

修改课程信息后单击"修改"按钮，跳转到 tea/ModifyCourse2.php 页面完成修改课程操作。其代码如下：

行号	代码
1	`<? php`
2	`session_start();`
3	`if (! isset( $ _SESSION["username"])){`
4	`    header("Location: index.html");`
5	`    exit();`
6	`} else if ( $ _SESSION["role"]<>"teacher") {`
7	`    header("Location:student.php");`
8	`    exit();`
9	`}`
10	`include("../conn/db_conn.php");`
11	`include("../conn/db_func.php");`
12	`$ CouNo = $ _POST['CouNo'];`
13	`$ CouName = $ _POST['CouName'];`
14	`$ Kind = $ _POST['Kind'];`
15	`$ Credit = $ _POST['Credit'];`
16	`$ Teacher = $ _POST['Teacher'];`
17	`$ SchoolTime = $ _POST['SchoolTime'];`
18	`$ LimitNum = $ _POST['LimitNum'];`
19	`//删除原来的图片`
20	`if(file_exists( $ _FILES['photo']['tmp_name'])) {`
21	`    $ oldpic = "../uploadpics/". $ CouNo. ".jpg";`
22	`    unlink( $ oldpic);`

```
23              $ target_path = "../uploadpics/". $ CouNo. ". jpg";
24              move_uploaded_file( $ _FILES['photo']['tmp_name'], $ target_path);
25          }
26          $ CouNo = trim( $ CouNo);
27          $ CouName = trim( $ CouName);
28          $ Credit = trim( $ Credit);
29          $ Teacher = trim( $ Teacher);
30          $ DepartNo = $ _SESSION["departno"];
31          $ SchoolTime = trim( $ SchoolTime);
32          $ LimitNum = trim( $ LimitNum);
33          $ ModifyCourse _ SQL = " UPDATE Course SET CouNo = ' $ CouNo ', CouName =
'$ CouName', Kind = ' $ Kind ', Credit = ' $ Credit ', Teacher = ' $ Teacher ', SchoolTime =
'$ SchoolTime', LimitNum = '$ LimitNum' WHERE CouNo = '$ CouNo '";
34          $ ModifyCourse_Result = db_query( $ ModifyCourse_SQL);
35          if ( $ ModifyCourse_Result) {
36              echo "<script>";
37              echo "alert(\"课程信息修改成功\"); ";
38              echo "location. href = \"ShowCourse. php\" ";
39          echo "</script>";
40          } else {
41              echo "<script>";
42              echo "alert(\"课程信息修改失败,请重新修改\"); ";
43          echo "location = 'javascript:history. go(-1)'";
44              echo "</script>";
45          }
46      ? >
```

在添加课程和修改课程中都具有上传图片的功能。这里我们在添加课程或修改课程的设计界面中定义了一个<input type=file name="photo">，在表单提交后，通过调用函数

```
    move_uploaded_file( $ _FILES['photo']['tmp_name'], $ target_path);
```

就可以实现图片的上传了。

4. 删除课程

在教师管理课程主页面单击要删除的课程右边的"删除"链接，弹出对话框确认后可以进入删除课程页面(tea/DeleteCourse1. php)，其代码如下：

行号	代码
1	`<? php`
2	
3	`session_start();`
4	`if (! isset( $ _SESSION["username"])) {`
5	`    header("Location:..//login. php");`
6	`    exit();`
7	
8	`} else if ( $ _SESSION["role"]<>"teacher") {`
9	`    header("Location:..//login. php");`
10	`    exit();`
11	`}`

```
12          include("../conn/db_conn.php");
13          include("../conn/db_func.php");
14
15          $ CouNo = $ _GET['CouNo'];
16           $ oldpic = "../uploadpics/". $CouNo. ".jpg";
17          unlink( $ oldpic);
18           $ DeleteCourse_SQL = "DELETE FROM Course WHERE CouNo = '$ CouNo'";
19           $ DeleteCourse_Result = db_query( $ DeleteCourse_SQL);
20
21          if ( $ DeleteCourse_Result) {
22              echo "<script>";
23              echo "alert(\"课程删除成功\"); ";
24              echo "location. href = \"ShowCourse. php\" ";
25              echo "</script>";
26          } else {
27              echo "<script>";
28              echo "alert(\"课程删除失败,请重新修改\"); ";
29              echo "location. href = \"ShowCourse. php\" ";
30              echo "</script>";
31          }
32          ? >
```

通过对选课系统的需求进行分析,设计了数据库及数据表,详细地画出了系统中各页面之间的关系,最后分析了各主要模块的具体实现并给出了详细的代码,一目了然。而且该系统是我们的学生在校园网上经常要接触的,相信学生一定能够从中理解数据库如何创建、如何使用 PHP 来操作数据库。

▶ 实训项目 7

主题:进行同学录网站开发的需求与分析。

1. 参考知识点

(1)网站开发的一般步骤。

(2)网站开发的主流技术及其相应的指标。

(3)如何比较准确地获得网站开发的需求。

(4)如何进行需求分析。

(5)需求分析与功能分析的关系。

2. 参考技能点

(1)与客户进行沟通的技能。

(2)按照需求选择恰当的系统平台与架构、硬件和软件的选择。

(3)根据需求,作出功能分析,并画出相应的功能模块图。

3. 实训训练目的

(1)沟通训练。训练作为一名专业网站设计开发人员如何与非专业的客户进行沟通,通过角色扮演和交换,让学生掌握如何进行专业和非专业人员之间的沟通,感受在实际中可能产生理解偏差和矛盾的环节以及如何解决这些潜在的问题。

（2）分析训练。训练学生如何把实际的需求进行分类，转化成功能模块。

（3）知识技能组织训练。训练学生能够运用所学的知识和技能，辩证地选择合适的技术去实现客户的需求。

4. 实训步骤

（1）角色扮演。学生每2人一组，其中学生甲扮演客户，学生乙扮演开发人员。

①学生甲课前完成：构思和设计一个同学录网站的主题（需求），该网站必须是动态的，即通过数据库的存储操作产生动态逻辑。该网站可以来自一个实际企业的需求，也可自己进行构思和设定。形成一份《系统需求书》。需求书里必须包含以下几个部分。

· 客户概述；

· 客户现状；

· 预期网站功能；

· 预期使用时间和系统使用时限（系统生命周期）。

以记叙文和图表的形式描述。

②课中学生甲根据《系统需求书》向学生乙描述需求。

③学生乙根据学生甲的描述，按照网站开发的一般步骤，根据学生甲的需求来分析，并与学生甲进行商榷设计该系统的平台与架构、硬件和软件的选择，并画出相应的功能模块图。

④经过甲乙双方商讨，学生乙向学生甲提供《系统需求与分析报告书》，包含以下几个部分。

· 系统的架构、功能和用户描述；

· 系统的需求概述与分析；

· 系统的功能分析；

· 页面流图；

· 数据库表的设计，含表的结构和表之间的联系。

（2）完成上述步骤后，两人交换角色。

5. 提交材料

（1）系统需求。

（2）系统需求与分析报告。

第 8 章　用 PHP＋MySQL 开发留言板

　　为了提高门户网站的活跃度，各级政府门户网站按照统一要求，都在首页的某个位置放置留言板功能模块；作为商业门户网站，设置留言板可以提高门户网站的活跃度，作为政府门户网站，设置留言板可以听取公众意见，接受公众监督和信息反馈，及时分析汇总，为决策提供参考，提高政府民主决策水平。

　　因此在 Web 开发的工作过程中，网站留言板就成为一项比较重要的功能模块。

🎓 工作过程

　　首页方案设计完之后，就要进行首页各模块功能的实现。其中留言板是首页的功能之一。留言板留言信息是基于文字的，需要在服务器的后台文件中或者数据库系统中保存当前留言信息，每当访问者添加留言的时候，就把新的留言信息添加到后台文件中或者 MySQL 后台数据库中。

👑 知识领域

　　留言板是嵌入在门户网站的子功能模块。通过这个实例，可以学习 PHP 的模块化设计开发概念、思想和方法。当一个系统功能比较庞大的时候，需要将若干功能进行分解，分成若干小模块，小模块实现小功能，然后再组装。

📞 学习情境

　　充分理解模块化设计开发的概念、思想和方法。
　　掌握模块的调用方法。
　　掌握 PHP 文件操作的方法。
　　掌握 PHP 数据库操作的方法。
　　掌握 PHP 的数据类型和数据操作。
　　掌握 PHP 各类处理函数。

▶ 8.1　留言板分析

任务 1　留言板需求分析

1. 任务分析

　　在实际进行项目开发前，需求分析是一个关键的步骤，在这个阶段，分析人员对用户需求的理解，直接决定了项目的完成时间，以及用户的满意程度。

2. 实践操作

　　通过对留言板系统的需求调查和分析，了解到留言板系统是为了方便人们可以通过网络随时随地进行留言，本系统的功能要求如下。

　　(1)提供留言查看，留言发表，留言删除功能。

(2)数据存储安全可靠。

(3)界面设计美观友好，使用灵活便捷。

(4)系统最大限度地实现易维护和易操作性。

经过以上的需求分析，可以清晰地看出留言板系统的主要功能，只有经过这样周密细致的需求分析，才会尽可能地避免系统不符合要求而导致反复修改的问题。

任务 2　留言板系统分析

系统分析是必不可少的，在这个阶段中，需要完成对项目整体架构的规划、开发文档规范的制定以及开发团队技术的保障和支持，使其能够满足扩展性、安全性等多方面的要求，预见出可能存在的风险和瓶颈，降低可能引发的问题。

因此，完善的系统分析，可以有效地控制项目开发成本、保证产品质量，以及满足客户的要求。

留言板系统是一种常见的 Web 应用程序，它允许用户在网站上发布留言，并让其他用户查看和回复。下面是对留言板系统的分析。

(1)用户注册和登录。留言板系统通常需要用户注册和登录才能使用。注册后，用户可以拥有自己的账户和个人信息，可以发布留言并管理自己的留言。登录后，用户可以查看留言板上的内容，回复留言等。

(2)留言发布。用户可以发布自己的留言，通常需要填写标题和内容，可以选择是否公开留言。留言可以是文本、图片、视频等形式，根据需求进行选择。

(3)留言管理。用户可以管理自己的留言，如修改、删除、回复等。管理员可以管理所有用户的留言，如审核、删除、封禁等操作。

(4)权限控制。根据不同的需求和场景，可以对用户进行权限控制，如普通用户、管理员、超级管理员等。不同权限的用户在留言板系统中所拥有的操作和功能也会有所不同。

(5)回复和评论。用户可以对其他用户的留言进行回复和评论，这样可以增加互动性和交流。回复和评论也可以进行审核、删除等操作。

(6)搜索和筛选。为了方便用户查看和找到自己的留言，系统提供搜索和筛选功能。用户可以通过关键词、时间、标签等条件进行搜索和筛选，快速找到自己感兴趣的留言。

(7)统计和分析。系统可以对用户的留言进行统计和分析，如留言数量、回复数量、热门话题等。通过这些数据，可以对用户的兴趣和行为进行分析，为后续的内容推荐和服务优化提供依据。

总之，留言板系统是一种功能相对简单但实用的 web 应用程序，它可以为用户提供一个交流和互动的平台，促进信息的传播和交流，本书根据教学需要仅对部分核心功能进行设计与实现。

▶ 8.2　无数据库留言本实现

任务 3　项目模块分析

在一个完整的项目中不仅需要 PHP 程序、还需要 HTML、CSS、JavaScript 和图片等文件。因此，在项目开发时，需要对项目文件进行合理的管理。本项目的目录结构划分如表 8-1 所示。

表 8-1　项目结构表

文件	说明
css	CSS 样式文件目录
js	JavaScript 文件目录
image	图片文件目录
view	HTML 模板文件目录
index. php	系统首页
liuyan. txt	留言数据文件
show. php	浏览留言
del. php	删除留言
doAdd. php	添加留言

从表 8-1 可以看出，项目的功能主要由 index. php、show. php、doAdd. php、del. php 四个文件组成。其中 index. php 是系统的首页，用于进入添加留言界面，show. php 为浏览留言页面，doAdd. php 用于完成添加留言信息到文件、del. php 用于删除留言信息。

任务 4　添加留言

1. 设计留言文件

在设计留言板功能之前，需要先设计留言文件数据格式，留言文件是留言板项目的数据，通常采用 MySQL 等专业的数据库进行存储，本项目在设计数据存储时考虑到初学者的实际情况，将首先采用文本文件进行存储。

根据项目结构划分，留言数据统一保存到 liuyan. txt 文本文件中。下面在 lyb 项目目录中创建留言数据文件，命名为 liuyan. txt，留言数据文件格式如下：

〈留言标题〉♯♯〈留言人〉♯♯〈留言内容〉♯♯〈留言者 IP 地址〉♯♯〈留言时间〉@@@

获取到的留言信息含有留言标题、留言人、留言内容、留言者 IP 地址、留言时间等留言数据，每个留言子数据用"♯♯"隔开，多条留言数据用"@@@"隔开，如下所示：

Web 编程技术♯♯河南♯♯Web 编程技术的学习方法♯♯192. 168. 0. 113♯♯1484638722@@@
Web 编程技术♯♯河南♯♯Web 编程技术的学习方法♯♯192. 168. 0. 113♯♯1484638722@@@

2. 设计留言首页

完成留言板数据文件设计后，接下来可以设计网站首页。网站的首页为添加留言的页面，为了便于代码的维护，通常我们采用内容和表现分离的设计模式，PHP 控制代码在 PHP 文件中，HTML 网页代码在模板文件中。在首页文件 index. php 中将模板文件载入，编写 index. php 文件，代码如下：

```
行号      代码
1        <? php
2        //载入 HTML 模板
3        require './view/index. html';
4        ? >
```

接下来，在项目 view 文件夹中创建 HTML 首页模板文件 index. html，关键代码如下：

行号	代码
1	＜formaction＝"doAdd. php" method＝"post" id＝"ly"＞
2	＜table width＝"492" height＝"206"＞
3	＜tr＞
4	＜td width＝"119"　align＝"left" valign＝"middle"＞标题：＜/td＞
5	＜td width＝"313" align＝"left" valign＝"middle"＞＜input type＝"text" name＝"title" id＝"title"/＞＜/td＞
6	＜/tr＞
7	＜tr＞
8	＜td　align＝"left" valign＝"middle"＞留言者：＜/td＞
9	＜td align＝"left" valign＝"middle"＞＜input type＝"text" name＝"author" id＝"author"/＞＜/td＞
10	＜　/tr＞
11	＜tr＞
12	＜td align＝"left"＞留言内容：＜/td＞
13	＜td align＝"left" valign＝"middle"＞＜textarea name＝"content" cols＝"50" rows＝"5" id＝"content" row＝"5"＞＜/textarea＞＜/td＞
14	＜/tr＞
15	＜tr＞
16	＜td colspan＝"2" align＝"center"＞＜input type＝"submit" value＝"提交"/＞
17	＜input type＝"reset" value＝"重置"/＞　　　 ＜/td＞

3. 添加留言功能实现

(1)访问网站首页。完成前面步骤的代码编写后，接下来就可以在浏览器中进行访问测试，通过浏览器访问项目的 URL 地址 http://localhost/lyb/，程序的运行结果如图 8-1 所示。

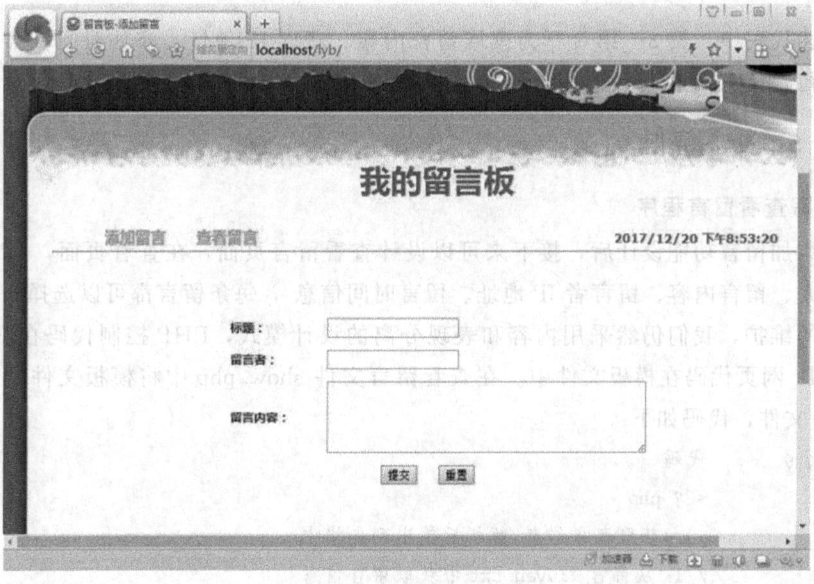

图 8-1　留言板主页面

（2）添加留言到留言数据文件。留言板系统的首页编写完成后，输入留言标题、留言者、留言内容然后单击提交按钮，需要把网页表单数据写入留言板数据文件中，这个功能由 doAdd. php 来完成，在留言板项目目录中创建文件"doAdd. php"，然后编写如下代码：

行号	代码
1	`<? php`
2	`//执行留言信息添加操作`
3	`//1. 获取要添加的留言信息,并补上其他辅助信息(ip 地址、添加时间)`
4	`$ title = $ _POST["title"];`
5	`$ author = $ _POST["author"];`
6	`$ content = $ _POST["content"];`
7	`$ ip = $ _SERVER["REMOTE_ADDR"];`
8	`$ addtime = time();`
9	`//2. 拼装留言信息`
10	`$ ly = "{ $ title}＃＃{ $ author}＃＃{ $ content}＃＃{ $ ip}＃＃{ $ addtime} @@@";`
11	`//echo $ ly;`
12	`//3. 将留言添加到 liuyan. txt 文件中`
13	`$ info = file_get_contents("liuyan. txt");`
14	`file_put_contents("liuyan. txt", $ info. $ ly);`
15	`echo "</br>";`
16	`//file_put_contents("liuyan. txt", $ ly);直接输出会覆盖上一条留言!`
17	`//4. 输出留言成功!`
18	`//echo "留言成功!";`
19	`//redirect('show. php');`
20	`header('Location:show. php');`
21	`? >`

在上述代码中，第 3～第 8 行为读取留言内容、获取 IP 地址、添加时间；第 9～第 11 行为拼装留言信息；第 12～第 20 行添加留言信息到文本文件，输出留言成功信息。

任务 5　查看留言

1. 编写查看留言程序

完成添加留言功能设计后，接下来可以设计查看留言页面，在查看页面，显示留言标题、留言人、留言内容、留言者 IP 地址、留言时间信息 ，每条留言都可以选择删除。为了便于代码的维护，我们仍然采用内容和表现分离的设计模式，PHP 控制代码在 PHP 文件中，HTML 网页代码在模板文件中。在查看留言文件 show. php 中将模板文件载入，编写 show. php 文件，代码如下：

行号	代码
1	`<? php`
2	`//获取留言信息,解析后输出到表格中`
3	`//1. 从留言 liuyan. txt 中获取留言信息`
4	`$ info = file_get_contents("liuyan. txt");`

5	//2. 去除留言内容最后的三个@@@符号
6	$ info = rtrim($ info,"@");
7	if(strlen($ info)>＝8){
8	//3. 以@@@符号拆分留言信息为一条一条的(将留言信息以@@@符号拆分成

留言数组)

9	$ lylist = explode("@@@", $ info);
10	//载入 HTML 模板
11	require './view/show.html';
12	}
13	?>

上述代码实现了从留言 liuyan.txt 中获取留言信息，然后去除留言内容最后的三个@@@符号，再把留言信息拆分成留言数组，最后载入 HTML 模板。

2. 设计查看留言模板

接下来，在项目"view"文件夹中创建 HTML 模板文件"show.html"，关键代码如下：

行号	代码
1	<table width = "796" border = "1">
2	<tr>
3	<th width = "115">留言标题</th>
4	<th width = "96">留言人</th>
5	<th width = "239">留言内容</th>
6	<th width = "88">IP 地址</th>
7	<th width = "177">留言时间</th>
8	<th width = "41">操作</th>
9	</tr>
10	<? php　foreach($ lylist as $ k => $ v): ?>
11	<? php $ ly = explode("##", $ v); ?>
12	<tr>
13	<td><? = $ ly[0]? ></td>
14	<td><? = $ ly[1]? ></td>
15	<td><? = $ ly[2]? ></td>
16	<td><? = $ ly[3]? ></td>
17	<td><? = date("Y-m-d H:i:s", $ ly[4])? ></td>
18	<td><a href = 'javascript:dodel(<? = $ k? >)'>删除</a></td>
19	<? php endforeach; ? >
20	</tr>
21	</table>

3. 查看留言实现

完成前面步骤的代码编写后，接下来就可以在浏览器中进行访问测试，通过浏览器访问项目的 URL 地址 http://localhost/lyb/show.php，程序的运行结果如图 8-2 所示。

图 8-2　留言板查看页面

任务 6　删除留言

1. 设计删除留言超链接模板

完成查看留言功能设计后，接下来可以设计删除留言程序。在查看页面模板，通过设置"删除"超链接并传递留言数组键值，因为删除操作是不可逆的，在这里通过 JavaScript 设置弹出对话框来完成删除确认，修改 show. html 文件，关键代码如下：

```
行号        代码
1           <th width = "41">操作</th>
2           <? php   foreach( $ lylist as $ k = > $ v): ? >
3           <? php $ ly = explode("＃＃", $ v); ? >
4             <tr>
5             <td><? = $ ly[0]? ></td>
6             <td><? = $ ly[1]? ></td>
7             <td><? = $ ly[2]? ></td>
8             <td><? = $ ly[3]? ></td>
9             <td><? = date("Y-m-d H:i:s", $ ly[4])? ></td>
10            <td><a href = 'javascript:dodel(<? = $ k? >)'>删除</a></td>
11            <? php endforeach; ? >
```

2. 设计删除留言页面

完成"删除"留言模板后，接下来可以设计删除留言程序，参考代码如下：

```
行号        代码
1           <? php
2           //1. 获取要删除留言号
3           $ id = $ _GET["id"];
4           //2. 从留言 liuyan. txt 中获取留言信息
5             $ info = file_get_contents("liuyan. txt");
6           //3.(将留言信息以@@@符号拆分成留言数组)
7           $ lylist = explode("@@@", $ info);
8             //4. 使用 unset 删除指定的 id 留言
```

```
9            unset($lylist[$id]);
10           //还原留言信息为字串,并写回留言文件
11           $newinfo = implode("@@@", $lylist);
12           file_put_contents("liuyan.txt", $newinfo);
13           //echo "删除成功!";
```

上述代码实现了获取要删除留言号,从留言文件中获取留言信息字符串,将留言信息以@@@符号拆分成留言数组,使用 unset 函数删除指定留言号的留言信息,还原留言信息为字符串,并写回留言数据文件。

3. 删除留言实现

完成前面步骤的代码编写后,接下来就可以在浏览器中进行访问测试。通过浏览器访问项目的 URL 地址 http://localhost/lyb/show.php,在查看留言页面单击待修改留言右边的"删除"超链接,跳转到 del.php 页面完成删除操作,删除成功后跳转到 show.php。程序的运行结果如图 8-3 所示。

图 8-3　留言板删除页面

8.3　数据库留言板实现

任务 7　数据库设计

1. 数据库设计

留言板模块采用的是 MySQL 数据库,主要用于存储用户留言信息。这里将数据库命名为 liuyan,数据库包含的数据表的名字为 ly,字段设计如图 8-4 所示。

2. 连接数据库

由于模块大部分页面都需要使用数据库,如果每页都编写相同的数据库连接代码,会显得十分烦琐,所以本模块将数据库连接代码单独存入一个 php 文件 conn.php 中。在需要与数据库连接的页面中,使用语句包含 conn.php 文件,该模块实现与数据库的连接的代码如下。

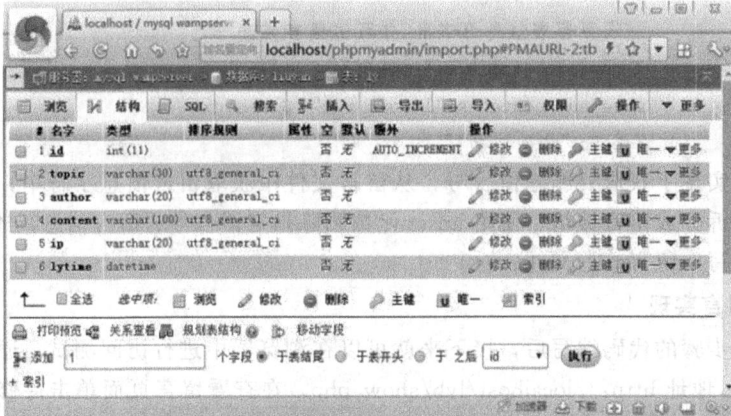

图 8-4   留言信息表

行号	代码
1	＜? php
2	//1. 创建数据库连接并打开数据库
3	$ link = mysqli_connect('localhost','root','','liuyan');
4	//2. 设置访问数据库编码
5	mysqli_set_charset($ link,'utf8');
6	? ＞

任务 8   功能模块分析

在一个完整的项目中不仅需要 PHP 程序，还需要 HTML、CSS、JavaScript 和图片等文件。因此，在项目开发时，需要对项目文件进行合理的管理。本项目的目录结构划分如表 8-2 所示。

表 8-2   项目结构表

文件	说明
css	CSS 样式文件目录
js	JavaScript 文件目录
image	图片文件目录
view	HTML 模板文件目录
index. php	系统首页
conn. php	数据库连接文件
show. php	浏览留言
del. php	删除留言
up. php	修改留言
doAdd. php	添加留言

从表 8-2 可以看出，功能与项目一相比增加了数据库连接文件、修改留言文件，其他与原项目一致。

任务 9 添加留言

1. 访问网站首页

完成前面步骤的代码编写后，接下来就可以在浏览器中进行访问测试，通过浏览器访问项目的 URL 地址 http://localhost/lybs/，程序的运行结果如图 8-5 所示。

图 8-5 留言板主页面

2. 添加留言到 MySQL 数据库

留言板系统的首页编写完成后，输入留言标题、留言者、留言内容然后单击"提交"按钮，需要把网页表单数据及 IP 地址与发表时间写入留言板数据文件中。这个功能由 doAdd.php 来完成。在留言板项目目录中创建文件 doAdd.php，然后编写如下代码。

```
行号      代码
1        <? php
2        //1. 获取要添加的留言信息,并补上其他辅助信息(ip地址、添加时间)
3        $ title = $ _POST["title"];
4        $ author = $ _POST["author"];
5        $ content = $ _POST["content"];
6        $ ip = $ _SERVER["REMOTE_ADDR"];
7        //包含数据库连接文件
8        include_once('conn.php');
9        //编写 sql 语句
10       $ sql = "insert into ly(topic,author,content,ip,lytime) values('$ title','
$ author','$ content','$ ip',now())";
11       //执行 sql 语句
12       $ res = mysqli_query( $ link, $ sql);
13       //添加留言成功跳转到浏览留言页面!
14         if( $ res!= 0)
15           header('Location:show.php');
16       ? >
```

233

上述代码中实现了读取留言内容、获取 IP 地址、添加时间、添加留言到数据库、添加成功输出留言成功信息。

任务 10　查看留言

1. 编写查看留言程序

完成添加留言功能设计后，接下来可以设计查看留言页面。在查看页面，显示留言标题、留言者、留言内容、留言者 IP 地址、留言时间信息，每条留言都可以选择删除。为了便于代码的维护，我们仍然采用内容和表现分离的设计模式，PHP 控制代码在 PHP 文件中，HTML 网页代码在模板文件中。在查看留言文件 show.php 中将模板文件载入，编写 show.php 文件，代码如下：

行号	代码
1	`<? php`
2	`//获取留言信息,解析后输出到表格中`
3	`//1. 包含数据库连接文件`
4	`include_once('conn.php');`
5	`//2. 执行数据库查询操作`
6	`$res = mysqli_query($link,'select * from ly');`
7	`//3. 遍历查询结果并把结果放入二维数组`
8	`$ly = array();`
9	`while($liuyan = mysqli_fetch_array($res))`
10	`$ly[] = $liuyan;`
11	`//载入 HTML 模板`
12	`require './view/show.html';`
13	`? >`

上述代码实现了从数据库中获取留言信息，然后遍历查询记录集到留言数组，最后载入 HTML 模板。

查看留言模板在项目一中已经讲述，在此不再叙述。

2. 查看留言实现

完成前面步骤的代码编写后，接下来就可以在浏览器中进行访问测试。通过浏览器访问项目的 URL 地址 http://xlocalhost/lybs/show.php，程序的运行结果如图 8-6 所示。

图 8-6　留言板查看页面

任务 11　删除留言

1. 设计删除留言超链接模板

删除留言超链接模板与项目一中删除留言超链接模板一致，在此不再叙述。

2. 设计删除留言页面

完成查看留言模板修改后，接下来可以设计删除留言程序，参考代码如下：

```
行号      代码
1        <? php
2        //1. 获取要删除留言号
3        $ id = $ _GET["id"];
4        //2. 包含数据库连接文件
5        include_once('conn.php');
6        //3. 执行删除记录操作
7        $ r = mysqli_query( $ li,"delete from ly where id = $ id");
8        //4. 删除成功跳转到浏览留言界面
9        if( $ r! = 0)
10         header('Location:show.php');
11       ?>
```

上述代码实现了获取要删除留言号，执行删除指定留言记录操作，删除成功后跳转到显示留言界面。

3. 删除留言功能实现

完成前面步骤的代码编写后，接下来就可以在浏览器中进行访问测试。通过浏览器访问项目的 URL 地址 http://localhost/lybs/show.php，在查看留言页面单击待修改留言右边的“删除”超链接，跳转到 del.php 页面完成删除操作，删除成功后跳转到 show.php。程序的运行结果如图 8-7 所示。

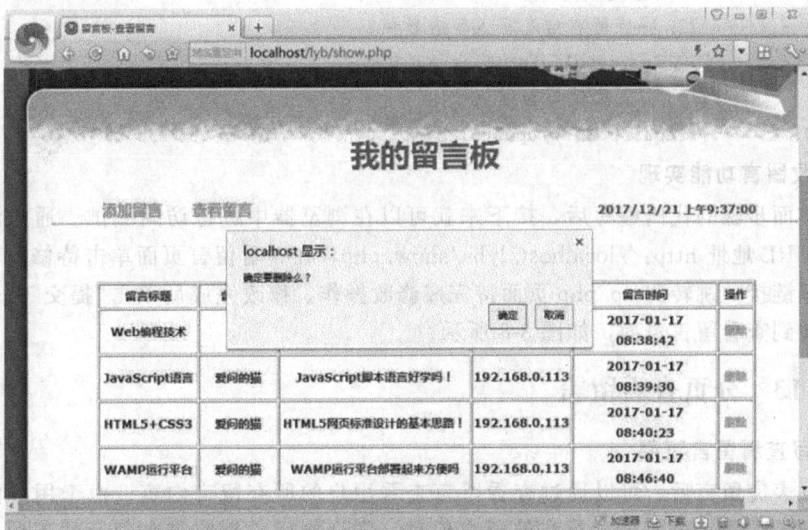

图 8-7　留言板删除页面

任务 12　修改留言

1. 设计修改留言超链接模板

完成查看留言功能设计后，接下来可以设计修改留言程序，在查看页面模板，通过设置"修改"超链接并传递留言 id，关键代码如下：

行号	代码
1	`<th width = "41">操作</th>`
2	`<? php   foreach( $ ly as $ v)：? >`
3	`<tr>`
4	`<td><? = $ ly[0]? ></td>`
5	`<td><? = $ ly[1]? ></td>`
6	`<td><? = $ ly[2]? ></td>`
7	`<td><? = $ ly[3]? ></td>`
8	`<td><? = date("Y-m-d H:i:s", $ ly[4])? ></td>`
9	`<td><a href='javascript:dodel(<? = $ k? >)'>删除</a></td>`
10	`<td><a href='up.php? id=<? = $ v[0]? >'>修改</a></td>`
11	`<? php endforeach; ? >`

2. 设计修改留言页面

完成留言模板修改后，接下来可以设计修改留言页面程序，参考代码如下：

行号	代码
1	`<? php`
2	`//1. 获取要修改留言号`
3	`$ id = $ _GET["id"];`
4	`//2. 包含数据库连接文件`
5	`include_once('conn.php');`
6	`$ r = mysqli_query( $ li,"select * from ly where id= $ id");`
7	`//3. 将待留言信息写入留言数组`
8	`$ ly = mysqli_fetch_array( $ r);`
9	`//4. 引入修改页面模板`
10	`require 'view/up.html';`

3. 修改留言功能实现

完成前面步骤的代码编写后，接下来就可以在浏览器中进行访问测试。通过浏览器访问项目的 URL 地址 http://localhost/lybs/show.php，在查看留言页面单击待修改留言右边的"修改"超链接，跳转到 up.php 页面待完成修改操作。修改完成后单击"提交"按钮，修改成功后跳转到查看留言页面，如图 8-8 所示。

任务 13　分页查看留言

1. 编写查看留言页面

用户发表完留言后，可以通过查看留言查看用户的所有留言内容。由于用户的留言数目较多，如果在同一页面显示所有的留言信息，则会给用户浏览带来很大的不便，所以通过分页的方式显示用户留言内容是一个不错的选择。在实现用户留言内容分页显示时，主要应用了 ceil()函数对页面数据进行向上取整，编写 show.php 文件，代码如下：

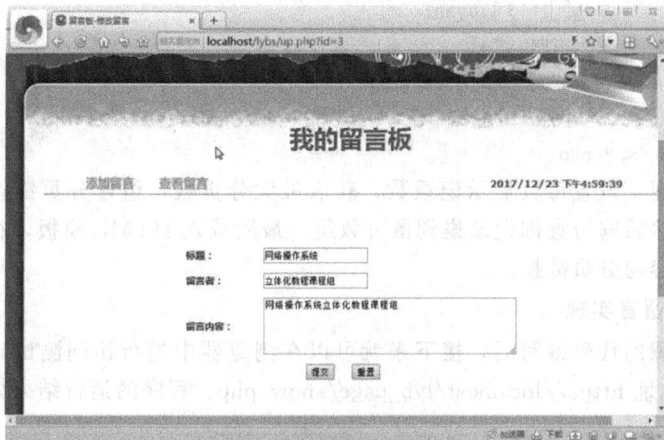

图 8-8　修改留言页面

行号	代码
1	＜? php
2	//获取留言信息,解析后输出到表格中,并作分页处理
3	//设置页面编码
4	header("Content-type: text/html; charset = utf-8");
5	//2. 包含数据库连接文件
6	include_once('conn. php');
7	//设置显示记录数
8	$ page_size = 4;
9	//获取最大分页数
10	$ res = mysqli_query($ link,'select count(*) from ly');
11	$ count = mysqli_fetch_row($ res);
12	$ count = $ count[0];
13	$ max_page = ceil($ count/ $ page_size);
14	//获取当前选择的页码
15	$ page = isset($ _GET['page']) ? $ _GET['page'] : 1;
16	//组合分页链接
17	$ page_html = "＜a href = './show. php? page = 1'＞首页＜/a＞ ";
18	$ page_html . = "＜a href = './show. php? page = ".(($ page − 1)＞0 ? ($ page − 1) : 1)."'＞上一页＜/a＞ ";
19	$ page_html . = "＜a href = './show. php? page = ".(($ page + 1)＜ $ max_page ? ($ page + 1) : $ max_page)."'＞下一页＜/a＞ ";
20	$ page_html . = "＜a href = './show. php? page = { $ max_page}'＞尾页＜/a＞";
21	//拼接查询语句并执行,获取查询数据
22	$ lim = ($ page −1) * $ page_size;
23	$ sql = "select * from ly limit { $ lim},{ $ page_size}";
24	//2. 执行数据库查询操作
25	$ res = mysqli_query($ link, $ sql);
26	//3. 遍历查询结果并把结果放入二维数组
27	$ ly = array();
28	while($ liuyan = mysqli_fetch_array($ res))

```
29          $ ly[] = $ liuyan;
30      //载入 HTML 模板
31      require './view/show.html';
32      ? >
33      <? php
```

上述代码实现了设置每页显示记录数，获取最大分页数，组合分页链接，从数据库中获取留言信息，然后遍历查询记录集到留言数组，最后载入 HTML 模板，在分页显示留言模板显示留言内容与分页链接。

2. 分页查看留言实现

完成前面步骤的代码编写后，接下来就可以在浏览器中进行访问测试，通过浏览器访问项目的 URL 地址 http://localhost/lyb_page/show.php。程序的运行结果如图 8-9 所示。

图 8-9　留言板查看页面

▶实训项目 8

主题：许愿墙网站开发的需求与分析。

1. 参考知识点

(1)许愿墙网站开发的一般步骤。

(2)许愿墙开发的主流技术及其相应的指标。

(3)如何比较准确地获得许愿墙网站开发的需求。

(4)如何进行需求分析。

(5)需求分析与功能分析的关系。

2. 参考技能点

(1)与用户进行沟通的技能。

(2)按照需求选择恰当的系统平台与架构以及硬件和软件。

(3)根据需求，作出功能分析，并画出相应的功能模块图。

3. 实训训练目的

(1)沟通训练。训练作为一名专业网站设计开发人员如何与非专业的客户进行沟通，通过角色扮演和交换，让学生掌握如何进行专业和非专业人员之间的沟通，感受在实际中可能产生理解偏差和矛盾的环节以及如何解决这些潜在的问题。

(2)分析训练。训练学生如何把实际的需求进行分类，转化成功能模块。

(3)知识技能组织训练。训练学生能够运用所学的知识和技能，辩证地选择合适的技术去实现客户的需求。

4. 实训步骤

(1)角色扮演。学生每 2 人一组，其中学生甲扮演客户，学生乙扮演开发人员。

①学生甲课前完成：构思和设计一个许愿墙网站的主题(需求)，该网站必须是动态的，即通过数据库的存储操作产生动态逻辑。该网站可以来自一个实际企业的需求，也可自己进行构思和设定。形成一份《系统需求书》。需求书里必须包含以下几个部分：

- 用户概述；
- 用户现状；
- 预期网站功能；
- 预期使用时间和系统使用时限(系统生命周期)。

以记叙文和图表的形式描述。

②课中学生甲根据《系统需求书》向学生乙描述需求。

③学生乙根据学生甲的描述，按照网站开发的一般步骤，根据学生甲的需求来分析，并与学生甲进行商榷设计该系统的平台与架构、确定硬件和软件的选择，并画出相应的功能模块图。

④经过甲乙双方商讨，学生乙向学生甲提供《系统需求与分析报告书》，包含以下几个部分。

- 系统的架构、功能和用户描述；
- 系统的需求概述与分析；
- 系统的功能分析；
- 页面流图；
- 数据库表的设计，含表的结构和表之间的联系。

(2)完成上述步骤后，两人交换角色。

5. 提交材料

(1)许愿墙网站系统需求。

(2)许愿墙网站系统功能模块图。

(3)许愿墙网站代码。

第 9 章　用 PHP＋MySQL 开发内容管理系统

新一代信息技术的出现，逐渐打破了时间和空间的限制，加快了信息传播的速度，人们获取信息的主要渠道不再是传统的电视、广播和报纸，而更多的是关注互联网，利用互联网及时、快速地获取信息，这已经成为人们生活中不可或缺的重要组成部分。

为了满足人们发布信息、获取信息的需求，保证信息共享得及时和正确，通常使用内容管理系统(CMS)对信息进行分类管理，使信息的共享更加快捷和方便。

CMS 内容管理系统的应用非常广泛，对于不同的需求会有不同的用途。例如，企业网站进行消息传递，提高办事效率；政府机关通过信息整合，加强政府与公众的沟通等。在网络中，常见的门户、新闻、博客、文章等类型的网站都可以利用 CMS 系统进行搭建。

工作过程

本系统实现了一个简单的内容管理系统。一般的浏览者根据前台页面显示的文章类别，可以浏览每类文章的最新消息。内容管理的后台一般是由管理员进行管理的，主要包括后台用户的设置、文章发布、文章删改等一系列功能。本章构建的新内容管理系统也可以经过修改，改造成功能与内容管理系统的所有功能相似的其他系统，如企事业单位网站、学院新闻网站等，基本满足了内容管理系统需求。

知识领域

通过内容管理系统，普通用户可以实现浏览文章、发表文章的功能，管理员用户通过登录后台可以实现文章类别管理、文章管理、管理员管理等功能。该系统是一个具备基本功能的内容管理系统，该设计项目基本上体现了构建一个动态内容管理系统所需要的技术。

本系统的开发在技术上和经济上都是可行的。

技术可行性：本系统的页面通过 Dreamweaver CS3 进行设计便可以实现，服务器端通过 PHP 代码的编写和 MySQL 数据库的链接便可实现整个系统的正常运转，在技术上是可行的。

经济可行性：本系统利用 Windows 系统，安装 Apache＋MySQL 服务器，将 PHP 程序放在网站服务器的根目录，然后通过 IP 地址便可以访问本系统，所以本系统在经济上也是可行的。

学习情境

分析 PHP 常用 CMS 内容管理系统的功能。

通过常用 CMS 分析内容管理系统的功能和划分。

掌握 PHP 常用的数据类型和数据库操作。

掌握 PHP 实现数据库查询分页的常用方法。

掌握 PHP 文本编辑器 FCKeditor 的使用。

▶ 9.1　需求分析与数据库设计

任务 1　需求分析

1. 任务分析

为了满足人们发布信息、获取信息的需求，保证信息共享得及时和准确，通常使用内容管理系统(Content Management System，CMS)对信息进行分类管理。内容管理系统是一种位于 Web 前端(Web 服务器)和后端办公系统或流程(内容创作、编辑)之间的软件系统。内容的创作人员、编辑人员、发布人员使用内容管理系统来提交、修改、审批、发布内容。这里指的"内容"可能包括文件、表格、图片、数据库中的数据甚至视频等一切你想要发布到 Internet、Intranet 网站的信息，内容管理系统将分秒变换、杂乱无章的信息，有序、及时地呈现在网络用户面前，使信息的共享更加快捷和方便。

CMS 内容管理系统的应用非常广泛，对于不同的需求会有不同的用途。例如，企业网站进行消息传递，提高办事效率；政府机关通过信息整合，加强政府与公众的沟通等。在网络中，常见的门户、新闻、博客、文章等类型的网站都可以利用 CMS 系统进行搭建。

2. 实践操作

内容管理系统核心功能是对内容的管理，在互联网中能够管理的内容有新闻、文章、商品、视频、音乐等，通过对内容管理系统的需求调查和分析，了解到内容管理系统的功能要求如下：

(1)系统分为前台和后台，前台用于展示文章，后台用于发布文章。

(2)后台需要管理员登录才能进行访问，在登录时要求输入用户名、密码。

(3)后台提供文章管理和栏目管理两个模块，提供文章和栏目的编辑、删除功能。

(4)每篇文章都可以设置其所属的栏目。

(5)在管理栏目时，可以设置每个栏目的显示顺序。

(6)可以为栏目添加子栏目，可以根据栏目或子栏目查看文章列表。

(7)可以对文章列表进行排序与搜索，并提供分页导航功能。

(8)文章列表默认根据发表时间排序，支持自定义排序。

(9)查看文章时，可以进行上下篇切换。

(10)显示文章浏览的历史记录和热门文章列表。

经过以上的需求分析，可以清晰地看出来内容管理系统的主要功能，只有经过这样周密细致的需求分析，才会尽可能地避免系统因不符合要求而反复修改的问题。

任务 2　系统分析

系统分析是必不可少的，在这个阶段中，需要完成对项目整体架构的规划、开发文档的规范制定以及开发团队技术的保障和支持，使其能够满足扩展性、安全性等多方面的要求，预见出可能存在的风险和瓶颈，降低可能引发的问题。

内容管理系统分为前台和后台两个功能区域，不同的平台具有不同的功能。为了更清晰地看到项目开发所需要的功能，下面对项目结构进行划分，如图 9-1 所示。

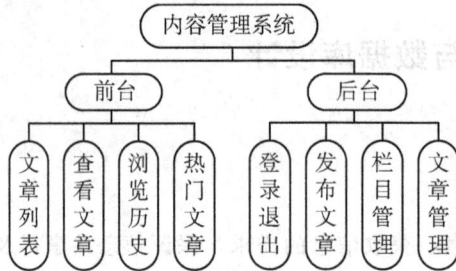

图 9-1 内容管理系统项目分析

任务 3 数据库设计

通过对任务 1 的学习我们已经对内容管理系统的功能、模块划分和系统流程有了比较全面的认识，本次任务将介绍系统的数据库表结构和创建表的脚本信息。

1. 创建数据库

使用 phpMyAdmin 来创建一个数据库 cms，在浏览器地址栏中输入 http：//localhost/phpMyAdmin/，显示结果如图 9-2 所示。

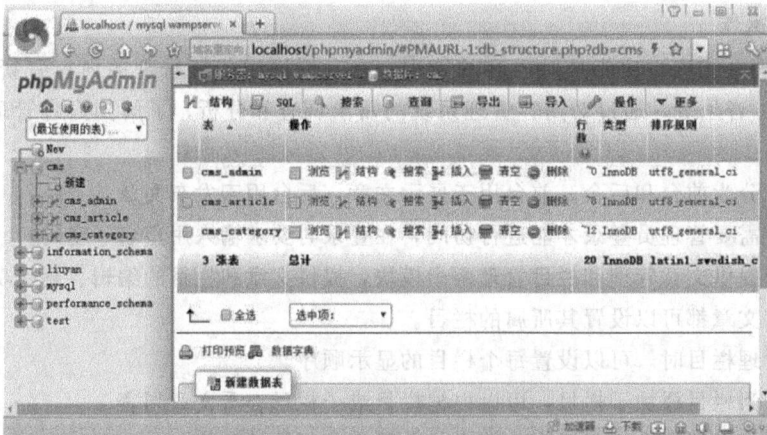

图 9-2 内容管理系统数据库

创建项目的数据库，将数据库命名为 cms，SQL 语句如下所示：

行号	代码
1	#创建数据库
2	CREATE DATABASE 'cms';
3	#选择数据库
4	USE 'cms';

2. 设计表结构

根据任务 1 的总体设计，内容管理系统主要包括有三个表：管理员信息表、栏目表、文章表。

(1)创建管理员表。管理员信息表 cms_admin 结构如表 9-1 所示。

表 9-1　管理员信息表

字段	类型（长度）	是否为空	说明
id	int	否	管理员编号，主键，auto_increment
name	varchar(10)	否	管理员姓名
Password	varchar(32)	否	管理员密码

创建数据表的脚本文件如下所示：

行号	代码
1	CREATE TABLE 'cms_admin'(
2	'id' INT UNSIGNED PRIMARY KEY AUTO_INCREMENT,
3	'name' VARCHAR(10) NOT NULL UNIQUE COMMENT '用户名',
4	'password' VARCHAR(32) NOT NULL COMMENT '密码'
5	)DEFAULT CHARSET = utf8;

（2）创建栏目表。栏目表 cms_category 如表 9-2 所示。

表 9-2　栏目表

字段	类型（长度）	是否为空	说明
id	int	否	栏目类别编号，主键，auto_increment
pid	int	否	父栏目 id
name	varchar(15)	否	栏目名称
sort	int	否	排序

创建数据表的脚本文件如下所示：

行号	代码
1	CREATE TABLE 'cms_category'(
2	'id' INT UNSIGNED PRIMARY KEY AUTO_INCREMENT,
3	'pid' INT UNSIGNED NOT NULL COMMENT '父级 ID',
4	'name' VARCHAR(15) NOT NULL COMMENT '名称',
5	'sort' INT NOT NULL COMMENT '排序'
6	)DEFAULT CHARSET = utf8;

在上述 SQL 语句中，共有 id、pid、name、sort 四个字段。其中 pid 表示该栏目的上级栏目 ID，当为一个栏目添加子栏目时，子栏目的 pid 保存父栏目的 id；sort 是栏目的排序值，数值越小表示排列顺序越靠前，在查询栏目列表时将根据此字段进行排序。

（3）创建文章表。文章表 cms_article 如表 9-3 所示。

表 9-3　文章表

字段	类型（长度）	是否为空	说明
id	tinyint(10)	否	内容编号，主键，auto_increment
cid	varchar(16)	否	栏目 id
title	varchar(80)	否	标题

续表

字段	类型(长度)	是否为空	说明
author	varchar(15)	否	作者
thumb	varchar(255)	否	封面图
show	enum	否	是否发布
views	int	否	点击量
time	timestamp	否	创建时间
content	text	否	文章内容
keywords	int(10)	否	关键字
decription	varchar(255)	否	内容简介

创建数据表的脚本文件如下所示：

行号	代码
1	CREATE TABLE 'cms_article'(
2	'id' INT UNSIGNED PRIMARY KEY AUTO_INCREMENT,
3	'cid' INT UNSIGNED NOT NULL COMMENT '栏目 ID',
4	'title' VARCHAR(80) NOT NULL COMMENT '标题',
5	'author' VARCHAR(15) NOT NULL COMMENT '作者',
6	'thumb' VARCHAR(255) NOT NULL COMMENT '封面图',
7	'show' ENUM('yes','no') DEFAULT 'yes' NOT NULL COMMENT '是否发布',
8	'views' INT UNSIGNED DEFAULT 0 NOT NULL COMMENT '点击量',
9	'time' TIMESTAMP DEFAULT CURRENT_TIMESTAMP NOT NULL
10	COMMENT '创建时间',
11	'content' TEXT NOT NULL COMMENT '内容',
12	'keywords' VARCHAR(150) NOT NULL COMMENT '关键字',
13	'description' VARCHAR(255) NOT NULL COMMENT '内容简介'
14	)DEFAULT CHARSET = utf8;

在上述 SQL 中，id 是表的主键；cid 是文章所属栏目的 ID；show 表示文章是否发布，是枚举类型的字段，其值只有 yes 和 no 两种，默认是 yes；time 表示创建时间，默认值是当前时间。

完成项目数据库的创建后，在后面的项目代码实现步骤中，会直接使用这里创建的数据库。

▶9.2 前台功能实现

任务 4 项目模块划分

在项目开发的初始阶段，先进行项目目录结构划分，合理规范项目中的各类文件，根据功能模块划分，项目的目录结构如表 9-4 所示。

表 9-4　项目目录结构划分

文件	说明
common	前后台 公共文件目录
upload	前后台 上传文件目录
admin	后台 文件目录
css	前台 CSS 样式文件目录
js	前台 JavaScript 文件目录
image	前台 图片文件目录
view	前台 HTML 模板文件目录
init. php	前台 初始化文件
index. php	前台 首页
admin \ css	后台 CSS 样式文件目录
admin \ js	后台 JavaScript 文件目录
admin \ image	后台 图片文件目录
admin \ view	后台 HTML 模板文件目录
admin \ init. php	后台 初始化文件
admin \ index. php	后台 首页

从表 9-4 中可以看出，项目首先分成了前台和后台两个平台，将 common 和 upload 目录作为前后台公共目录，后台相关的文件全部放到了 admin 目录中，从而在目录结构上对前后台进行了区分。

完成目录结构划分后，再来完成前后台功能的初始化，为前台创建初始化文件 init. php，为后台创建初始化文件 admin \ init. php。

任务 5　函数与配置文件

1. 函数文件

在项目开发时，有许多常用的功能可以通过函数来完成，因此应该为项目创建一个函数库，保存项目中的常用函数。

常用函数的名称，沿用一个大写字母的命名风格，既书写方便，又便于程序阅读。

在 common 目录中创建文件 function. php，编写一个 E() 函数。函数名是英文单词 error 的首字母缩写，表示程序遇到错误。该函数有两个参数 $msg 和 $debug，参数 $debug 的默认值为空字符串。参数 $msg 表示错误信息，$debug 表示调试信息。当开启调试时，显示错误信息和调试信息，而关闭调试时，只显示错误信息。

在完成编写函数库后，接下来在项目的初始化文件中载入函数库。因此载入函数的代码应该写在常量定义以后。

2. 配置文件

在项目开发中经常有一些常用的通用配置，如数据库的连接信息等，使用独立文件来保存配置可以提高代码的可重用性，使代码更利于维护。接下来在 common 目录中创建配

置文件 config. php，保存数据库的连接信息。具体代码如下：

行号	代码
1	<? php
2	//项目配置文件
3	return [
4	//数据库连接信息
5	'DB_CONNECT' => [
6	'host' => '127. 0. 0. 1',
7	'user' => 'root', //用户名
8	'pass' => '', //密码
9	'dbname' => 'cms',//默认数据库
10	'port' => '3306', //端口
11	],
12	'DB_CHARSET' =>'utf8',//字符集
13	];
14	? >

在 config. php 中，直接返回数组，数组中的元素用于设置项目的配置信息，DB_CONNECT 元素的值是一个数组，用于保存数据库的连接信息，如数据库服务器地址、用户名、密码、默认数据库和端口号。DB_CHARSET 元素用于保存数据库字符集。

3. 访问配置文件

完成配置文件的编写后，接下来在函数库文件 common \ function. php 中编写函数 C()实现此功能。函数名是英文字母 config 的首字母缩写，表示访问程序的设置。参数 $name 表示待访问的数组元素，如 db_connect。在 C()函数中设置静态变量 $config，用于保存项目配置信息，判断 $config 是否为 null，若为 null，则载入配置文件；判断要获取的配置信息是否存在，若不存在赋值为空字符串，返回要获取的配置信息。

任务 6　数据库函数

在基于数据库的项目中，对数据库的操作是非常频繁的，因此可以利用函数将这部分代码提取出来，以方便后续的代码编写。接下来创建 db. php，保存数据库常见的操作函数，具体如下所述。

1. 连接数据库

PHP 访问数据库首先要连接数据库，编写 db_connect()。具体代码如下：

行号	代码
1	//连接数据库
2	function db_connect(){
3	static $link = null;//保存数据库连接
4	if(! $link){
5	if(! $link = call_user_func_array('mysqli_connect', C('DB_CONNECT'))) {
6	E('数据库连接失败.',mysqli_connect_error());
7	}
8	mysqli_set_charset($link, C('DB_CHARSET'));
9	}
10	return $link;

编写 db_connect()函数，用于完成数据库连接和设置字符集操作，设置静态变量

＄link 用于保存数据库连接，实现函数第一次调用时进行数据库连接，实现函数执行后返回数据库连接＄link。

2. 执行 SQL 语句

完成数据库连接后就可以操作数据库，执行 SQL 语句。在这里我们采用更高效安全的 MySQLi 扩展提供的预处理语句。编写函数 db_query()，完成 SQL 语句的预处理操作。参考代码如下：

行号	代码
1	//通过预处理方式执行 SQL
2	function db_query(＄sql, ＄type = '', ＄data = []){
3	//获取数据库连接
4	＄link = db_connect();
5	//预处理 SQL 语句
6	if(! ＄stmt = mysqli_prepare(＄link, ＄sql)){
7	E('数据库操作失败。', mysqli_error(＄link)."\nSQL 语句:". ＄sql);
8	}
9	//无参数绑定时，直接执行
10	if(＄data == []){
11	mysqli_stmt_execute(＄stmt);
12	}else{
13	//批量处理
14	＄data = (array) ＄data;
15	is_array(current(＄data)) || ＄data = [＄data];
16	＄params = array_shift(＄data);
17	db_bind_param(＄stmt, ＄type, ＄params);
18	mysqli_stmt_execute(＄stmt);
19	foreach(＄data as ＄row){
20	foreach(＄row as ＄k = ＞ ＄v){
21	＄params[＄k] = ＄v;
22	}
23	mysqli_stmt_execute(＄stmt);
24	}
25	}
26	return ＄stmt;

该函数的参数依次为 SQL 语句、数据格式和数据内容。其中，数据格式的默认值为空字符串、数据内容的默认值为空数组。获取数据库连接后，利用 mysqli_prepare()预处理 SQL 语句，获取＄stmt，数据内容为空，利用 mysqli_stmt_execute()直接执行 SQL 语句；数据内容不为空，则执行自定义函数 db_bind_param()进行参数绑定后，再执行 SQL 语句，最后返回预处理结果＄stmt。

3. 执行有结果集 SQL 语句

在数据库操作中，除了执行 SQL 语句，还需要处理结果集、获取受影响行数、获取最后插入的 ID 等后续操作。接下来继续完善数据库操作函数。参考代码如下：

行号	代码
1	//执行 SQL 并获取查询结果
2	function db_fetch(＄mode, ＄sql, ＄type = '', ＄data = []){

```
3        $ stmt = db_query( $ sql, $ type, $ data);
4        //获取结果集
5        $ result = mysqli_stmt_get_result( $ stmt);
6        //根据指定格式返回数据
7        switch( $ mode){
8            case DB_ROW: return mysqli_fetch_assoc( $ result);
9            case DB_COLUMN: return current((array)mysqli_fetch_row( $ result));
10           default: return mysqli_fetch_all( $ result, MYSQLI_ASSOC);
11       }
12   }
13   //执行没有结果集的 SQL
14   function db_exec( $ mode, $ sql, $ type = '', $ data = []){
15       $ stmt = db_query( $ sql, $ type, $ data);
16       //根据指定格式返回数据
17       switch( $ mode){
18           case DB_LASTID: return mysqli_stmt_insert_id( $ stmt);
19           default: return mysqli_stmt_affected_rows( $ stmt);
20       }
21   }
```

定义函数 db_fetch()，处理有结果集的 SQL 语句；定义函数 db_exec()，处理没有结果集的 SQL 语句。两个函数的参数依次为后续的操作、SQL 语句、数据格式和数据内容，最后结合 switch 语句根据不同的操作，执行不同的处理函数。

任务 7 前台首页设计

1. 定义前台模板

前台首页是用户访问网站后看到的第一个页面，网站为了留住用户，通常会在首页中放一些吸引人的文章内容。下面编写前台首页文件，参考代码如下：

```
行号      代码
1        //定义模板数据
2        $ data = [
3        //文档头部信息模块
4        'head' = > [
5        'title' = > '首页',
6        'keywords' = > 'PHP,内容,管理',
7        'description' = > 'PHP 内容管理系统'],
8        //顶部导航
9        'nav' = > [
10       'curr' = > 'index',
11       'list' = > module_category_nav()],
12       //首页幻灯片
13       'slide' = > ( $ page == 1) ? true : null,
14       //文章列表
15       'list' = > module_article( $ cid, $ page, $ page_size),
16       //侧边栏
```

```
17          'sidebar'=＞[
18          'category'=＞module_category_sidebar(),
19          'history'=＞module_history(),
20          'hot'=＞module_hot()]];
21          //载入 HTML 模板
22          require './view/layout.html';
```

2. 输出前台模板

在完成数据的获取后，接下来编写前台的页面布局文件 view \ layout. html。前台的布局文件包含了页面的整体布局，包括页面的头部、内容和尾部。在前台布局页面 head 部分，输出 index. php 中定义的网页头部信息模块；在前台布局页面导航栏部分，输出 index. php 中获取到的顶部导航。在浏览器中访问网站首页，程序的运行结果如图 9-3 所示。

图 9-3　网站首页

任务 8　文章列表显示

文章列表是在前台首页和栏目页面都要显示的内容。在实现时，前台的文章列表和后台文章列表的开发思路相同，都是根据栏目 ID 到数据库中查询出数据，然后分页进行输出。在此不再详细介绍。

创建文章列表文件 list. php，载入项目初始化文件和分页函数，并获取 GET 参数 $cid 和 $page。$cid 表示当前筛选的栏目，$page 表示当前显示的页码。

在获取到列表参数之后，接下来在 common \ module. php 中编写 module_article 函数，获取文章列表。

该函数参数 $cid 表示筛选栏目，$page 是当前页码，$limit 是限制取出的个数。准备查询条件，查询栏目和子栏目下所有的文章，前台只显示已发布文章，生成 LIMIT，获取总页数，查询文章列表并返回。

继续编辑文章列表功能文件 list. php，将模板中需要显示的数据查询出来。

定义顶部导航，保存当前查看的栏目，获取导航栏中显示的栏目，调用 module_article（）函数获取文章列表，设置网页头部信息，载入 HTML 模板。

判断 $data 数组中是否存在"list"元素，如果存在，则载入文章列表 HTML 模板 view/module_list. html。参考代码如下：

行号	代码

1 `<? php if(! empty( $ data['list']['title'])); ? >`

2 `<div class = "al-title"><h1><? = $ data['list']['title']? ></h1></div>`

3 `<? php endif; ? >`

4 `<? php if(empty( $ data['list']['data'])); ? >`

5 `<div class = "al-message">该栏目内暂时没有内容。<p><a href = "./">单击返回首页</a></p></div>`

6 `<? php else; ? >`

7 `<? php foreach( $ data['list']['data'] as $ v); ? >`

8 `<div class = "al-each">`

9 `<div class = "al-info"><a href = "show.php? id = <? = $ v['id']? >"><? = $ v['title']? ></a></div>`

10 `<div class = "al-desc"><? = $ v['description']? ></div>`

11 `<? php if( $ v['thumb']); ? >`

12 `<div class = "al-img"><a href = "show.php? id = <? = $ v['id']? >"><img src = "./upload/<? = $ v['thumb']? >" alt = "单击阅读文章"></a></div>`

13 `<? php endif; ? >`

14 `<div class = "al-more">`

15 `<span>作者:<? = $ v['author']?:'匿名'? > | 发表于:<? = $ v['time']? ></span>`

16 `<a href = "show.php? id = <? = $ v['id']? >">查看原文</a>`

17 `</div>`

18 `</div>`

19 `<? php endforeach; ? >`

20 `<div class = "pagelist"><? = $ data['list']['page_html']? ></div>`

21 `<? php endif; ? >`

在文章列表 HTML 模板 view/module_list.html 中，依次输出栏目名称、文章标题、文章简介、文章封面图等详细信息。在浏览器中访问前台文章列表页面，程序的运行结果如图 9-4 所示。

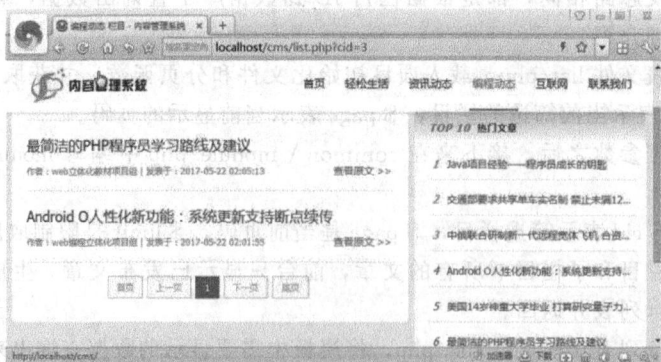

图 9-4 文章列表页

任务 9 侧边栏显示

在网页设计中，侧边栏是一种常见的布局方式，通常位于页面右侧，显示一些热门文章、最新评论、相关栏目等信息。

　　下面在文章列表页中输出侧边栏，编辑 list.php 文件，调用函数获取侧边栏数据，调用自定义函数 module_category_sidebar() ，获取栏目列表，在 common \ module.php 中定义相应的函数，会先根据栏目 ID 查找子栏目，如果有子栏目则返回子栏目，如果没有子栏目则返回同级栏目。参考代码如下：

行号	代码
1	//获取侧边栏栏目(仅前台)
2	function module_category_sidebar($ id = 0){
3	$ data = module_category();
4	//获取 PID
5	$ pid = isset($ data['id'][$ id]) ? $ data['id'][$ id]['pid'] : 0;
6	//如果有子栏目,返回子栏目,没有子栏目,返回同级栏目
7	return isset($ data['pid'][$ id]) ? $ data['pid'][$ id] :
8	(isset($ data['pid'][$ pid]) ? $ data['pid'][$ pid] : []);
9	}
10	//获取浏览历史(仅前台)
11	function module_history($ current = false, $ limit = 10){
12	$ result = [];//保存历史记录数组
13	//如果 Cookie 中存在历史记录,先取出记录
14	if(isset($ _COOKIE['cms_history'])){
15	//获取 Cookie,将字符串分割成数组,并限制分割次数
16	$ result = explode(',', $ _COOKIE['cms_history'], $ limit);
17	//将数组中的每个元素转换为整数
18	$ result = array_map('intval', $ result);
19	}

　　在完成数据的获取后，接下来在 HTML 模板中输出。

　　修改 view \ layout.html 文件，在页面内容区添加代码，通过判断 $ data 中是否存在 sidebar 元素来控制侧边栏是否显示。创建 view \ module_sidebar.html 文件，输出侧边栏中的栏目模块。在浏览器中访问前台文章列表页面，程序的运行结果如图 9-5 所示。

图 9-5　侧边栏显示

任务 10　文章内容显示

1. 获取文章内容

当用户在文章列表页面单击文章链接时，就会打开 show.php 页面并传递文章 ID 参数。编写 show.php，具体代码如下：

行号	代码
1	//获取文章数据
2	$ data = [
3	'head' = > [
4	'title' = > '查看文章',
5	'keywords' = > 'PHP,内容,管理',
6	'description' = > 'PHP 内容管理系统'
7	],
8	//顶部导航
9	'nav' = > [
10	'curr' = > 'show',
11	'list' = > module_category_nav()
12	],
13	//文章内容
14	'show' = > module_article_show($ id),
15	//侧边栏
16	'sidebar' = > [
17	'category' = > module_category(),
18	'history' = > module_history($ id),
19	'hot' = > module_hot()
20	]
21	]

2. 输出文章内容

修改 common \ layout.html，判断当 $ data 中存在 show 元素时，显示文章内容，并提供一个返回首页的超链接。接下来创建 view\module_show.html，实现文章内容的输出。关键代码如下：

行号	代码
1	<? php if(empty($ data['show'])): ? >
2	<div class = "as-message">您查看的文章不存在。<p><a href = "./">点我返回首页</a></p></div>
3	<? php else: ? >
4	<div class = "as-title"><h1><? = $ data['show']['title']? ></h1></div>
5	<div class = "as-row">
6	<span>栏目:<a href = "list.php? cid = <? = $ data['show']['cid']? >"><? = ($ data['show']['cname']? :'无')? ></a></span>
7	<span>作者:<? = $ data['show']['author']? :'匿名'? ></span>

```
8          <span>发表时间:<? = $ data['show']['time']? ></span>
9          <span>阅读:<? = $ data['show']['views']? >次</span>
10         </div>
11         <? php endif; ? >
```

上述代码实现了在输出文章内容时,先判断文章内容数组是否为空,如果为空则提示"您查看的文章不存在",并提供一个返回首页的超链接;在输出文章信息时,如果文章所属栏目不存在,则输出"无";如果文章作者字段为空,则输出"匿名"。

查看文章内容时,为了方便用户浏览相关的文章,通常会提供"上一篇"和"下一篇"链接。而文章上下篇切换的实现原理是,到数据库中根据文章的 ID 或发布时间查找最接近的文章。在浏览器输入前台页面地址,单击任意一条内容链接,程序的运行结果如图 9-6 所示。

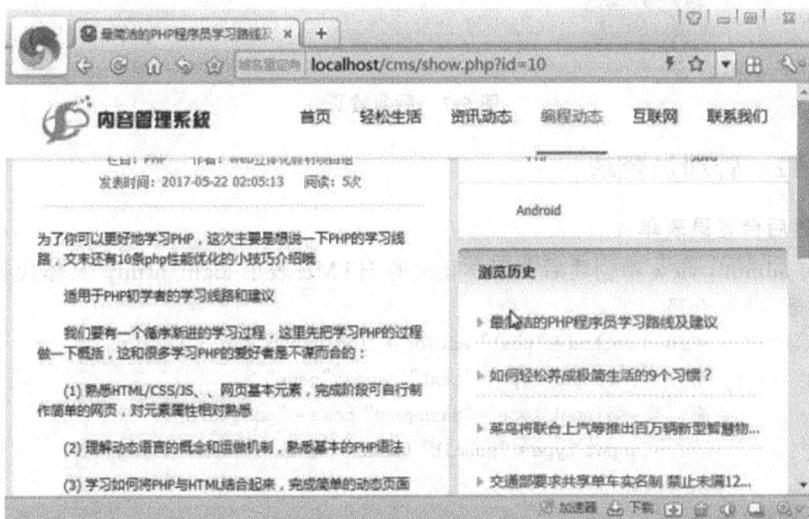

图 9-6　内容显示页面

9.3　后台功能实现

任务 11　后台网页布局

下面开始进入网站后台页面的开发。在设计后台页面时,通常使用"品"字形的页面布局,后台页面分为 top、nav、content 三部分,top 是页面的顶部,通常用于显示系统名称、相关链接;nav 是页面的左侧导航菜单,后台中的各个功能模块通过这个菜单进入;content 是页面内容,根据当前访问的功能而改变。

在 admin\view 目录中创建后台的布局文件 layout.html,页面顶部和左侧导航<div>标签中添加响应<a>,页面内容部分嵌套一个框架,用于动态改变内容。

创建后台首页 admin\index.php,载入后台初始化文件和布局文件,创建 admin\cp_index.php 文件,载入后台首页信息,创建文件 admin\view\index.html,该文件是后台首页的 HTML 模板文件。

在浏览器中访问网站后台主页,程序的运行结果如图 9-7 所示。

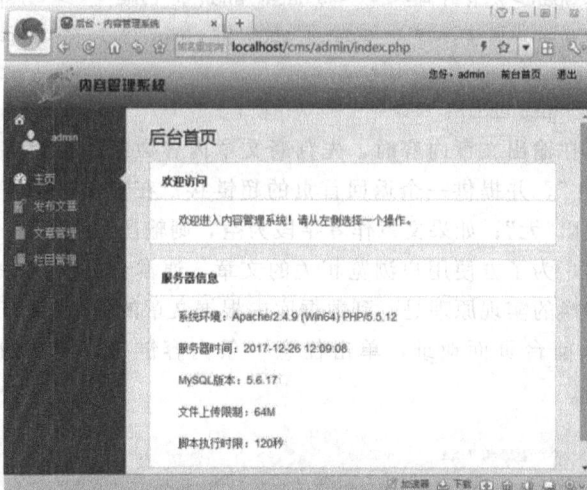

图 9-7　后台首页

任务 12　管理员登录

1. 创建后台登录表单

在后台 admin＼view 中创建后台用户登录的 HTML 表单 login. html。具体代码如下：

行号	代码
1	＜form method = "post" action = "login. php"＞
2	用户名:＜input type = "text" name = "name"＞
3	密　码:＜input type = "password" name = "password"＞
4	＜input type = "submit" value = "登录"＞
5	＜/form＞

2. 获取登录表单

创建后台登录文件 admin＼login. php，实现载入 HTML 模板显示登录页面，当接收到提交的登录表单时处理表单。关键代码如下：

```
行号        代码
1          //处理表单
2          function doPost(){
3              $ name = I('name', 'post', 'html');
4              $ password = I('password', 'post', 'string');
5              //根据用户名取出密码
6              $ data = db_fetch(DB_ROW, 'SELECT 'id','name','password','salt' FROM 'cms_
admin' WHERE 'name'= ? ', 's', $ name);
7              //判断用户名和密码
8              if( $ data && (password( $ password, $ data['salt']) == $ data['password'])){
9                  //登录成功
10                 $ _SESSION['cms']['admin'] = ['id'= > $ data['id'], 'name'= > $ data['
name']];
11                 //跳转首页
12                 redirect('index. php');
13             }
```

```
14              //登录失败
15              display([false,'登录失败:用户名或密码错误。'], $ name);
16          }
```

载入后台初始化文件 init. php 和表单模板文件 login. html,通过 if 与 $ _POST 处理提交后的表单内容,在处理表单时,先通过 I()函数接收用户名和密码,到数据库中查询信息,然后取出密码后进行验证;如果验证通过,则将用户登录信息保存到 Session 中,然后利用自定义 redirect()函数跳转到后台首页 index. php;如果验证失败,则调用 E()函数停止程序继续执行。完成 login. php 代码编写后,在浏览器输入登录页面,程序的运行结果如图 9-8 所示。

图 9-8　登录页面

3. 判断登录状态

在实现了用户登录功能后,还需要判断用户是否登录,如果没有登录则提示用户进行登录,并阻止用户访问当前页面。

在后台中,session 操作是项目中的公共功能,为了更好地维护项目中的 session,可以在初始化文件中统一开启 session,并为项目中的 session 创建前缀。修改文件 admin\init. php,具体代码如下:

```
行号        代码
1           //启动 session
2           session_start();
3           //为项目创建 Session,统一保存到 cms 中
4           if(! isset( $ _SESSION['cms'])){
5               $ _SESSION = ['cms' => []];
6           }
7           //检查用户登录
8           if(! defined('NO_CHECK_LOGIN')){
9               if(isset( $ _SESSION['cms']['admin'])){
10                  $ user = $ _SESSION['cms']['admin'];  //用户已登录,取出用户信息
11              }else{
12                  redirect('login. php');  //用户未登录,跳转到登录页面
13              }
14          }
```

上述代码中判断是否已经定义了 NO_CHECK_LOGIN 常量，如果没有定义则检查用户是否登录；如果已经定义了则不检查用户是否登录。当用户登录时，取出用户信息保存到变量 $ user 中；如果没有登录则跳转到登录页面 login. php 并停止脚本继续执行。当其他脚本载入这个文件时，就会自动判断用户是否登录，而如果不需要判断登录，则在载入 admin \ init. php 之前，先定义 NO_CHECK_LOGIN 常量。

4. 退出登录

在完成管理员登录功能后，还需要开发管理员退出功能。编辑 admin \ view \ layout. html 文件，在显示用户信息的位置，添加一个退出登录的链接。当单击该链接时，就会访问 login. php 并传递参数 a＝logout。接下来在 login. php 接收参数，实现退出功能，具体代码如下：

```
行号        代码
1          //接收操作参数
2          $ action = I('a','get','string');
3          //退出登录
4          if( $ action == 'logout'){
5            //清除 Session
6            unset( $ _SESSION['cms']['admin']);
7            display([true,'您已经成功退出。']);
8          }
```

上述代码演示实现了清除保存用户信息的 Session。清除后，在 init. php 中判断 Session 时，就会判定用户没有登录，这样就实现了管理员退出功能。

任务 13　栏目管理

1. 读取栏目

在项目中，读取栏目数据的需求可能会频繁出现，因此将此功能写在函数中。在 common 目录下创建文件 module. php，用于保存和数据相关的功能模块函数。参考代码如下：

```
行号        代码
1          //获取栏目列表
2          function module_category( $ mode ='all'){
3            static $ result =[];   //缓存查询结果
4            //当第一次调用函数时，获取数据
5            if(empty( $ result)){
6              $ result = F('get','category');//先从文件中取出数据缓存
7              //如果缓存不存在,则到数据库中取出数据
8              if(! $ result){
9                $ result =['id'=>[],'pid'=>[[]]];//定义数组用于保存结果
10               //到数据库中取出所有的栏目数据
11               $ data = db_fetch(DB_ALL,'SELECT 'id','name','pid','sort' FROM 'cms_
category' ORDER BY 'pid' ASC,'sort' ASC);
12               //整理数组格式,方便查找
13               foreach( $ data as  $ v){
14                 $ result['id'][ $ v['id']] = $ v;//基于 ID 索引
```

```
15                $ result['pid'][ $ v['pid']][ $ v['id']] = $ v;//基于 PID 索引
16              }
17            }
18          }
19          return isset( $ result[ $ mode])? $ result[ $ mode] : $ result;
20        }
```

定义函数 module_category()，用于获取栏目列表，定义一个静态变量 $ result，用于缓存查询结果。当第一次调用函数时，到数据库中获取数据，并分别根据 id 和 pid 创建数组索引，方便查找；最后根据索引方式返回查询结果。

2. 编辑栏目

(1)输出栏目。在项目中创建 cp_category. php 文件，该文件用于读取栏目数据显示在 HTML 模板中。参考代码如下。

```
行号      代码
1        //显示页面
2        function display( $ msg = null){
3          //从数据库取出数据
4          $ data = module_category('pid');
5          //载入 HTML 模板
6          require './view/category. html';
7          exit;
8        }
```

display()函数主要功能是从数据库中根据 pid 取出数据，载入 HTML 模板文件 admin \ view \ cateogory. html，最后调用函数 display()。

接下来编写用于显示栏目的 admin \ view \ cateogory. html 文件。为了提高后台管理的操作效率，可以将栏目显示、添加、修改功能都在一个页面中完成，参考代码如下：

```
行号      代码
1        <! -- 顶级栏目 -->
2        <? php foreach( $ data[0] as $ v): ? >
3        <tr class = "hover"><td class = "center"><input type = "text" class = "s
- num" name = "save[<? = $ v['id']? >][sort]" value = "<? = $ v['sort']? >"></td>
<td><input type = "text" name = "save[<? = $ v['id']? >][name]" value = "<? = $ v['name']? >"></td><td class = "center"><a href = "cp_category_edit. php? id = <? = $ v['id']? >">编辑</a><a href = "? a = del&id = <? = $ v['id']? >&token = <? = TOKEN? >" class = "jq-del">删除</a></td></tr>
4        <! -- 子级栏目 -->
5        <? php if(isset( $ data[ $ v['id']])): foreach( $ data[ $ v['id']] as $ vv): ? >
6        <tr class = "hover"><td class = "center"><input type = "text" class = "s-num" name = "save[<? = $ vv['id']? >][sort]" value = "<? = $ vv['sort']? >"></td>
7        <td class = "center"><a href = "cp_category_edit. php? id = <? = $ vv['id']? >">编辑</a><a href = "? a = del&id = <? = $ vv['id']? >&token = <? = TOKEN? >" class = "jq-del">删除</a></td>
8        </tr>
9        <? php endforeach; endif; ? >
```

上述代码中，外层循环输出顶级栏目，接着判断该分类下是否存在子栏目，若存在则

循环输出。使用 save 二位数组作为 name 属性值，外层数组是栏目的 ID，内层数组是 sort 和 name 两个值。这样的结构便于 PHP 处理。

接下来在浏览器中访问栏目管理页面，运行结果如图 9-9 所示。

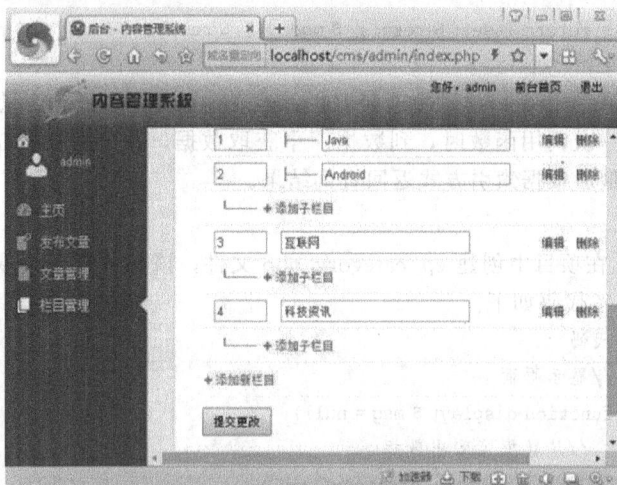

图 9-9　显示已有栏目

(2)添加栏目。在完成已有栏目的输出后，还需要开发栏目添加功能，在实现栏目添加时，为了更直观地在页面中添加栏目和子栏目，这里通过 jQuery 实现了页面的灵活处理。

编辑 admin \ view \ category. html 文件，在页面底部添加 JavaScript 代码如下：

行号	代码
1	＜script＞
2	(function(){
3	var add_id = 0;//保存 ID 计数
4	//添加新栏目
5	$(". jq-add"). click(function(){
6	$(this). parents("tr"). before('＜tr class = "hover"＞＜td class = "center"＞\
7	＜input type = "text" class = "s-num" name = "add['＋ add_ id ＋'][sort]"＞＜/td＞＜td colspan = "2"＞\
8	＜input type = "text" name = "add['＋ add_id ＋'][name]"＞\
9	＜input type = "hidden" name = "add['＋ add_id ＋'][pid]" value = "0"＞\
10	＜b class = "jq-cancel"＞取消＜/b＞＜/td＞＜/tr＞');
11	++ add_id;
12	});

上述代码实现了顶级分类栏目添加。当单击页面中的 class 属性为 jq-add 的元素时，就会触发单击事件，在该元素的前面添加 HTML 内容，内容是添加新栏目的输入框，对于添加表单的 name 属性，这里使用了名称为 add 的二维数组，其外层用于区分多个添加的内容，内层是 sort、name、pid 三个字段，由于是顶级栏目，所以 pid 的值为 0。

继续添加子栏目的代码，参考代码如下：

行号	代码
1	//添加子栏目
2	$(". jq-sub-add"). click(function(){
3	var id = $(this). attr("data-id");

```
4          $(this).parents("tr").before('<tr class = "hover"><td class = "center">\
5          <input type = "text" class = "s-num" name = "add['+ add_id +'][sort]"></td><
td colspan = "2">\
6          <i class = "icon-sub"></i><input type = "text" name = "add['+ add_id +']
[name]">\
7          <input type = "hidden" name = "add['+ add_id +'][pid]" value = "'+ id +'">\
8          <b class = "jq-cancel">取消</b></td></tr>');
9          ++ add_id;
10         });
```

当单击页面中的 class 属性为 jq-sub-add 的元素时，就会触发单击事件，为"添加子栏目"元素添加 data-id 属性，用于保存子栏目的上级栏目 ID。添加子栏目的事件函数中应该先获取到此 ID，然后保存到隐藏域的 pid 字段中。

3. 删除栏目

(1)添加删除链接。实现删除栏目功能时，在栏目列表中添加"删除"链接，将需要删除的栏目 ID 传给删除程序，修改 admin \ view \ category.html 文件，参考代码如下：

行号　　　代码
```
1          <a href = "? a = del&id = <? = $vv['id']? >&token = <? = TOKEN? >"
class = "jq-del">删除</a>
```

上述代码传递了两个参数，a 参数表示执行的操作，id 表示待删除的栏目。为了防止误操作，在执行操作前进行弹框提示，通过 JQuery 可以实现这个功能，参考代码如下：

行号　　　代码
```
1          <script>
2          //删除前提示
3          $(".jq-del").click(function(){
4              return confirm("您确定要删除此栏目?");
5          });
6          </script>
```

上述代码表示当删除栏目时，会弹出"您确定要删除此栏目?"，如果单击"确定"，则执行删除操作；否则不执行。运行结果如图 9-10 所示。

图 9-10　删除前提示

(2)执行删除操作。在用户确认执行删除操作后，接下来在 cp_category.php 文件中实现删除功能，参考代码如下：

行号	代码
1	//删除操作
2	if($ action == 'del'){
3	$ del_id = I('id', 'get', 'id');
4	//先判断是否有子级
5	if(db_fetch(DB_COLUMN, 'SELECT 1 FROM `cms_category` WHERE `pid` = ? ', 'i', $ del_id)){
6	display([false, '该栏目下有子级栏目,不能删除。']);
7	}else{
8	F('unset', 'category'); //清理缓存
9	//删除栏目
10	db_query('DELETE FROM `cms_category` WHERE `id` = ? ', 'i', $ del_id);
11	//将栏目下的文章的所属栏目设置为 0
12	db_query('UPDATE `cms_article` SET `cid` = ? WHERE `cid` = ? ', 'ii', [0, $ del_id]);
13	display([true, '删除成功。']);
14	}
15	}

任务 14　文章管理

1. 文章列表

文章列表就是把文章标题查询出来后显示在 HTML 网页中，编写程序 admin\cp_article.php。参考代码如下：

行号	代码
1	function display($ msg = null){
2	//查询列表
3	$ data = db_fetch(DB_ALL, 'SELECT a.`id`,a.`cid`,a.`title`,a.`author`,a.`show`,a.`time`,c.`name` AS cname `. ' FROM `cms_article` AS a LEFT JOIN `cms_category` AS c ON a.`cid` = c.`id`."$ sql_where $ sql_order $ sql_limit", 's', $ sql_search);
4	if(! $ data)
5	$ msg = [true, '没有查找到记录。'];
6	}
7	require './view/article.html';

上述代码通过文章表和栏目表的左连接查询，从数据库中获取到文章列表，在列表中包含了文章所属栏目的信息，最后载入 admin \ view \ article.html，用于展示文件列表。参考代码如下：

行号	代码
1	<? php foreach($ data as $ v): ? >
2	<tr>
3	<td class = "s-show"><? = ($ v['show'] == 'yes')? '<i class = "icon-yes">已发布</i>':'<i class = "icon-wait">未发布</span>'? ></td>
4	<td class = "s-title"><a href = "../show.php? id = <? = $ v['id']? >"

```
      target = "_blank"><? = $ v['title']? ></a></td>
   5            <td><a href = "? cid = <? = $ v['cid']? >">[ <? = $ v['cname']?;'无'?
> ]</a></td>
   6            <td><? = $ v['author']? ></td>
   7            <td><? = $ v['time']? ></td>
   8            <td class = "s-act"><a href = "cp_article_edit.php? id = <? = $ v['id']?
>">编辑</a><a href = "? a = del&page = <? = $ page? >&id = <? = $ v['id']? >
&token = <? = TOKEN? >" class = "jq-del">删除</a></td>
   9            </tr>
   10           <? php endforeach; ? >
```

接下来，再访问文件列表页面，运行结果如图 9-11 所示。

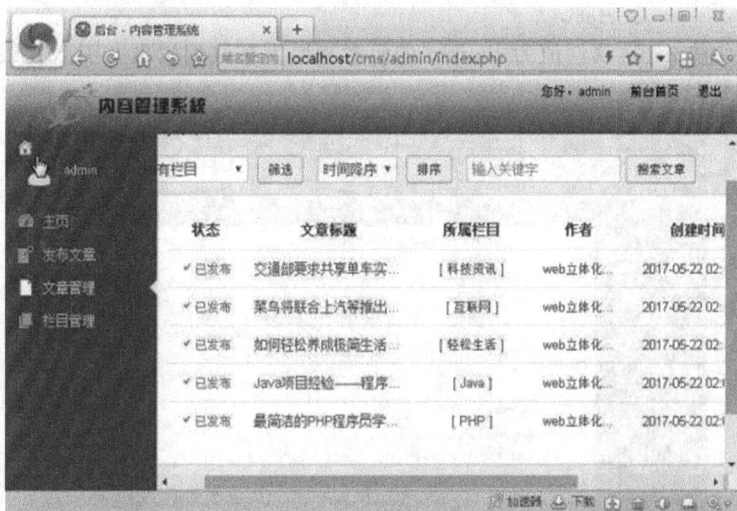

图 9-11　文章列表

2. 编辑文章

(1)查询文章信息。添加"编辑"链接，当单击"编辑"链接时，访问 cp_article_edit.php 并传入参数 id。创建 admin \ cp_article_edit.php，实现根据 id 查询文章信息。参考代码如下：

```
行号    代码
1      //显示页面
2      function display( $ msg = null, $ id = 0, $ data = []){
3      if( $ id && empty( $ data)){
4      //根据 ID 查出原有的记录
5      if(! $ data = db_fetch(DB_ROW,'SELECT'cid','title','author','show','content',
'keywords','description','thumb'FROM'cms_article'WHERE'id'= ? ','i', $ id)){
6      E('数据不存在！');
7      }
8      }else{
9      //合并模板变量(初始值)
10     $ data = array_merge(['cid'= > 0,'title'= > ",'author'= > ",'show'= > '
yes',
```

```
11        'content'=＞",'keywords'=＞",'description'=＞",'thumb'=＞"], $ data);
12     }
```

（2）在线编辑器。在 CKEditor 的官方网站可以下载此编辑器，将编辑器放入项目的 admin＼js 目录中，并将编辑器目录命名为 ckeditor，在文章编辑页面 admin＼view＼article_edit.html 的底部编写 JavaScript 代码，实现在线编辑器的引入。参考代码如下：

```
行号      代码
1        <script src = "./js/article. config. js"></script>
2        <script>
3        CKEDITOR. config. height = 400;
4        CKEDITOR. config. width = "100 % ";
5        CKEDITOR. replace("content");
6        </script>
```

上述代码中将 name 属性值为 content 的元素替换为在线编辑器，引入在线编辑器后的运行结果如图 9-12 所示。

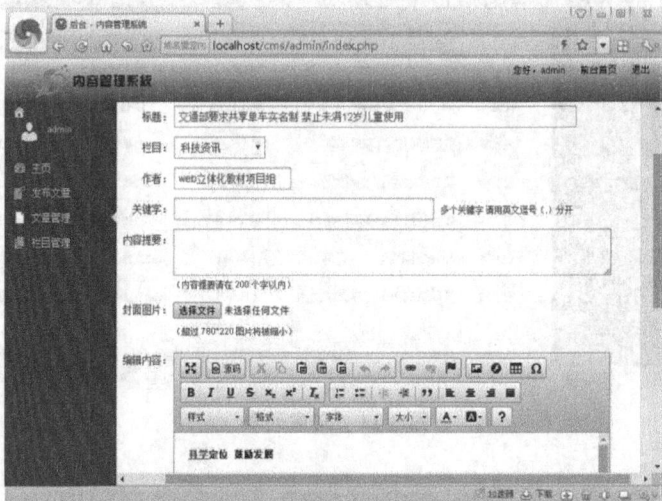

图 9-12　编辑文章

3. 保存文章

（1）接收表单。当用户填写了文章信息并提交表单后，接下来就将文章信息保存到数据库中，打开文章编辑功能的文件 cp_article_edit.php，编写代码接收表单提交的信息。参考代码如下：

```
行号      代码
1        //处理表单
2        function doPost( $ id){
3        //接收变量
4        $ input = [
5        'cid'=＞ I('cid', 'post', 'id'),
6        'title'=＞ I('title', 'post', 'html'),
7        'author'=＞ I('author', 'post', 'html'),
8        'show'=＞ I('save', 'post', 'bool') ? 'no' : 'yes',//是否发布
9        'content'=＞ I('content', 'post', 'string'),
```

```
10        'keywords' = > I('keywords','post','html'),
11        'description' = > I('description','post','html'),
12    ];
```

上述代码实现了接收用户填写的基本信息，从安全角度来说，服务器端不进行 HTML 转义会带来安全问题，原因是浏览器端任何限制都可以被绕过。在项目开发时，可以考虑使用富文本过滤器(如 HTML Purifier)对 HTML 内容进行安全过滤，这部分内容将在后面的项目中进行讲解。

(2)文章添加与修改。在执行接收表单后的操作时，如果接收到文章 ID，就执行文章修改操作；如果没有接收到文章 ID，就执行文章添加操作。继续编写文章编辑功能的文件 cp _ article _ edit. php 实现文章添加修改。参考代码如下：

```
行号        代码
1        //修改添加数据
2        if( $ id){
3        //修改数据
4        $ input['id'] = $ id;
5        db_query('UPDATE'cms_article'SET'cid' = ?,'title' = ?,'author' = ?,'show' = ?,
'content' = ?,'keywords' = ?,'description' = ?,'thumb' = ? WHERE'id' = ? ','isssssssi',
$ input);
6        display([true,'修改成功。<a href = "cp_article.php">返回列表</a>'],
$ id);
7        }else{
8        //添加数据
9        $ input['time'] = date('Y-m-d H:i:s');
10        $ add_id = db_exec(DB_LASTID,'INSERT INTO'cms_article'('cid','title','
author','show','content','keywords','description','thumb','time') VALUES(?,?,?,?,?,?,?,?,?)
','isssssssss', $ input);
11        display([true,'添加成功。<a href = "cp_article_edit.php? id = '. $ add_id.
'">立即修改</a><a href = "cp_article.php">返回列表</a>']);
12        }
```

4. 删除文章

(1)添加删除链接。实现删除文章功能时，在文章列表中添加"删除"链接，将需要删除的文章 ID 传给删除程序。

(2)执行删除操作。当用户单击"删除"链接后，就会向 PHP 脚本发送待删除的文章 ID 参数，在实际进行文章记录删除操作之前，需要先判断文章是否有封面图。如果封面图存在，就先删除图片文件，再删除文章记录。参考代码如下：

```
行号        代码
1        //删除操作
2        if( $ action =='del'){
3        //获取待删除的记录 ID
4        $ del_id = I('id','get','id');
5        //删除记录前删除原来的图片
6        if( $ del_thumb = db_fetch(DB_COLUMN,'SELECT'thumb'FROM'cms_article'WHERE
'id' = ? ','i', $ del_id)){
7        del_file(UPLOAD_PATH. $ del_thumb);
```

```
8           }
9           //删除记录
10          db_query('DELETE FROM'cms_article'WHERE'id'= ? ', 'i', $ del_id);
11          //显示信息
12          display([true,'删除记录成功。']);
13          }
```

任务 15 排序与检索

1. 列表功能

(1)排序条件。展示文章列表时需要提供排序和列表功能，下面在 admin \ cp _ article. php 文章列表程序中编写代码，获取列表相关的 GET 参数，并定义排序的方式以及对应的 SQL 语句。参考代码如下：

```
行号        代码
1           function display( $ msg = null, $ page_size = 5){
2               //获取列表参数
3               $ cid = I('cid','get','id');
4               $ page = I('page','get','page');
5               $ search = I('search','get','html');
6               $ order = I('order','get','string');
7               //拼接 ORDER 条件
8               $ order_arr = [
9               'time-asc'= > ['name'= >'时间降序','sql'= >'a.'id'DESC'],
10              'time-desc'= > ['name'= >'时间升序','sql'= >'a.'id'ASC'],
11              'show-desc'= > ['name'= >'发布状态','sql'= >'a.'show'DESC']
12              ];
```

(2)显示列表。栏目筛选和列表排序功能是两个下拉菜单，列表搜索功能是一个文本框，三个功能各放在三个表单中，单击表单提交按钮即可完成对应的功能操作。通过浏览器访问文章列表页面，运行结果如图 9-13 所示。

图 9-13 文章列表功能

2. 组合 SQL

(1)组合 ORDER 和 WHERE 子句。在前面的步骤中，已经使用 $cid、$search、$order 三个变量接收了来自表单提交的数据。接下来就可以根据这些数据组合 SQL 语句进行查询。在文章列表功能 admin \ cp _ article. php 中继续编写代码，在接收变量后组合 SQL 语句。参考代码如下：

```
行号        代码
1          $ sql_order = ' ORDER BY ';
2          $ sql_order . = isset( $ order_arr[ $ order]) ? $ order_arr[ $ order]['sql'] :
'a. 'id' DESC ';
3          //拼接 WHERE 条件
4          $ sql_where = ' WHERE 1 = 1 ';
5          $ sql_where . = $ cid ? 'AND a. 'cid' IN ('. module_category_sub( $ cid). ')' : ";
6          $ sql_where . = 'AND a. 'title' LIKE ? ';
7          $ sql_search = '%'. db_escape_like( $ search). '%';
```

(2)根据栏目 ID 取出所有子栏目 ID。下面在 common \ module. php 文件中编写 module _ category _ sub()函数，实现根据栏目 ID 取出所有子栏目 ID 的功能。参考代码如下：

```
行号        代码
1          function module_category_sub( $ id){
2              $ data = module_category('pid');
3              $ sub = isset( $ data[ $ id]) ? array_keys( $ data[ $ id]) : [];
4              array_unshift( $ sub, $ id);//将 $ id 放入数组开头
5              return implode(',', $ sub);
6          }
```

(3)修改文章列表查询 SQL。在完成对 ORDER 和 WHERE 的组合后，接下来继续编写 admin \ cp _ article. php，修改查询文章列表数据的代码，将筛选和排序条件加入 SQL 语句中。参考代码如下：

```
行号        代码
1          $ data = db_fetch(DB_ALL, 'SELECT a. 'id', a. 'cid', a. 'title', a. 'author',
2          a. 'show', a. 'time', c. 'name' AS cname FROM 'cms_article' AS a
3          LEFT JOIN 'cms_category' AS c ON a. 'cid' = c. 'id'.
4          " $ sql_where $ sql_order", 's', $ sql_search);
```

在浏览器中访问文章列表页面，测试栏目筛选、文章排序、文章搜索功能是否正确。在文本框中输入关键字"PHP"并提交，运行结果如图 9-14 所示。

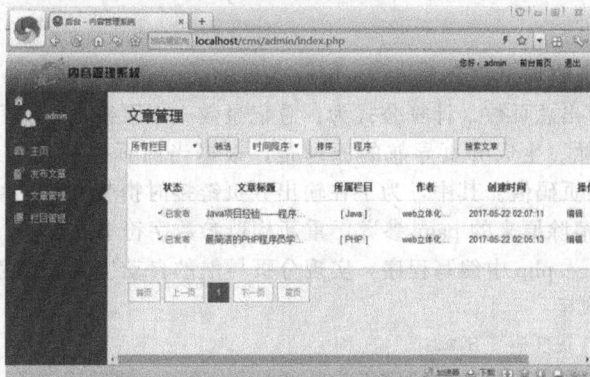

图 9-14　查询功能测试

任务 16　分页导航

1. 分页显示

(1)分页查询原理。实现分页的原理是对 SQL 语句中的 LIMIT 进行控制。参考代码如下：

行号	代码
1	SELECT 'title' FROM 'cms_article' LIMIT 0, 10;　＃获取第 1 页的 10 条数据
2	SELECT 'title' FROM 'cms_article' LIMIT 10, 10;　＃获取第 2 页的 10 条数据
3	SELECT 'title' FROM 'cms_article' LIMIT 20, 10;　＃获取第 3 页的 10 条数据
4	SELECT 'title' FROM 'cms_article' LIMIT 30, 10;　＃获取第 4 页的 10 条数据

LIMIT 的第 2 个参数 10 表示每次读取的最大条数；第 1 个参数与页码之间存在一定的数学关系，具体如下：

LIMIT 第 1 个参数＝(页码－1)＊每页查询的条数

根据上述条件，接下来在 common 目录中创建 page.php，用于实现分页功能。下面在文件中编写用于生成 LIMIT 参数的函数。参考代码如下：

行号	代码
1	//获取 SQL 分页 Limit
2	function page_sql($ page, $ size){
3	return ($ page-1) ＊ $ size . ','. $ size;
4	}

(2)实现分页查询。接下来在文章列表功能 admin \ cp _ article.php 文件中实现分页查询，在 display()函数中查询文章列表数据之前，编写代码定义每页显示的记录数和页码，并调用 page _ sql 函数生成 LIMIT 参数。参考代码如下：

行号	代码
1	$ page = I('page', 'get', 'page');
2	$ page_size = 3;
3	require COMMON_PATH. 'page. php';
4	$ sql_limit ='LIMIT'. page_sql($ page, $ page_size);//拼接 LIMIT
5	//获取文章列表时，将 LIMIT 放入 SQL 语句中
6	$ data = db_fetch(DB_ALL, 'SELECT a. 'id', a. 'cid', a. 'title', a. 'author',
7	a. 'show', a. 'time', c. 'name' AS cname FROM 'cms_article' AS a
8	LEFT JOIN 'cms_category' AS c ON a. 'cid'= c. 'id'.
9	" $ sql_where $ sql_order $ sql_limit", 's', $ sql_search);

2. 生成分页

(1)获取总页数。查询出符合 $ sql _ where 条件的总记录数，通过总记录数和每页显示的记录数，即可计算出总页数，计算公式为：总记录数÷每页数量，然后向上取整。

(2)生成分页导航。生成分页导航的原理是，根据当前页码和总记录数，计算出上一页、下一页、尾页的页码值。其中，为了在输出分页链接时携带 GET 参数，需要获取原来所有的 GET 参数，清除原来的 page 参数，重新构造参数字符串并返回。

在 common \ page.php 中编写程序，实现分页导航的自动生成。参考代码如下：

行号	代码
1	//获取分页 HTML
2	function page_html($ total, $ page, $ size){

```
3        //计算总页数
4        $ maxpage = max(ceil( $ total/ $ size), 1);
5        //如果不足 2 页,则不显示分页导航
6        if( $ maxpage < = 1) return ";
7        //获取 URL 参数字符串
8        $ url = page_url();
9        $ url = $ url ? "? $ url&page = " : '? page =';
10       //拼接 首页
11       $ first = "<a href = \"{ $ url}1\">首页</a>";
12       //拼接 上一页
13       $ prev = ( $ page == 1) ? '<span>上一页</span>' :
14       '<a href = "'. $ url. ( $ page-1). '">上一页</a>';
15       //拼接 下一页
16       $ next = ( $ page == $ maxpage) ? '<span>下一页</span>' :
17       //拼接 尾页
18       $ last = "<a href = \"{ $ url}{ $ maxpage}\">尾页</a>";
19       //组合最终样式
20       return " $ first $ prev $ next $ last 当前为: $ page/ $ maxpage";
```

▶ 实训项目 9

主题：文章发布网站开发的需求与分析。

1. 参考知识点

(1)文章发布网站开发的一般步骤。

(2)文章发布网站开发的主流技术及其相应的指标。

(3)如何比较准确地获得文章发布网站开发的需求。

(4)如何进行需求分析。

(5)需求分析与功能分析的关系。

2. 参考技能点

(1)与用户进行沟通的技能。

(2)按照需求选择恰当的系统平台与架构、硬件和软件的选择。

(3)根据需求,作出功能分析,并画出相应的功能模块图。

3. 实训训练目的

(1)沟通训练。训练作为一名专业网站设计开发人员如何与非专业的客户进行沟通。通过角色扮演和交换,让学生掌握如何进行专业和非专业人员之间的沟通,感受在实际中可能产生理解偏差和矛盾的环节以及如何解决这些潜在的问题。

(2)分析训练。训练学生如何把实际的需求进行分类,转化成功能模块。

(3)知识技能组织训练。训练学生能够运用所学的知识和技能,辩证地选择合适的技术去实现客户的需求。

4. 实训步骤

(1)角色扮演。学生每 2 人一组,其中学生甲扮演客户,学生乙扮演开发人员。

①学生甲课前完成：构思和设计一个文章发布系统网站的主题(需求),该网站必须是动态的,即通过数据库的存储操作产生动态逻辑。该网站可以来自一个实际企业的需求,

也可自己进行构思和设定。形成一份《系统需求书》。需求书里必须包含以下几个部分：
- 用户概述；
- 用户现状；
- 预期网站功能；
- 预期使用时间和系统使用时限(系统生命周期)。

以记叙文和图表的形式描述。

②课中学生甲根据《系统需求书》向学生乙描述需求。

③学生乙根据学生甲的描述，按照网站开发的一般步骤，根据学生甲的需求来分析，并与学生甲进行商榷设计该系统的平台与架构、确定硬件和软件的选择，并画出相应的功能模块图。

④经过甲乙双方商讨，学生乙向学生甲提供《系统需求与分析报告书》，包含以下几个部分：
- 系统的架构、功能和用户描述；
- 系统的需求概述与分析；
- 系统的功能分析；
- 页面流图；
- 数据库表的设计，含表的结构和表之间的联系。

(2)完成上述步骤后，两人交换角色。

5. 提交材料

(1)文章发布网站系统需求。

(2)文章发布网站系统功能模块图。

(3)文章发布网站代码。

第 10 章　用 PHP＋MySQL 开发网络考试系统

随着计算机技术、网络技术的迅速发展和高校校园网功能的日益完善，很多高校建立了基于校园网的网络信息管理平台，为提高教学管理水平提供了先进的管理手段。目前，基于网络的在线考试系统已经成为现代考试方式的有力补充和发展。相对于传统的笔试，网络在线考试不仅减轻了在组织考试、评卷、成绩统计等方面所花费的人力和物力，并且突破了时间与空间的限制，不仅节省了资源，而且提高了评分的客观性、公正性和准确度，大大提高了考试工作的效率。

网络考试系统是一个基于 Web 的在线考试系统，本章将介绍一个网络考试系统的开发过程，该系统是作者经过研究几种不同的网络考试系统，并结合当前比较流行的使用 B/S 结构开发的一个功能完备的网络考试系统。

工作过程

网络考试系统可以帮助教师完成一次从题目设计、考试安排、考试实施到考卷批改的所有考试工作。

所有的考试数据和其他数据需要进行存储和管理，因此要使用数据库技术；考试数据的存放和处理必须对考试保密，需要一定的安全性保障；题目最好有一定的稳定性和随机性。稳定性可以保证每一次考试对每一个考生是公平的，随机性可以避免作弊的发生；考生考完之后系统能够按照老师的要求评分。

知识领域

网络考试系统是教育信息化、网络培训的一个重要组成部分，目的是为了改革考试手段，实现考试技术现代化、考试过程科学化、考试管理自动化、学生考试无纸化。利用计算机网络进行测试，可以大量采用标准化试题，使用计算机评卷，也可以利用计算机从试题库中随机抽题组卷进行测试，避免了考试前的押题及考试中的作弊，并能实现远程在线考试。网络考试系统让我们今后的教学特别是繁重的考试与阅卷工作变得简单快捷。利用此系统能够管理试题的更新与追加，可以方便地进行扩展，对其他课程的考试、教学等起到促进的作用。

本系统的开发在技术上和经济上都是可行的。

技术可行性：软件方面，网络化考试需要的各种软件环境都已具备，数据库服务器采用 MySQL，均能够处理大量数据，同时保持数据的完整性并提供许多高级管理功能。其灵活性、安全性和易用性为数据库编程提供了良好的条件。因此，系统的软件开发平台已成熟可行。

经济可行性：利用计算机来实现网络考试已成为适应当今教学管理的方式，开发一套能满足网络考试系统的软件十分必要，实现试卷管理和试卷生成自动化，在减少人为失误而造成损失的同时，也可以减少教师工作量。本系统在经济上是可以接受的，并且本系统实施后可以显著提高考试效率，有助于学院完全实现网络化管理。所以本系统在经济上是可行的。

分析常用的网络考试系统的功能。

网络考试系统的需求分析。

网络考试系统的系统总体设计。

网络考试系统的系统详细设计。

网络考试系统课程管理。

网络考试系统班级管理。

网络考试系统学生管理。

网络考试系统试题管理。

任务 1 网络考试系统整体设计

利用计算机对数据库的并发存取功能和网络传输特性，实现高效、准确和科学的网络考试将成为现代教育方式中的一种重要手段。它的优点主要体现在以下几个方面。

(1)出卷方便快捷。通过现成的题库管理系统，只要输入试卷的题型题量等约束条件，软件会自动生成符合要求的试卷，简便、快捷、公平。

(2)阅卷准确快速。通过计算机阅卷，可以大大减轻教师阅卷的工作量，提高教师的工作效率，同时提高阅卷的准确性。

(3)成绩分析统计科学直观。成绩分析统计由计算机自动完成，可以方便地分析每题的得分情况等。

计算机考试方式的优越性较之传统方式，既灵活方便，又高效可靠，还能及时反馈教学情况，减少诸多中间环节，提高教学效率。

在网络考试系统中，涉及三种不同的用户：学生、教师和管理员，他们的职责各不相同。学生进入网络考试系统，参加课程的考试，查看自己的成绩。教师能够在考试系统中添加试题、评阅学生试卷、提交成绩。管理员能够注册学生信息，管理教师信息，安排课程的考试时间等。

网络考试系统的功能结构如图 10-1 所示。

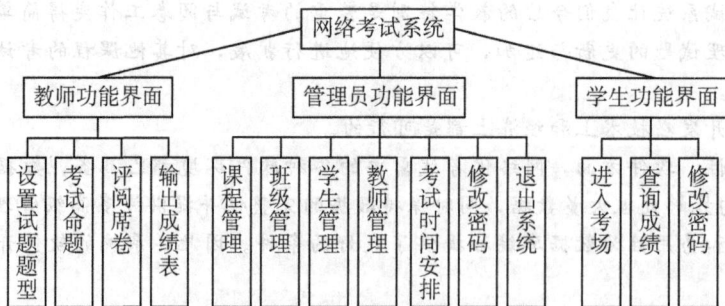

图 10-1 网络考试系统的功能结构

1. 管理员功能

管理员负责对学生、教师身份、课程、班级、试题、考试时间进行管理，其主要功能包括以下几方面。

(1)课程管理：能够完成添加、删除和修改课程信息。

(2)班级管理：能够完成添加、删除和修改班级信息。

(3)学生管理：能够完成添加、删除和修改学生信息。

(4)教师管理：能够完成添加、删除和修改教师信息。

(5)考试时间安排：安排课程考试时间，指定考试班级。

(6)修改密码：管理员和教师、学生可以修改登录密码。

(7)退出系统：管理员、教师和学生使用完考试系统后，可以退出系统。

2. 教师功能

教师的主要工作是完成试卷的命题和评阅试卷。教师功能包括以下 4 项。

(1)设置试题题型：教师在给一门课程的试题输入题目之前，首先要添加一份试题，设置好该试题的题型。

(2)考试命题：教师根据所选择的课程试题，给该份试题添加、修改和删除各种题型的题目。

(3)评阅试卷：教师根据所选择的试卷和班级，对一个班的学生答卷自动评阅。

(4)输出成绩表：教师可以根据所选择的课程和班级，输出一个班的课程成绩表。

3. 学生功能

(1)进入考场：管理员安排好课程的考试时间后，学生在指定的时间登录考试系统，准备开始某一门课程的考试。当到达考试时间，自动从服务器读取试题，传输到用户端，学生即可答题。

(2)查询成绩：学生可以查询自己参加的各门课程的成绩。

(3)修改密码：学生可以修改自己的密码。

任务 2　数据库设计

通过对任务 1 的学习我们已经对网络考试系统的功能和模块划分有了比较全面的认识，本次任务将介绍系统的数据库表结构和创建表的脚本信息。

1. 创建数据库

按照第 5 章介绍的内容使用 phpMyAdmin 来创建一个数据库 exam，在浏览器地址栏中输入 http://localhost/phpMyAdmin/，结果如图 10-2 所示。

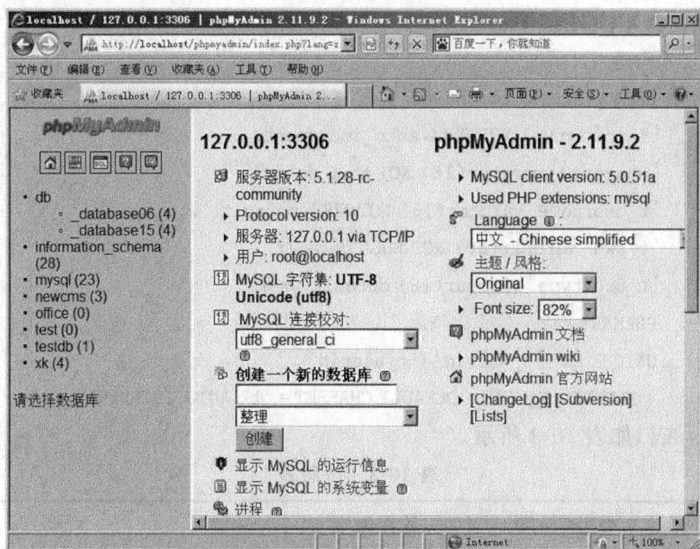

图 10-2　phpMyAdmin 界面

2. 设计表结构

根据任务 1 的总体设计，网络考试系统主要由 10 个表组成：分别是课程表、教师表、班级表、学生表、试卷类型表、试卷信息表、成绩表、试卷表、考试时间表、答卷表。其中课程表(course 表)的结构如表 10-1 所示。

表 10-1　课程表

字段	类型(长度)	是否为空	说明
course_id	int(4)	否	课程编号，主键，auto_increment
course _name	varchar(40)	否	课程名称

创建数据表的脚本文件如下：

```
行号        代码
1          CREATE TABLE 'course' (
2          'course_id' int(4) NOT NULL auto_increment,
3          'course_name' varchar(40) NOT NULL default ",
4          PRIMARY KEY  ('course_id')
5          ) ENGINE = MyISAM  DEFAULT CHARSET = gbk AUTO_INCREMENT ;
```

教师表(teachuser 表)如表 10-2 所示。

表 10-2　教师表

字段	类型(长度)	是否为空	说明
t_id	int(5)	否	教师编号，主键，auto_increment
t_userid	varchar(16)	否	教师用户名
t_username	varchar(16)	否	教师姓名
t_pwd	varchar(60)	否	密码
t_usertype	varchar(16)	否	教师类别

创建数据表的脚本文件如下：

```
行号        代码
1          CREATE TABLE 'teachuser' (
2          't_id' int(5) NOT NULL auto_increment,
3          't_userid' varchar(16) NOT NULL default ",
4          't_username' varchar(16) NOT NULL default ",
5          't_pwd' varchar(60) NOT NULL default ",
6          't_usertype' varchar(16) default '教师',
7          PRIMARY KEY  ('t_id'),
8          UNIQUE KEY 't_userid' ('t_userid')
9          ) ENGINE = MyISAM  DEFAULT CHARSET = gbk AUTO_INCREMENT;
```

班级表(class 表)如表 10-3 所示。

表 10-3　班级表

字段	类型(长度)	是否为空	说明
class_id	tinyint(10)	否	班级编号，主键，auto_increment

续表

字段	类型（长度）	是否为空	说明
enroll_year	varchar(4)	否	入学年份
classname	varchar(30)	否	班级名称

创建数据表的脚本文件如下：

行号	代码
1	CREATE TABLE 'class' (
2	'class_id' int(10) NOT NULL auto_increment,
3	'enroll_year' int(4) NOT NULL default '0',
4	'classname' varchar(30) NOT NULL default '',
5	PRIMARY KEY　('class_id')
6	) ENGINE = MyISAM　DEFAULT CHARSET = gbk AUTO_INCREMENT ;

学生表（student_user 表）如表 10-4 所示。

表 10-4　学生表

字段	类型（长度）	是否为空	说明
s_id	int(10)	否	学生编号，主键，auto_increment
s_xh	varchar(16)	否	学号
s_name	varchar(16)	否	姓名
s_pwd	varchar(60)	否	密码
s_class_id	int(10)	否	班级编号

创建数据表的脚本文件如下：

行号	代码
1	CREATE TABLE 'student_user' (
2	's_id' int(10) NOT NULL auto_increment,
3	's_xh' varchar(16) NOT NULL default '',
4	's_name' varchar(16) NOT NULL default '',
5	's_pwd' varchar(60) NOT NULL default '',
6	's_class_id' int(10) NOT NULL default '0',
7	PRIMARY KEY　('s_id'),
8	UNIQUE KEY 'S_xh' ('s_xh')
9	) ENGINE = MyISAM　DEFAULT CHARSET = gbk AUTO_INCREMENT;

试卷类型表（exam_type 表）如表 10-5 所示。

表 10-5　试卷类型表

字段	类型（长度）	是否为空	说明
id	int(4)	否	编号，主键，auto_increment
exam_id	varchar(26)	否	试卷编号
exam_type_id	int(3)	否	题型编号
exam_type_name	varchar(30)	否	题型名称

字段	类型(长度)	是否为空	说明
exam_type_desc	Text	是	题型描述
auto_grade	int(1)	否	是否自动评分

创建数据表的脚本文件如下：

行号	代码
1	CREATE TABLE 'exam_type' (
2	'id' int(4) NOT NULL auto_increment,
3	'exam_type_id' int(3) NOT NULL default '0',
4	'exam_id' varchar(26) NOT NULL default '',
5	'exam_type_name' varchar(30) NOT NULL default '',
6	'exam_type_desc' text,
7	'auto_grade' int(1) NOT NULL default '0',
8	PRIMARY KEY ('id')
9	) ENGINE = MyISAM DEFAULT CHARSET = gbk AUTO_INCREMENT;

试卷信息表(exam_info 表)如表 10-6 所示。

表 10-6 试卷信息表

字段	类型(长度)	是否为空	说明
course_id	int(4)	否	课程编号,主键,auto_increment
exam_id	varchar(26)	否	试卷编号
exam_title	varchar(250)	否	试卷名称
exam_header	Text	是	试卷头部标题
exam_t_userid	varchar(20)	是	命题老师用户名
exam_t_name	varchar(20)	是	教师姓名
exam_prop_date	Date	是	命题日期
exam_audit	int(1)	是	是否已提交试题

创建数据表的脚本文件如下：

行号	代码
1	CREATE TABLE 'exam_info' (
2	'course_id' int(4) NOT NULL default '0',
3	'exam_id' varchar(26) NOT NULL default '',
4	'exam_title' varchar(250) NOT NULL default '',
5	'exam_header' text,
6	'exam_t_userid' varchar(20) default NULL,
7	'exam_t_name' varchar(20) default NULL,
8	'exam_prop_date' date default NULL,
9	'exam_audit' int(1) default '0',
10	PRIMARY KEY ('exam_id'),
11	UNIQUE KEY 'exam_id' ('exam_id')

```
12        ) ENGINE = MyISAM DEFAULT CHARSET = gbk;
```

成绩表（exam_score 表）如表 10-7 所示。

表 10-7　成绩表

字段	类型（长度）	是否为空	说明
id	int(12)	否	编号，主键，auto_increment
s_xh	char(16)	否	学号
course_id	int(4)	否	课程号
exam_id	varchar(26)	否	试卷编号
score	decimal(7,1)	是	课程成绩

创建数据表的脚本文件如下：

```
行号      代码
1        CREATE TABLE 'exam_score'(
2        'id' int(12) NOT NULL auto_increment,
3        's_xh' varchar(16) NOT NULL default '',
4        'course_id' int(4) NOT NULL default '0',
5        'exam_id' varchar(26) NOT NULL default '',
6        'score' decimal(7,1) default NULL,
7        PRIMARY KEY  ('id')
8        ) ENGINE = MyISAM  DEFAULT CHARSET = gbk AUTO_INCREMENT ;
```

试卷表（exam_test 表）如表 10-8 所示。

表 10-8　试卷表

字段	类型（长度）	是否为空	说明
st_id	int(12)	否	编号，主键，auto_increment
exam_id	char(26)	否	试卷编号
tk_type_id	int(4)	否	题型编号
tk_content	mediumtext	是	题目内容
tk_option1	mediumtext	是	题目选项 1
tk_option2	mediumtext	是	题目选项 2
tk_option3	mediumtext	是	题目选项 3
tk_option4	mediumtext	是	题目选项 4
tk_option5	mediumtext	是	题目选项 5
tk_option6	mediumtext	是	题目选项 6
tk_ans	mediumtext	是	答案
standard_score	decimal(7,1)	是	标准分值
auto_grade	int(1)	否	是否自动评分

创建数据表的脚本文件如下：

```
行号      代码
1         CREATE TABLE 'exam_test' (
2         'st_id' int(12) NOT NULL auto_increment,
3         'exam_id' varchar(26) NOT NULL default '',
4         'tk_type_id' int(4) NOT NULL default '0',
5         'tk_content' mediumtext,
6         'tk_option1' mediumtext,
7         'tk_option2' mediumtext,
8         'tk_option3' mediumtext,
9         'tk_option4' mediumtext,
10        'tk_option5' mediumtext,
11        'tk_option6' mediumtext,
12        'tk_ans' mediumtext,
13        'standard_score' decimal(7,1) default NULL,
14        'auto_grade' int(1) NOT NULL default '0',
15        PRIMARY KEY  ('st_id')
16        ) ENGINE = MyISAM   DEFAULT CHARSET = gbk AUTO_INCREMENT;
```

考试时间表（exam _ time 表）如表 10-9 所示。

表 10-9 考试时间表

字段	类型(长度)	是否为空	说明
course_id	int(4)	否	课程号
exam_id	varchar(26)	否	试卷编号
exam_class	mediumtext	是	考试班级
exam_date	Date	是	考试日期
exam_starttime	Time	是	考试开始时间
exam_endtime	Time	是	考试结束试卷
exam_timelen	int(4)	是	考试时长(分钟)

创建数据表的脚本文件如下：

```
行号      代码
1         CREATE TABLE 'exam_time' (
2         'course_id' int(4) NOT NULL default '0',
3         'exam_id' varchar(26) NOT NULL default '',
4         'exam_class' text,
5         'exam_date' date default NULL,
6         'exam_starttime' time default NULL,
7         'exam_endtime' time default NULL,
8         'exam_timelen' int(11) default NULL,
9         'exam_finish' int(1) NOT NULL default '0',
10        PRIMARY KEY  ('exam_id'),
11        UNIQUE KEY 'exam_id' ('exam_id')
12        ) ENGINE = MyISAM DEFAULT CHARSET = gbk;
```

答卷表（stud_exam_ans 表）如表 10-10 所示。

表 10-10　答卷表

字段	类型（长度）	是否为空	说明
id	int(14)	否	编号
s_xh	char(16)	否	学号
course_id	int(4)	否	课程号
exam_id	int(14)	否	试卷编号
st_id	int(14)	否	题目编号
stud_ans	Text	是	学生答案
is_submited	int(1)	是	是否提交
stud_score	decimal(7,1)	是	试卷学生得分
t_userid	varchar(14)	是	评卷老师姓名

创建数据表的脚本文件如下：

行号	代码
1	CREATE TABLE 'stud_exam_ans'(
2	'id' int(14) NOT NULL auto_increment,
3	's_xh' varchar(16) NOT NULL default '',
4	'course_id' int(4) NOT NULL default '0',
5	'exam_id' varchar(26) NOT NULL default '',
6	'st_id' int(12) NOT NULL default '0',
7	'exam_type_id' int(11) NOT NULL default '0',
8	'stud_ans' mediumtext,
9	'is_submited' int(1) NOT NULL default '0',
10	'stud_score' decimal(7,1) default NULL,
11	't_userid' varchar(14) default NULL,
12	PRIMARY KEY ('id')
13	) ENGINE = MyISAM　DEFAULT CHARSET = gbk AUTO_INCREMENT;

任务 3　用户登录功能实现

1. 公共模块

Web 程序设计开发中，一个很重要的步骤就是建立数据库的连接，即访问数据库。本系统将数据库连接代码做成一个数据库连接文件，以便需要与数据库连接的其他页面中包含该文件，该文件名为 conn.php，代码如下：

行号	代码
1	<?
2	$ host = "localhost";
3	$ user = "root";
4	$ passwd = "";
5	$ db = "exam";
6	$ conn = mysqli_connect($ host, $ user, $ passwd, $ db) or die("连接 MYSQL 服务器失败");

```
7          mysqli_set_charset( $ conn,'gbk');
8          ? >
```

2. 用户登录页面

网络考试系统登录用户有三类：管理员、教师和学生，管理员登录以后可以进行课程、班级、学生管理等；教师登录以后可以进行考试命题、评阅试卷等；学生登录以后可以参加考试、查看考试成绩等。

(1)登录界面设计。我们设计让管理员、教师和学生通过一个登录页面进入网络考试系统，因此设计了一个下拉列表框供登录用户选择用户类别，输入用户名(学号)和密码，进行用户身份的合法性验证。如果合法，则进入相应的页面，登录页面如图 10-3 所示。

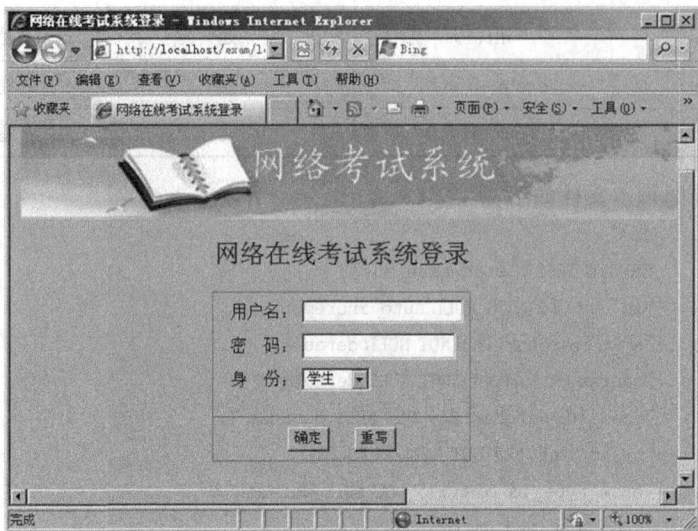

图 10-3　登录页面

登录成功后，不同的用户进入的页面不同，管理员功能页面如图 10-4 所示。

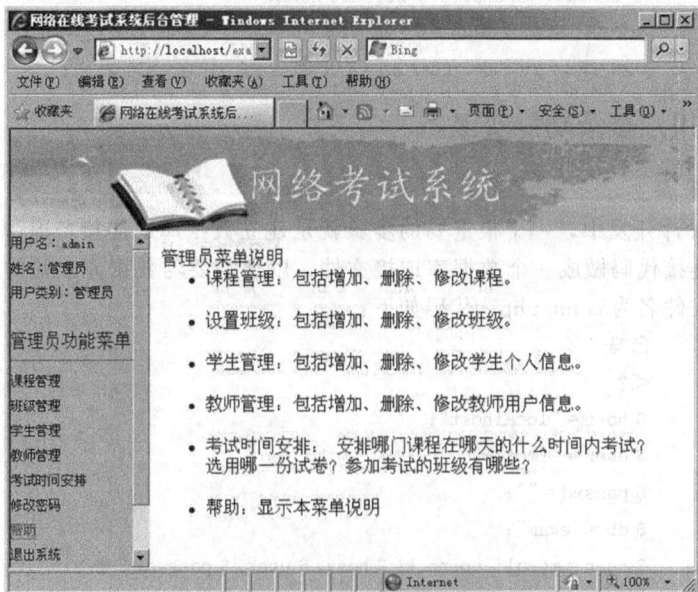

图 10-4　管理员功能页面

教师功能页面如图 10-5 所示。

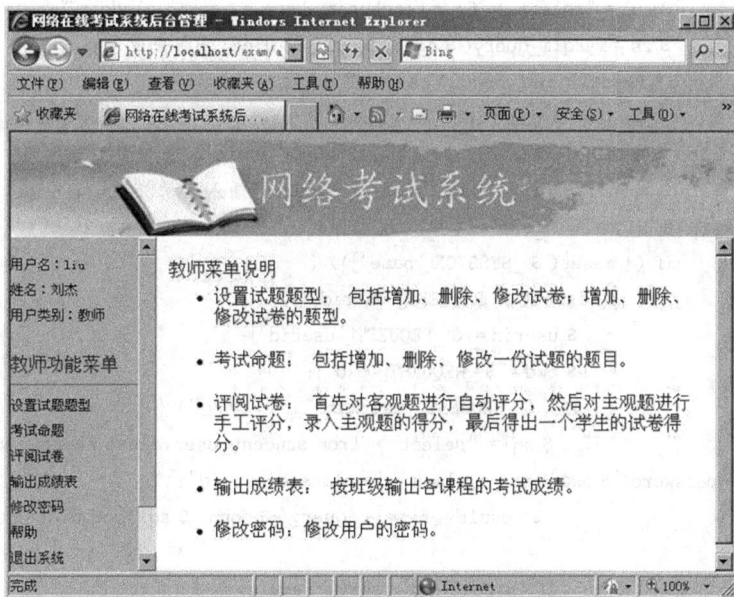

图 10-5　教师功能页面

学生功能页面如图 10-6 所示。

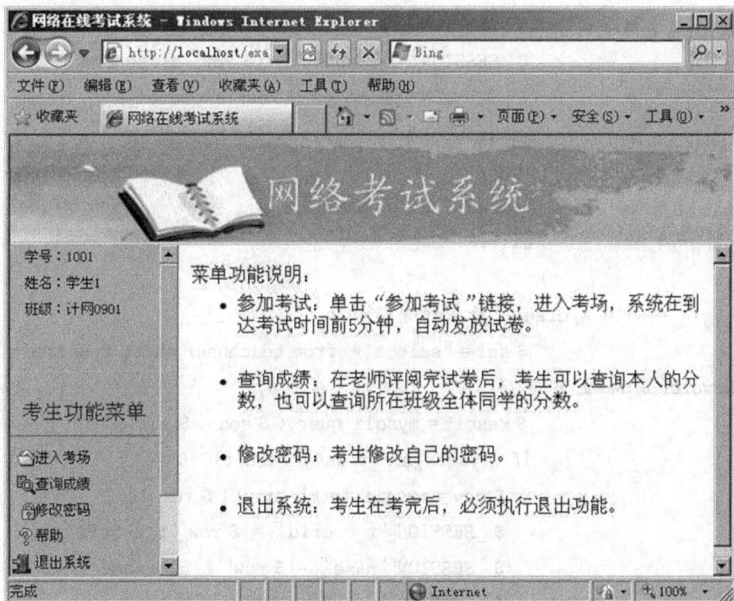

图 10-6　学生功能页面

(2)用户登录功能实现。为了方便实现不同用户的登录功能，我们设计了多套页面，管理员、学生与教师登录成功后进入不同的页面，设计代码(checkuser.php)如下：

```
行号        代码
1          <?
2          session_start();
```

```
3          require("conn. php");
4          $ sql = "select * from teachuser where t_userid = 'admin'";
5          $ rs = mysqli_query( $ conn, $ sql) or die("查询失败");
6          if (mysqli_num_rows( $ rs) == 0) {
7            $ sql = "insert into teachuser (t_userid,t_username,t_pwd,t_usertype)
8              values('admin','管理员',PASSWORD('admin'),'管理员')";
9            mysqli_query( $ conn, $ sql)  or die("插入记录失败");
10         }
11         if (! isset( $ _SESSION['name'])) {
12             if (isset( $ _REQUEST['userid'])) {
13                 $ userid = $ _REQUEST['userid'];
14                 $ pwd = $ _REQUEST['pwd'];
15                 if ( $ _REQUEST["userkind"] == "学生") {
16                     $ sql = "select * from student_user,class where s_xh = '$ userid'
and s_pwd = password('$ pwd') and s_class_id = class. class_id";
17                     $ result = mysqli_query( $ conn, $ sql) or die("执行 SQL 错误:
$ sql");
18                     if (mysqli_num_rows( $ result) == 1) {
19                         $ row = mysqli_fetch_array( $ result);
20                         $ _SESSION['xh'] = $ row['s_xh'];
21                         $ _SESSION['name'] = $ row['s_name'];
22                         $ _SESSION['class_id'] = $ row['s_class_id'];
23                         $ _SESSION['classname'] = $ row['classname'];
24                         $ _SESSION['photo'] = $ row['s_photo'];
25                         header("Location:. /exam/index. php");
26                     } else {
27                         include "login. php";
28                         exit;
29                     }
30                 }else{//教师和管理员
31                     $ sql = "select * from teachuser where t_userid = '$ userid' and
t_pwd = password('$ pwd')";
32                     $ result = mysqli_query( $ conn, $ sql);
33                     if (mysqli_num_rows( $ result)>0) {
34                         $ row = mysqli_fetch_array( $ result);
35                         $ _SESSION['t_userid'] = $ row['t_userid'];
36                         $ _SESSION['name'] = $ row['t_username'];
37                         $ _SESSION['usertype'] = $ row['t_usertype'];
38                         header("Location:. /admin/index. php");
39                     }else {
40                         include "login. php";
41                         exit;
42                     }
43                 }
44             } else {
```

```
45              include "login.php";
46                 exit;
47          }
48      }else {
49          echo $ _SESSION['name'].",欢迎你回来。请刷新页面<br>";
50          exit;
51      }
52  ? >
```

3. 管理员、教师、学生退出系统

退出系统操作非常简单，清空 session 属性的值，然后跳转到登录页面即可，退出系统代码(logout.php)如下：

```
行号        代码
1       <?
2       session_start();
3       session_destroy();
4        $ _SESSION = array();
5       ? >
6       <script language = "JavaScript">
7       top.location.href = "./login.php";
8       </script>
```

任务 4　　管理员功能的实现

1. 课程管理

(1)课程管理主程序。课程管理主程序(admin _ course.php)实现了增加、删除和修改课程信息，将课程信息保存到数据库中的 course 表，页面运行效果如图 10-7 所示。

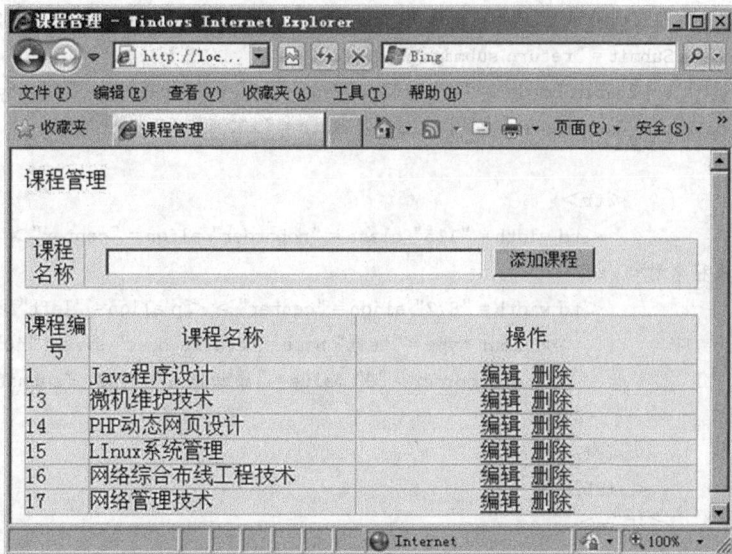

图 10-7　课程管理页面

关键代码如下：

行号	代码
1	＜?
2	session_start();
3	require("../conn.php");
4	＄sql = "select * from course";
5	＄rs = mysqli_query(＄conn, ＄sql) or die("查询课程失败");
6	?＞
7	＜html＞
8	＜head＞
9	＜meta http-equiv = "Content-Type" content = "text/html; charset = gb2312"＞
10	＜title＞课程管理＜/title＞
11	＜script language = "javascript"＞
12	function submitit(myform)
13	{
14	if(myform.course_name.value == "")
15	{
16	alert("课程名称不能为空!");
17	return false;
18	}
19	}
20	＜/script＞
21	＜/head＞
22	＜body＞
23	课程管理
24	＜hr noshade color = "＃FFfFFF" size = "1"＞
25	＜form action = "admin _ course _ insert.php" method = "POST" name = "courseform1" onSubmit = "return submitit(this);"＞
26	＜table border = "1" cellpadding = "0" cellspacing = "0" style = "border-collapse; collapse" bordercolor = "＃AED6F7" width = "100 %" height = "30" bgcolor = "＃F1F1F1"＞
27	＜tr＞
28	＜td width = "115" class = "noborder" align = "center"＞ ＜p align = "center"＞课程名称＜/td＞
29	＜td width = "872" align = "center"＞ ＜p align = "left"＞
30	＜input type = "text" name = "course_name" size = "40"＞
31	＜inputborder = "0" value = "添加课程" type = "submit"＞
32	＜/td＞
33	＜/tr＞
34	＜/table＞
35	＜/form＞
36	＜? echo ＄_GET['msg']; ?＞
37	＜form name = "courseform2" method = "get"＞
38	＜table border = "1" cellpadding = "0" cellspacing = "0" style = "border-collapse; collapse" bordercolor = "＃AED6F7" width = "100 %" bgcolor = "＃F1F1F1"＞

```
39              <tr>
40                  <td width = "85" align = "center" height = "24" class = "border">
<span style = "font-weight：400">课程编号</span></td>
41                  <td width = "383" align = "center" class = "border"><span style = "
font-weight：400">课程名称</span>
42                  </td>
43                  <td width = "501" align = "center" class = "border">操作</td>
44              </tr>
45              <?
46               $ i = 0;
47              while ( $ row = mysqli_fetch_array( $ rs)) {
48              ? >
49              <tr>
50                  <input name = "course_id" type = "hidden" value = "<? echo $ row['
course_id']; ? >">
51                  <td><? echo $ row['course_id'];? ></td>
52                  <td><? echo $ row["course_name"];? ></td>
53                  <td align = "center"> <a href = "admin_course_edit.php? id = <?
echo $ row['course_id']; ? >&cname = <? echo urlencode( $ row['course_name']);? >">编辑
</a> <a href = "admin_course_del.php? id = <? echo $ row['course_id'];? >">删除
</a></td>
54              </tr>
55              <?
56          $ i ++ ;
57              }
58              ? >
59          </table>
60          </form>
61          </body>
62          </html>
```

（2）添加课程程序。在课程管理主程序文本框输入新增课程的名称，然后单击"添加课程"按钮，提交表单数据，调用 admin_course_insert.php 程序，完成添加课程操作。程序内容如下：

行号	代码
1	`<?`
2	`session_start();`
3	`require("../conn.php");`
4	`$ sql = "insert into course(course_name) values('{ $ _POST['course_name']}')";`
5	`if (mysqli_query( $ conn, $ sql))`
6	`    header("Location：./admin_course.php? msg = ".urlencode('增加课程成功'));`
7	`else`
8	`    header("Location：./admin_course.php? msg = ".urlencode('增加课程失败'));`
9	`? >`

（3）编辑课程程序。在课程管理主程序界面找到要编辑的课程标题，单击右边的"编辑"链接，进入编辑课程界面 admin_course_edit.php，编辑完成后单击"保存"按钮即完成课程

的修改编辑，如图 10-8 所示。代码如下：

行号	代码

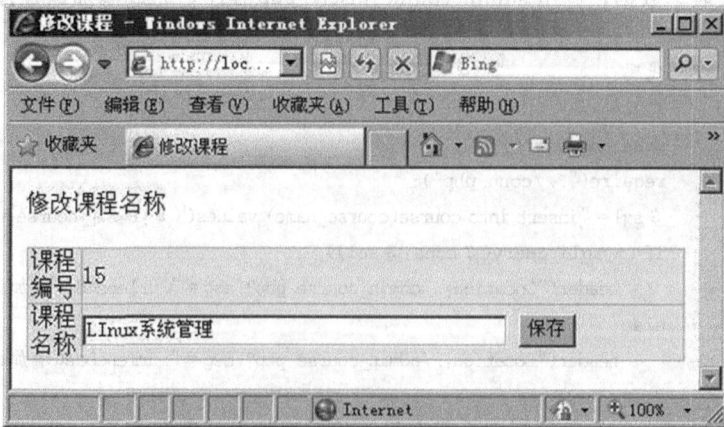

```
1     <?
2     session_start();
3     if ( $_POST['course_id']){
4         require("../conn.php");
5         $sql = "update  course set course_name = '". $_POST['course_name']. "' where
course_id = ". $_POST['course_id'];
6         mysqli_query( $conn, $sql) or die("修改课程失败");
7         header("Location:../admin_course.php");
8         exit;
9     }
10    ?>
11    <html>
12    <head>
13    <meta http-equiv = "Content-Type" content = "text/html; charset = gb2312">
14    <title>修改课程</title>
15    </head>
16    <body>
17    修改课程名称
18    <form name = "form1" method = "post" action = "admin_course_edit.php">
19    <input name = "course_id" type = "hidden" value = "<? echo $_REQUEST['id'];?
>">
20    <table border = "1" cellpadding = "0" cellspacing = "0" style = "border-collapse:
collapse" bordercolor = "#AED6F7" width = "100%"   height = "30"   bgcolor = "#F1F1F1">
21        <tr>
22        <td width = "115" class = "noborder" align = "center"> <p align = "center">课
程编号</td>
23        <td width = "872"><? echo $_REQUEST['id'];?>
24        </td>
25        </tr>
```

图 10-8 编辑课程界面

```
26          <tr>
27              <td class = "noborder" align = "center">课程名称</td>
28              <td ><input name = "course_name" type = "text" value = "<? echo $ _
REQUEST['cname'];? >" size = "40">
29                  <input name = "submit" type = "submit" value = "保存" border = "0"></td>
30          </tr>
31      </table>
32      </form>
33      </body>
34      </html>
```

(4)删除课程程序。在课程管理主程序界面找到要删除的课程标题，单击右边的"删除"
链接即完成单条课程的删除。编写实现删除课程功能程序 admin_course_del.php，代码
如下：

```
行号        代码
1          <?
2          session_start();
3          if ( $ _REQUEST['id']){
4              require("../conn.php");
5              $ sql = "delete from course where course_id = ". $ _REQUEST['id'];
6              mysqli_query( $ conn, $ sql) or die("删除课程失败");
7              header("Location:. /admin_course.php");
8              exit;
9          }
10         ? >
```

2. 班级管理

班级管理程序(admin_class.php)实现添加、修改和删除班级信息，将课程信息保存到
数据库中的 class 表，页面运行效果如图 10-9 所示。关键代码如下：

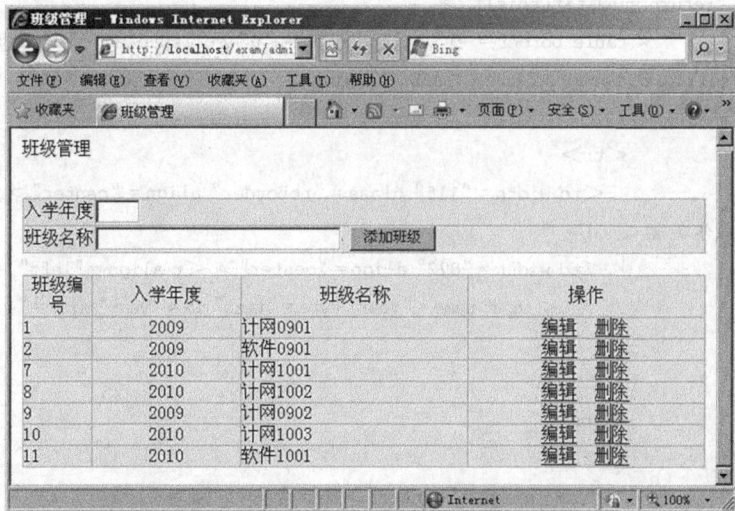

图 10-9　班级管理页面

行号	代码
1	`<?`
2	`session_start();`
3	`require("../conn.php");`
4	`$ sql = "select * from class";`
5	`$ rs = mysqli_query( $ conn, $ sql) or die("查询班级失败");`
6	`?>`
7	`<html>`
8	`<head>`
9	`<meta http-equiv = "Content-Type" content = "text/html; charset = gb2312">`
10	`<title>班级管理</title>`
11	`<script language = "javascript">`
12	`function submitit(myform)`
13	`{`
14	`  if(myform. course_name. value == "")`
15	`  {`
16	`    alert("班级名称不能为空!");`
17	`    return false;`
18	`  }`
19	`}`
20	`</script>`
21	`</head>`
22	`<body>`
23	班级管理
24	`<hr noshade color = "#FFfFFF" size = "1">`
25	`<form action = "admin_class_insert. php" method = "POST" name = "classform1" onSubmit = "return submitit(this);">`
26	`<table border = "1" cellpadding = "0" cellspacing = "0" style = "border-collapse: collapse" bordercolor = "#AED6F7" width = "100%"  height = "30"  bgcolor = "#F1F1F1">`
27	`<tr>`
28	`<td width = "115" class = "noborder" align = "center"> <p align = "center">入学年度</td>`
29	`<td width = "872" align = "center"> <p align = "left">`
30	`<input name = "year" type = "text" id = "year" size = "4" maxlength = "4">`
31	`</td>`
32	`</tr>`
33	`<tr>`
34	`<td  align = "center">班级名称</td>`
35	`<td ><input name = "classname" type = "text" id = "classname" size = "30" maxlength = "30">`
36	`<input name = "提交" type = "submit" value = "添加班级" border = "`

0"></td>

```
37                  </tr>
38                </table>
39              </form>
40              <? echo $ _GET['msg']; ? >
41              <table border = "1" cellpadding = "0" cellspacing = "0" style = "border-
collapse: collapse" bordercolor = "#AED6F7" width = "100%" bgcolor = "#F1F1F1">
42                <tr>
43                  <td width = "71" align = "center" height = "24" class = "border"><span
style = "font-weight: 400">班级编号</span></td>
44                  <td width = "151" align = "center" class = "border">入学年度</td>
45                  <td width = "232" align = "center" class = "border"><span style = "
font-weight: 400">班级名称</span>
46                  </td>
47                  <td width = "246" align = "center" class = "border">操作</td>
48                </tr>
49                <?
50                  $ i = 0;
51                  while ( $ row = mysqli_fetch_array( $ rs)) {
52                ? >
53                <tr>
54                  <input name = "course_id" type = "hidden" value = "<? echo $ row['
course_id']; ? >">
55                  <td><? echo $ row['class_id'];? ></td>
56                  <td><div align = "center"><? echo $ row["enroll_year"];? ></
div></td>
57                  <td ><? echo $ row["classname"];? > </td>
58                  <td align = "center">
59                  <a href = "admin_class_edit.php? id = <? echo $ row['class_id']; ? >&year
= <? echo $ row['enroll_year'];? >&cname = <? echo urlencode( $ row['classname']);? >"
>编辑</a>
60                   <a href = "admin_class_del.php? id = <? echo $ row['class_id'];?
>">删除</a></td>
61                </tr>
62                <?
63                  $ i ++;
64                  }
65                ? >
66              </table>
67            </body>
68          </html>
```

在文本框输入入学年度和班级名称，然后单击"添加班级"按钮，提交表单数据，调用
admin_cclass_insert. php 程序，完成添加班级操作。程序内容如下：

```
行号      代码
1        <?
2        session_start();
3        require("../conn.php");
4         $ sql = "insert into class(enroll_year,classname) values({ $ _POST['year']},'
{ $ _POST['classname']}')";
5            if (mysqli_query( $ conn, $ sql))
6                header("Location:./admin_class.php? msg = ".urlencode('增加班级成功'));
7            else
8                header("Location:./admin_class.php? msg = ".urlencode('增加班级失败'));
9         ? >
```

3. 学生管理

学生管理主程序(admin_student.php)实现添加、修改和删除学生信息，将学生信息保存到数据库中的 student_user 表，页面运行效果如图 10-10 所示。

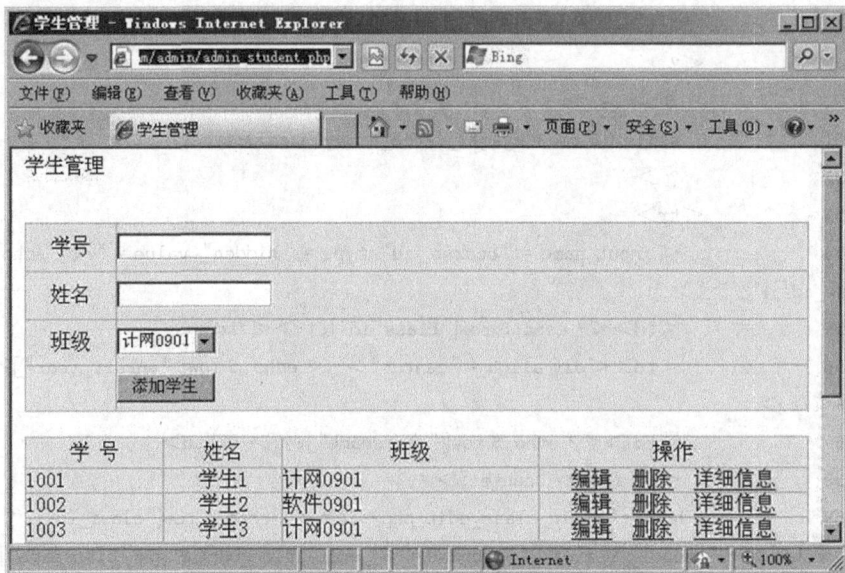

图 10-10　学生管理主页面

在学生管理主程序页面文本框输入学号、姓名，然后选择班级，单击"添加学生"按钮，提交表单数据，调用 admin _ student _ insert.php 程序，完成添加学生操作。程序内容如下：

```
行号      代码
1        <?
2        session_start();
3        require("../conn.php");
4         $ sql = "insert into student_user(s_xh,s_name,s_pwd,s_class_id) ";
5         $ sql. = " values('{ $ _POST['xh']}','{ $ _POST['name']}',PASSWORD('{ $ _POST
['xh']}'),{ $ _POST['class_id']})";
6            if (mysqli_query( $ conn, $ sql))
```

```
7          header("Location:../admin_student.php? msg = ".urlencode('增加学生成功'));
8        else
9          header("Location:../admin_student.php? msg = ".urlencode('增加学生失败'));
10       ? >
```

4. 教师管理

教师管理主程序(admin_teacher.php)实现添加、修改和删除教师信息，将教师信息保存到数据库中的 teachuser 表，页面运行效果如图 10-11 所示。

在教师管理主程序页面文本框输入教师编号、姓名，然后选择教师类别，单击"添加学生"按钮，提交表单数据，调用 admin_teacher_insert.php 程序，完成添加教师操作。程序内容如下：

```
行号     代码
1        <?
2        session_start();
3        require("../conn.php");
4        $ sql = "insert into teachuser(t_userid,t_username,t_pwd,t_usertype) ";
5        $ sql. = " values('{ $ _POST['userid']}','{ $ _POST['name']}',PASSWORD('{ $ _POST
['userid']}'),'{ $ _POST['type1']}')";
6        if (mysqli_query( $ conn, $ sql))
7          header("Location:../admin_teacher.php? msg = ".urlencode('增加教师成功'));
8        else
9          header("Location:../admin_teacher.php? msg = ".urlencode('增加教师失败'));
10       ? >
```

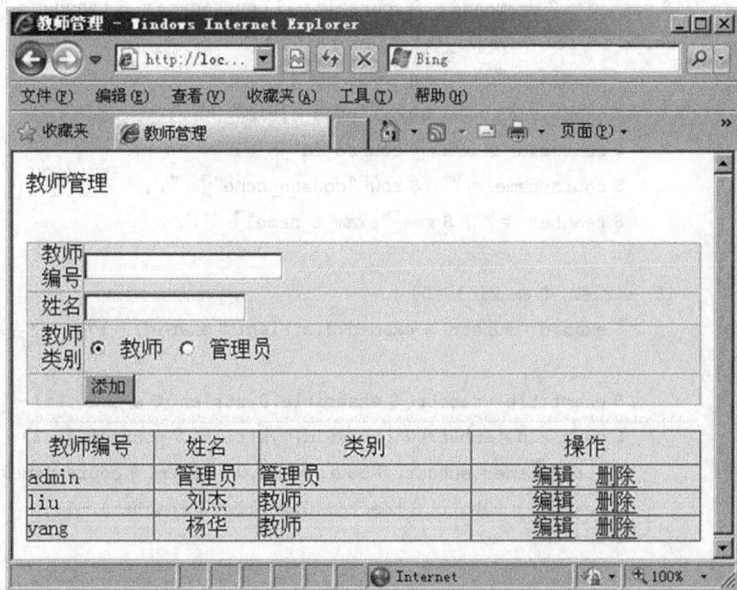

图 10-11　教师管理主页面

5. 考试时间安排

考试时间安排程序(admin_exam_time.php)实现设置试卷的考试日期和时间，页面运行效果如图 10-12 所示。参考代码如下：

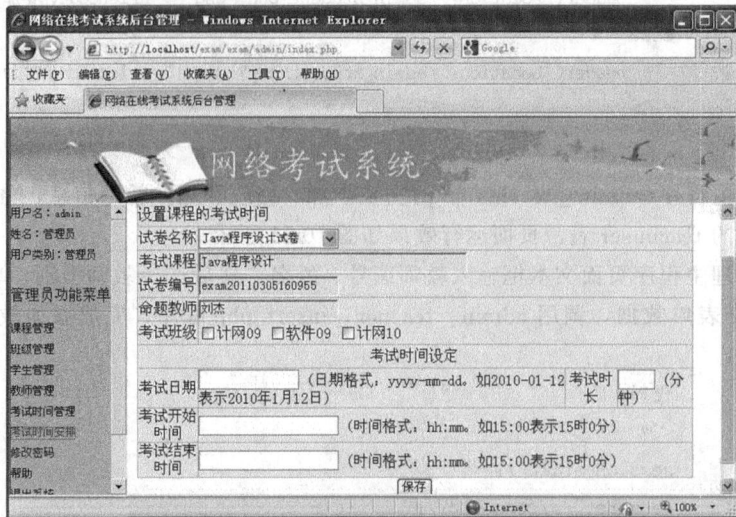

图 10-12　考试时间安排页面

行号	代码
1	`<?`
2	`session_start();`
3	`require("../conn.php");`
4	`$sql = "select * from exam_info , course where exam_info.course_id = course.course_id";`
5	`$rs = mysqli_query($conn, $sql) or die("查询试卷失败");`
6	`$examid = $examname = $courseid = $coursename = $teacher = "";`
7	`while ($row = mysqli_fetch_array($rs)) {`
8	`$examid .= "'". $row["exam_id"]. "',';`
9	`$examtitle .= "'". $row["exam_title"]. "',';`
10	`$courseid .= $row["course_id"]. ',';`
11	`$coursename .= "'". $row["course_name"]. "',';`
12	`$teacher .= "'". $row["exam_t_name"]. "',';`
13	`}`
14	`if (strlen($examid)>0) {`
15	`$examid = substr($examid,0,strlen($examid)-1);　//去掉字符串的最后一个逗号`
16	`$examtitle = substr($examtitle,0,strlen($examtitle)-1);`
17	`$courseid = substr($courseid,0,strlen($courseid)-1);`
18	`$coursename = substr($coursename,0,strlen($coursename)-1);`
19	`$teacher = substr($teacher,0,strlen($teacher)-1);`
20	`}`
21	`?>`
22	`<SCRIPT LANGUAGE = "JavaScript">`
23	`function select_exam(i) {`
24	`<?`
25	`echo "        var examid = new Array(". $examid. ");\n";`
26	`echo "        var examtitle = new Array(". $examtitle. ");\n";`

```
27        echo "        var courseid = new Array(". $ courseid. ");\n";
28        echo "        var coursename = new Array(". $ coursename. ");\n";
29        echo "        var teacher = new Array(". $ teacher. ");\n";
30        ? >
31            var id,i;
32            document. form1. coursename. value = coursename[i];
33            document. form1. courseid. value = courseid[i];
34            document. form1. examid2. value = examid[i];
35            document. form1. exam_t_name. value = teacher[i];
36        }
37        </SCRIPT>
```

上面代码从 exam_info 和 course 数据表中读取每份试卷的名称、编号和课程名、命题老师。动态生成了 JavaScript 数组。JavaScript 的 select_exam()函数用来改变表单中显示的考试课程、课程编号、命题老师文本框的值。

为了在表单的"试卷名称"下拉列表中选择一份试卷后，能够触发 select_exam()函数，还需要给该下拉列表标记定义 onChange 事件代码。设置如下：

```
<select name = "examid" id = "examid" onChange = "select_exam(this. selectedIndex)">
```

在图 10-12 所示的界面表单中输入考试时间后，单击"保存"按钮，提交表单，调用 admin_examtime_save. php 程序，将考试时间保存到 exam_time 数据表中，并将参加考试的班级学生信息添加到 exam_score 表。代码如下：

```
行号    代码
1       <?
2       session_start();
3       require("../conn. php");
4       $ class = implode(",", $ _POST["exam_class"]);  //将表单的班级号数据转换
为字符串,用逗号分开
5       $ sql = "insert into exam_time(course_id, exam_id, exam_class, exam_date,
exam_starttime, exam_endtime, exam_timelen) ";
6       $ sql. = "values({$ _POST['courseid']},'{$ _POST['examid']}','$ class','{$ _
POST['exam_date']}',";
7       $ sql. = "'{$ _POST['exam_starttime']}','{$ _POST['exam_endtime']}','{$ _POST
['exam_timelen']})')";
8       $ rs = mysqli_query($ conn, $ sql) or die("添加考试时间错误");
9       //以下循环将各班的参加考试学生信息添加到成绩表 exam_score 表
10      $ class = $ _POST["exam_class"];
11      for ( $ i = 0; $ i<count($ class); $ i ++ ) {
12          $ sql = "select * from student_user where s_class_id = ". $ class[$ i];
13          $ rs = mysqli_query($ conn, $ sql);
14          $ sql = "insert into exam_score(s_xh,course_id,exam_id) values ";
15          while ( $ row = mysqli_fetch_array($ rs))
16      $ sql. = "('{$ row['s_xh']}',{$ _POST['courseid']},'{$ _POST['examid']}'),";
17          $ sql = substr($ sql,0,strlen($ sql) - 1);
18          mysqli_query($ conn, $ sql);
19      }
20      header("Location:admin_exam_time. php");
```

```
21          ?>
```

6. 考试时间管理

考试时间管理程序(admin_examtime.php)实现修改试卷的考试日期和时间。单击该页面中的"编辑"链接可修改对应试卷的考试日期和时间。代码如下：

行号	代码
1	`<?`
2	`session_start();`
3	`require("../conn.php");`
4	`$ sql = "update exam_time set exam_date = '". $ _POST[exam_date]. "',exam_` `starttime = '". $ _POST[exam_starttime]. "',";`
5	`$ sql. = "exam_endtime = '". $ _POST[exam_endtime]. "',exam_timelen = '". $ _` `POST[exam_timelen]. "' where exam_id = '". $ _POST[examid2]. "'";`
6	`$ rs = mysqli_query( $ conn, $ sql) or die(mysql_error());`
7	`header("Location:admin_examtime.php");`
8	`?>`

任务 5　教师功能的实现

1. 设置试题题型

设置试题题型程序用来完成试题基本信息的添加、删除和修改，并设置试题的题型。

(1)设置试题题型主程序。设置试题题型主程序页面(teach_exam_type_step1.php)将当前已经设置的试卷基本信息通过表格显示出来，如图 10-13 所示。程序代码如下：

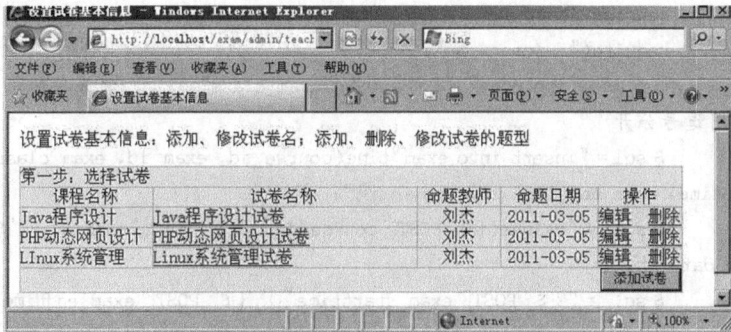

图 10-13　设置试题题型主程序页面

行号	代码
1	`<?`
2	`session_start();`
3	`require("../conn.php");`
4	`$ sql = "select * from exam_info,course where exam_t_userid = '{ $ _SESSION['t` `_userid']}' and exam_audit = 0 and ";`
5	`$ sql. = "exam_info. course_id = course. course_id";`
6	`$ rs = mysqli_query( $ conn, $ sql) or die("查询试卷失败");`
7	`?>`
8	`<html>`
9	`<head>`
10	`<meta http-equiv = "Content-Type" content = "text/html; charset = gb2312">`

```
11          <title>设置试卷基本信息</title>
12          <script language = "javascript">
13          function redirectit(){
14            self. location. href = "teach_exam_add. php";
15          }
16          </script>
17          </head>
18          <body>
19          <table border = "0" cellspacing = "0" style = "border-collapse: collapse"
bordercolor = "#007CD0" width = "100%">
20            <tr>
21            <td width = "100%">设置试卷基本信息:添加、修改试卷名;添加、删除、修
改试卷的题型</td>
22            </tr>
23          </table>
24          <hr noshade color = "#FFFFFF" size = "1">
25          <table border = "1" cellpadding = "0" cellspacing = "0" style = "border-
collapse: collapse" bordercolor = "#AED6F7" width = "97%" id = "AutoNumber3" height = "30"
class = "withborder" bgcolor = "#F1F1F1">
26            <tr>
27            <td colspan = "5" align = "center" ><div align = "left">第一步:选择
试卷 </div></td>
28            </tr>
29            <tr>
30            <td width = "189"  ><div align = "center">课程名称</div></td>
31            <td width = "396" ><div align = "center">试卷名称</div></td>
32            <td width = "122" align = "center"><div align = "center">命题教师
</div></td>
33            <td width = "128" align = "center">命题日期</td>
34            <td width = "116" align = "center">操作</td>
35            </tr>
36          <?
37          while ( $ row = mysqli_fetch_array( $ rs)) {
38          ? >
39            <tr>
40            <td ><? echo $ row['course_name'];? ></td>
41            <td ><a href = "teach_exam_type_step2. php? examid = <? echo $ row['
exam_id'];? >"><? echo $ row['exam_title'];? ></a></td>
42            <td align = "center"><? echo $ row['exam_t_name'];? ></td>
43            <td align = "center"><? echo $ row['exam_prop_date'];? ></td>
44            <td align = "center"><a href = "teach_exam_edit. php? examid = <?
echo $ row['exam_id'];? >">编辑</a> 
45            <a href = "teach_exam_del. php? examid = <? echo $ row['exam_id'];?
>" target = "_self">删除</a></td>
46            </tr>
```

```
47          <?
48          }
49          ?>
50          <tr>
51            <td colspan = "5" ><div align = "right">
52              <input type = "submit" name = "Submit" value = "添加试卷" onClick = "
  redirectit()">
53              </div></td>
54          </tr>
55        </table>
56        <br>
57      </body>
58    </html>
```

(2)添加试卷程序。在设置试题题型主程序页面单击"添加试卷"按钮可以进入添加试卷
程序页面(teach_exam_add.php)，如图 10-14 所示。

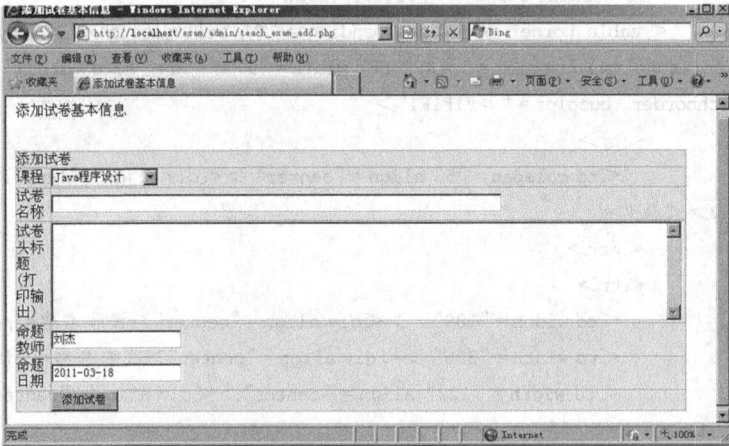

图 10-14　设置试题题型页面

在添加试卷程序输入试卷信息，单击"添加试卷"按钮，提交表单数据，将试卷添加到
exam_info 表。代码如下：

```
行号      代码
1        <?
2        session_start();
3        require("../conn.php");
4        if ( $ _POST['Submit'] == "添加试卷"){
5            $ exam_id = "exam".date("YmdHis");  //试卷编号
6            $ examdate = date("Y-m-d");
7            $ sql = "insert into exam_info (course_id,exam_id,exam_title,exam_
  header,exam_t_userid,exam_t_name,exam_prop_date) ";    $ sql .= "values({ $ _POST['course_
  id']},'{ $ exam_id}','{ $ _POST['exam_title']}','{ $ _POST['exam_header']}'";
8            $ sql .= ",'{ $ _SESSION['t_userid']}','{ $ _SESSION['name']}','{ $ examdate})')";
9            mysqli_query( $ conn, $ sql) or die("添加试卷基本信息失败");
10           header("Location:./teach_exam_type_step1.php");
```

```
11          exit;
12        }
13      ? >
```

（3）设置试题题型程序。在图 10-13 所示的页面中，单击某一试卷名称超链接，则调用程序，自动添加三种客观题型，如图 10-15 所示。

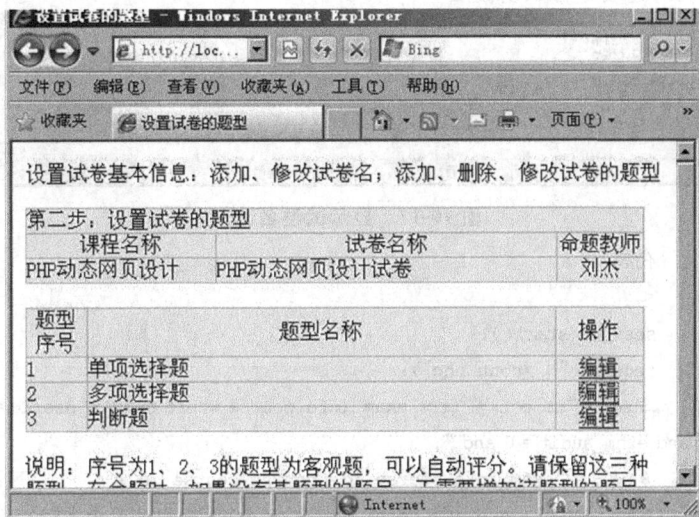

图 10-15　设置试题题型

（4）修改题型程序。在图 10-15 所示的设置试题题型程序页面中，单击某一题型的"编辑"超链接，调用 teach_exam_type_edit.php 程序，修改题型的相关说明，如图 10-16 所示。

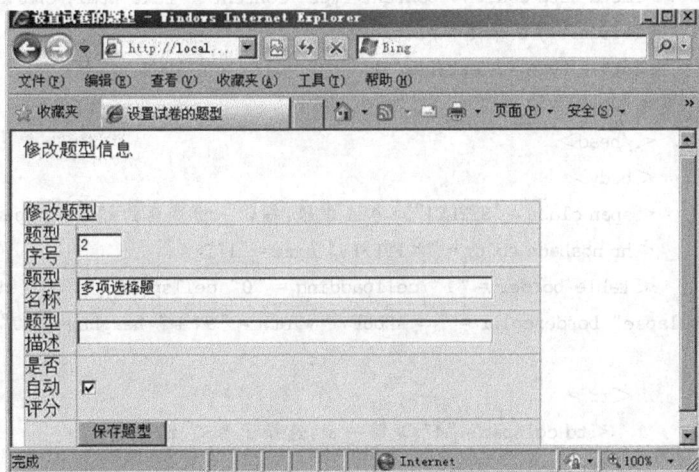

图 10-16　修改题型页面

2. 考试试卷命题

考试试卷命题的功能是给要考试的某一门试卷录入考试题、修改考试题和删除考试题，它包括下面几个程序。

（1）显示试卷名称程序。显示试卷名称程序（teach_examtest_step1.php）显示出当前存在的试卷名，如图 10-17 所示。程序代码如下：

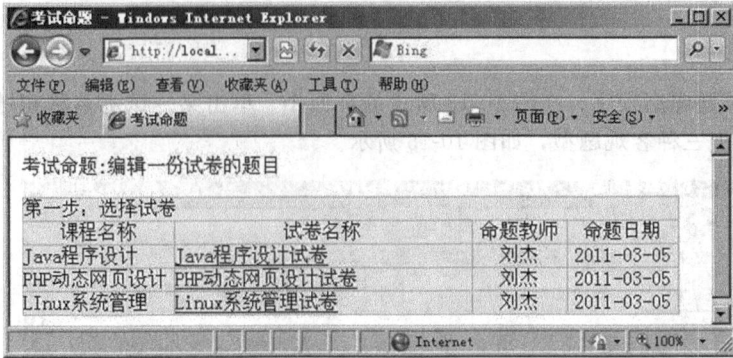

图 10-17　显示试卷名称

```
行号        代码
1           <?
2           session_start();
3           require("../conn.php");
4           $sql = "select * from exam_info,course where exam_t_userid = '{ $_SESSION['
t_userid']}' and exam_audit = 0 and ";
5           $sql. = "exam_info.course_id = course.course_id";
6           $rs = mysqli_query( $conn, $sql) or die("查询试卷失败");
7           ?>
8           <html>
9           <head>
10          <meta http-equiv = "Content-Type" content = "text/html; charset = gb2312">
11          <title>考试命题</title>
12          <style type = "text/css">
13          </style>
14          </head>
15          <body>
16          <span class = "STYLE1">考试命题:编辑一份试卷的题目</span>
17          <hr noshade color = "#FFFFFF" size = "1">
18          <table border = "1" cellpadding = "0" cellspacing = "0" style = "border-
collapse: collapse" bordercolor = "#AED6F7" width = "97%" height = "30" bgcolor = "#
F1F1F1">
19              <tr>
20                  <td colspan = "4" >第一步:选择试卷</td>
21              </tr>
22              <tr>
23                  <td width = "189" align = "center" >课程名称</td>
24                  <td width = "396" align = "center" >试卷名称</td>
25                  <td width = "122" align = "center">命题教师</td>
26                  <td width = "128" align = "center">命题日期</td>
27              </tr>
28              <?
29          while ( $row = mysqli_fetch_array( $rs)) {
```

```
30            ?>
31              <tr>
32              <td><? echo $ row['course_name'];?></td>
33              <td><a href = "teach_examtest_step2.php? examid = <? echo $ row['
exam_id'];?>"><? echo $ row['exam_title'];?></a></td>
34              <td align = "center"><? echo $ row['exam_t_name'];?></td>
35              <td align = "center"><? echo $ row['exam_prop_date'];?></td>
36              </tr>
37              <?
38              }
39              ?>
40          </table>
41          </body>
42          </html>
```

（2）显示试卷内容程序。在图 10-17 所示的页面中单击某一个试卷名称，进入显示试卷
内容程序（teach_examtest_step2.php），显示试卷的内容效果如图 10-18 所示。

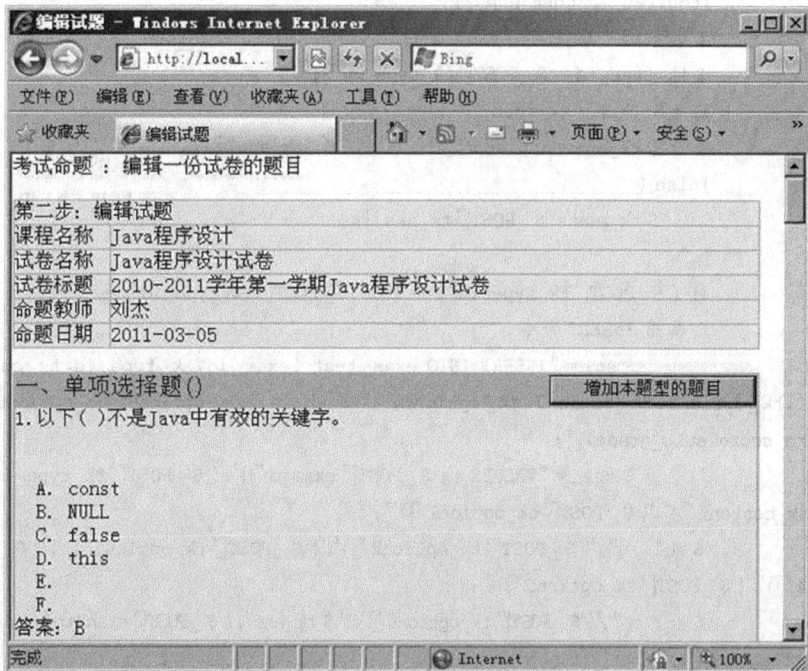

图 10-18　显示试卷内容

（3）增加单选题目程序。增加单选题目程序（teach_examtest_add_singlechoice.php）以试
卷编号为参数，通过在表单里面输入题目内容、选项和答案，如图 10-19 所示，然后单击
"添加题目并返回"按钮即完成添加。

（4）增加判断题目程序。增加判断题目程序（teach_examtest_add_judge.php）以试卷编号
为参数，通过在表单里面输入题目内容和答案，然后单击添加题目完成添加。

（5）保存试题程序。保存试题程序（teach_examtest_insert.php）将添加的单选题、多选
题和判断题内容保存到 exam_test 表。程序代码如下：

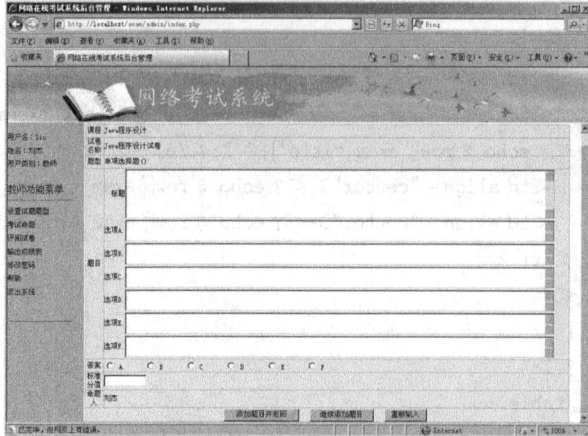

图 10-19　增加单选题目

行号	代码

```php
1    <?
2    session_start();
3    require("../conn.php");
4    $ examid = $ _POST['examid'];
5    $ tk_type_id = $ _POST['tk_type_id'];
6    if ( $ _POST['tk_type_id'] == 2) {
7        $ tk_ans = implode(",", $ _POST["tk_ans"]);
8    }else {
9        $ tk_ans = $ _POST['tk_ans'];
10   }
11   if ( $ _POST['tk_type_id'] == 1 or $ _POST['tk_type_id'] == 2) {
12   //构造 INSERT 命令
13       $ sql = "INSERT INTO exam_test (exam_id,tk_type_id,tk_content,tk_
option1,tk_option2,tk_option3,tk_option4,"; $ sql. = "tk_option5,tk_option6,tk_ans,
standard_score,auto_grade) ";
14       $ sql. = "VALUES ('{ $ _POST['examid']}',{ $ _POST['tk_type_id']},'{ $ _
POST['tk_content']}','{ $ _POST['tk_option1']}'";
15       $ sql. = ",'{ $ _POST['tk_option2']}','{ $ _POST['tk_option3']}','{ $ _POST['tk_
option4']}','{ $ _POST['tk_option5']}'";
16       $ sql. = ",'{ $ _POST['tk_option6']}','$ tk_ans',{ $ _POST['standard_score']},{ $ _
POST['auto_grade']})";
17   }else{   //其他题型
18   //构造 INSERT 命令
19       $ sql = "INSERT INTO exam_test (exam_id,tk_type_id,tk_content,tk_
ans,standard_score,auto_grade) ";
20       $ sql. = "VALUES ('{ $ _POST['examid']}',{ $ _POST['tk_type_id']},'{ $ _
POST['tk_content']}'";
21       $ sql. = ",'$ tk_ans',{ $ _POST['standard_score']},{ $ _POST['auto_grade']})";
22   }
23   mysqli_query( $ conn, $ sql) or die("添加试题失败");
24       $ id = mysqli_insert_id();
```

```
25        if ( $ _POST['Submit'] == "添加题目并返回" ) {
26        header("Location:teach_examtest_step2.php? examid = ". $ examid);
27          exit;
28        }
29        if ( $ _POST['Submit'] == "继续添加题目" ) {
30          switch ( $ tk_type_id ) {
31            case 1:
32            header("Location:teach_examtest_add_singlechoice.php? examid = ".
$ examid. "&exam_type_id = 1");
33          break;
34          case 2:
35              header("Location:teach_examtest_add_multichoice.php? examid = ".
$ examid. "&exam_type_id = 2");
36              break;
37            case 3:
38        header("Location:teach_examtest_add_judge.php? examid = ". $ examid. "&exam
_type_id = 3");
39              break;
40          default:
41        header("Location:teach_examtest_add_other.php? examid = ". $ examid. "&exam
_type_id = ". $ tk_type_id);
42            break;
43        }
44        exit;
45      }
46    ? >
```

3. 试卷评阅

试卷评阅的功能是根据某一试卷的考试答卷，自动计算该答卷每道题目的得分，然后统计出该考生的考试成绩，并存储到 exam_score 数据表，它包含下面的程序。

（1）选择试卷程序。选择试卷程序（teach_grade_step1.php）显示要评阅的试卷名称供教师选择，运行结果如图 10-20 所示。

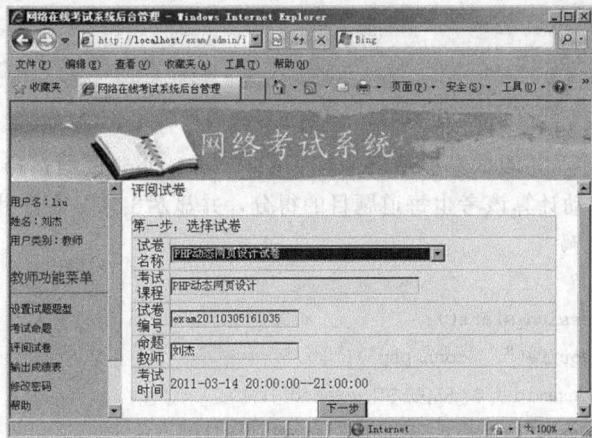

图 10-20　选择试卷

(2)选择考试班级程序。选择考试班级程序(teach_grade_step2.php)从课程的考试班级中选择一个考试班级，以便对具体某一个班级进行评卷，运行结果如图 10-21 所示。

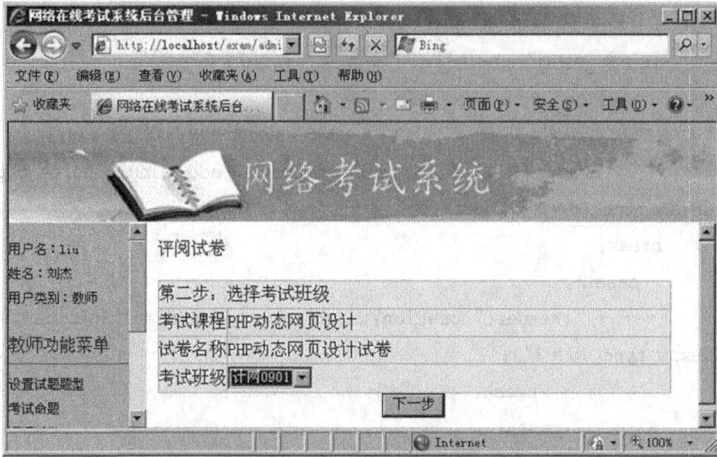

图 10-21　选择考试班级

(3)显示班级成绩程序。显示班级成绩程序(teach_grade_step3.php)根据选择的试卷和班级，显示某个班的课程成绩和评卷操作。如果考生没有成绩，则选择"评卷"按钮，如图 10-22 所示。

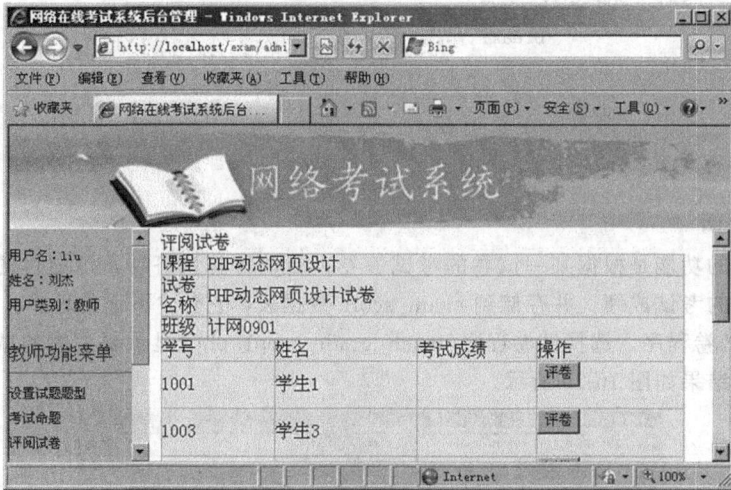

图 10-22　显示班级成绩页面

(4)评阅试卷程序。评阅试卷程序(teach_grade_step4.php)根据选择的试卷编号、班级编号和考生编号，自动计算该考生每道题目的得分，并显示出来。程序代码如下：

行号	代码
1	`<?`
2	`session_start();`
3	`require("../conn.php");`
4	`$examid = $_REQUEST['examid'];`
5	`$examtitle = $_REQUEST['examtitle'];`
6	`$xh = $_REQUEST['xh'];`

```
7         $ name = $ _REQUEST['name'];
8         $ coursename = $ _REQUEST['coursename'];
9         $ classname = $ _REQUEST['classname'];
10        mysqli_query( $ conn,"update stud_exam_ans set t_userid = '". $ _SESSION['
name'].""');
11        //给客观题自动评分
12        $ sql = "select id,standard_score,tk_ans,stud_ans,auto_grade ";
13        $ sql. " from stud_exam_ans,exam_test where s_xh = '$ xh'  and stud_exam_
ans. st_id = exam_test. st_id ";
14        $ sql. "and stud_exam_ans. exam_id = '$ examid' and auto_grade = 1 order by tk
_type_id";
15        $ rs = mysqli_query( $ conn, $ sql);
16        while ( $ row = mysqli_fetch_array( $ rs)) {
17            if ( $ row["stud_ans"] == $ row["tk_ans"]) {
18                $ update_sql = "update stud_exam_ans set stud_score = ". $ row['
standard_score']." where id = ". $ row['id'];
19                mysqli_query( $ conn, $ update_sql);
20            }else {
21                mysqli_query( $ conn,"update stud_exam_ans set stud_score = 0 where
id = ". $ row['id']);
22            }
23        }
24        ? >
```

任务6　学生考试功能的实现

下面我们介绍一下学生考试功能的程序实现。进入考场是为了参加某一课程的考试，根据管理员事先设定的考试时间，在指定的时间登录考试系统进行答题，如果考试时间未到，则显示离考试还有多长时间，到时间后由考试系统自动将试题传输到学生登录的用户端，当考试结束时间已到，或者在考试中单击了"交卷"按钮，则系统将考生的答题内容写入数据库中。

进入考场主程序页面(stud_exam_test. php)先检查是否已到考试时间。如果未到考试时间，则不断显示当前时间和剩余时间，如果到达考试时间，则进入考试页面，显示考试内容和考试剩余时间。程序关键代码如下：

```
行号       代码
1         <?
2         session_start();
3         require("../conn. php");
4         date_default_timezone_set('PRC');    //设定时区为中国时区
5         $ cur_date = date("Y-m-d");
6         $ cur_time = date("H:i:s");
7         //查询今天当前开始的时段里是否有考试课程
8         $ sql1 = "select * from exam_time,exam_info,course where exam_date = \"".
$ cur_date. "\" and ";
9         $ sql1. = "(exam_starttime> = \"". $ cur_time. "\" or (exam_starttime< =
```

```
          \"". $ cur_time. "\" and exam_endtime>\"". $ cur_time. "\")) ";
10        $ sql1. = " and exam_time. exam_id = exam_info. exam_id and exam_info. course_
id = course. course_id ";
11        $ sql1. = " and exam_class like \" % ". $ _SESSION['class_id']. " % \"";
12        $ rs1 = mysqli_query( $ conn, $ sql1);
13        if (mysqli_num_rows( $ rs1)< = 0) {
14            echo "今天没有考试课程。";
15            exit;
16        }
17        //今天有考试课,测试是否到考试开始时间
18        $ row1 = mysqli_fetch_array( $ rs1);
19        $ examid = $ row1['exam_id'];
20        $ coursename = $ row1['course_name'];
21        $ starttime = $ row1['exam_starttime'];
22        $ timelen = $ row1['exam_timelen'];
23        $ endtime = $ row1['exam_endtime'];
24        $ examdate = $ row1['exam_date'];
25        //考试开始时间的年、月、日、时、分、秒
26        $ year = substr( $ examdate,0,4);
27        $ month = substr( $ examdate,5,2);
28        $ day = substr( $ examdate,8,2);
29        $ hour1 = substr( $ starttime,0,2);
30        $ minute1 = substr( $ starttime,3,2);
31        $ second1 = substr( $ starttime,6,2);
32        //考试结束时间的时、分、秒
33        $ hour2 = substr( $ endtime,0,2);
34        $ minute2 = substr( $ endtime,3,2);
35        $ second2 = substr( $ endtime,6,2);
36        $ startseconds = mktime ( $ hour1, $ minute1, $ second1, $ month, $ day,
$ year);  //考试开始时间的秒数
37        $ endseconds = mktime( $ hour2, $ minute2, $ second2, $ month, $ day, $ year);
38        //考试结束时间的秒数
39        $ now = time();  //当前时间的秒数
40        $ now_ms = $ now * 1000;  //当前时间的毫秒数
41        $ startseconds_ms = $ startseconds * 1000;  //考试开始时间的毫秒数
42        //如果未到考试开始时间,则不断测试时间,直到考试开始时间,提交表单,重新
调用本程序 stud_exam_test. php,以便下载试题
43        if ( $ now< $ startseconds) {
44            $ lefttime = ( $ startseconds- $ now)/60;
45        ? >
46        <html>
47        <head>
48        <meta http-equiv = "Content-Type" content = "text/html; charset = gb2312">
49        <script language = "Javascript">
50        hoursms = 60 * 60 * 1000;
```

```
51        minutesms = 60 * 1000;
52        secondms = 1000;
53        //下面 2 行代码将服务器时间信息传递给用户机脚本程序
54        nowTime = new Date(<? echo $ now_ms;? >);
55        startTime = new Date(<? echo $ startseconds_ms;? >);
56        diffms = startTime. getTime()-nowTime. getTime();
57        //confirm(nowTime + "\n" + startTime + "\n" + diffms);
58        function timeCount(){
59            totalms = diffms;
60            leftHours = Math. floor(totalms/hoursms);
61            totalms − = leftHours * hoursms;
62            leftMinutes = Math. floor(totalms/minutesms);
63            totalms − = leftMinutes * minutesms;
64            leftSeconds = Math. floor(totalms/secondms);
65            diffms − 1000;
66            timestr = leftHours + "小时" + leftMinutes + "分" + leftSeconds + "秒";
67            if (leftHours == 0 && leftMinutes == 0 && leftSeconds == 0)
68                    document. timeform. submit();
69            else
70                    document. all. time1. innerHTML = timestr;
71            setTimeout("timeCount()",1000);
72        }
73        window. onload = timeCount;
74        </script>
75        <title>服务器倒计时</title></head>
76        <body>
77        <?
78        echo "考试课程：". $ coursename;
79        echo "<br>试卷编号：". $ row1['exam_id'];
80        echo "<br>试卷名称：". $ row1['exam_title'];
81        echo "<br>考试日期：". $ examdate;
82        echo "<br>考试时间：". $ starttime. " -- ". $ endtime. " 共(". $ timelen. ")
分钟";
83        ? >
```

根据以上介绍的各个模块进行各用户的操作。

▶ 实训项目 10

主题：网上商城开发的需求与分析。

1. 参考知识点

(1)网上商城网站开发的一般步骤。

(2)网上商城网站开发的主流技术及其相应的指标。

(3)如何比较准确地获得网站开发的需求。

(4)如何进行需求分析。

(5)需求分析与功能分析的关系。

2. 参考技能点

(1)与客户进行沟通的技能。

(2)按照需求选择恰当的系统平台与架构、硬件和软件的选择。

(3)根据需求，作出功能分析，并画出相应的功能模块图。

3. 实训训练目的

(1)沟通训练：训练作为一名专业网站设计开发人员如何与非专业的客户进行沟通，通过角色扮演和交换，让学生掌握如何进行专业和非专业人员之间的沟通，感受在实际中可能产生理解偏差和矛盾的环节以及如何解决这些潜在的问题。

(2)分析训练：训练学生如何把实际的需求进行分类，转化成功能模块。

(3)知识技能组织训练：训练学生能够运用所学的知识和技能，辩证地选择合适的技术去实现客户的需求。

4. 实训步骤

(1)设计流程图。系统流程图参照图 10-23 所示。

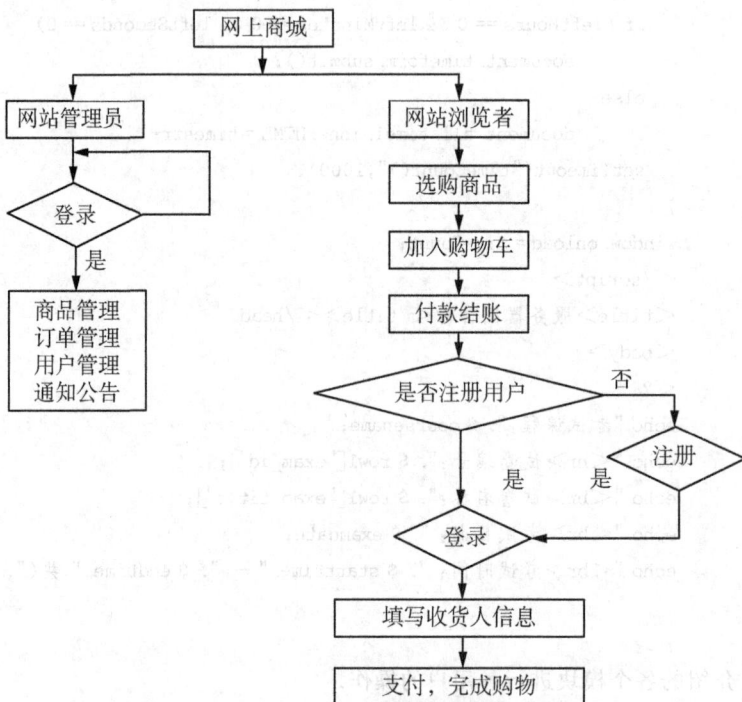

图 10-23 系统流程图

(2)模块结构图。学生每 2 人一组，其中学生甲扮演客户，学生乙扮演开发人员。学生甲课前完成：构思和设计一个网上商城网站的主题(需求)，该网站必须是动态的，即通过数据库的存储操作产生动态逻辑。该网站可以来自一个实际企业的需求，也可自己进行构思和设定。形成一份《系统需求书》，以记叙文和图表的形式描述。学生甲根据《系统需求书》向学生乙描述需求。学生乙根据学生甲的描述，按照网站开发的一般步骤，根据学生甲的需求来分析，并与学生甲进行商榷设计该系统的平台与架构、确定硬件和软件的选择，并画出相应的功能模块图。功能模块图可以参照图 10-24 所示。

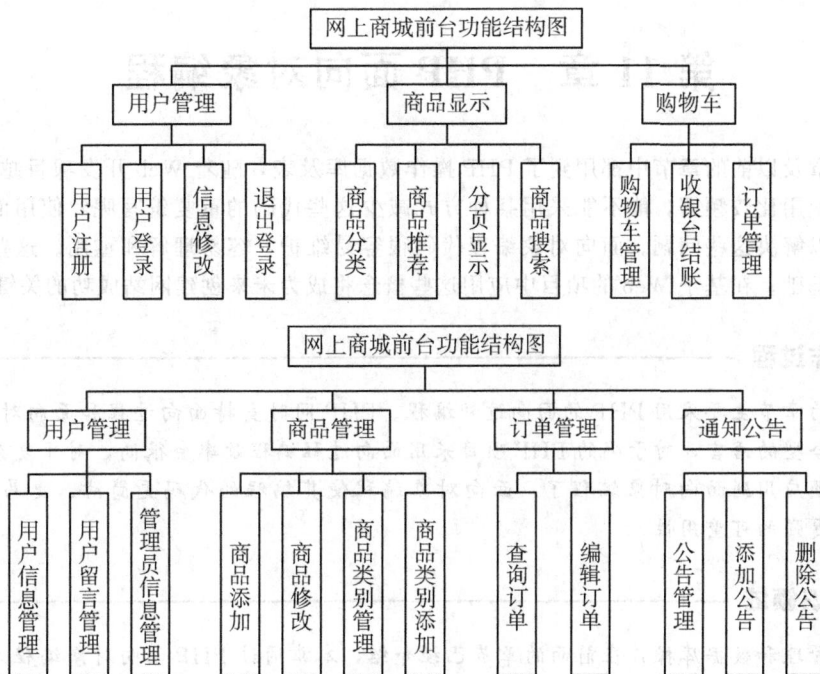

图 10-24　功能模块图

　　经过甲乙双方商讨，开发人员向需求方提供《系统需求与分析报告书》，包含以下几个部分：

- 系统的架构、功能和用户描述；
- 系统的需求概述与分析；
- 系统的功能分析；
- 页面流图；
- 数据库表的设计，含表的结构和表之间的联系。

5. 提交材料

(1) 系统需求。

(2) 系统需求与分析报告。

(3) 网站的完整代码。

第 11 章　PHP 面向对象编程

在本章及以前的章节中都用到了 PHP 操作数据库及表，随着 Web 开发项目越来越大，这些操作使用比较频繁，能不能采用某种方式减少这些代码的重复编写呢？使用面向对象编程就可以解决这些问题。面向对象编程代码很容易维护，容易理解和重用。这些也是软件工程的基础。在基于 Web 的项目中应用这些概念将成为未来创建网站成功的关键。

工作过程

前面的章节主要采用 PHP 的面向过程编程。PHP 同时支持面向过程和面向对象编程，是一门混合型的语言，对于小的 PHP 项目采用面向过程编程效率会很高，对于复杂的大型项目就必须应用到面向对象编程了。面向对象编程使其编程的代码更简洁、更易于维护，并且具有更强的可重用性。

知识领域

用户管理和数据库操作在前面的章节已经介绍，本章通过 PHP 面向对象编程方法实现封装数据操作和实现用户管理，通过这个实例可以学习 PHP 面向对象编程开发的概念、思想和方法。

学习情境

充分理解 PHP 面向对象编程的概念、思想和方法。
掌握使用 PHP 面向对象编程方法解决用户管理。
掌握使用 PHP 面向对象编程方法解决数据分页。
掌握 Smarty 模板在 PHP 开发中的简单应用。

▶ 11.1　类与对象概述

面向对象编程(Object Oriented Programming，OOP，面向对象程序设计)是一种计算机编程架构，OOP 的一条基本原则就是计算机程序是由单个能够起到子程序作用的单元或对象组合而成，OOP 达到了软件工程的三个目标：重用性、灵活性和扩展性。为了实现整体运算，每个对象都能够接收信息、处理数据和向其他对象发送信息。面向对象一直是软件开发领域内比较热门的话题。首先，面向对象符合人类看待事物的一般规律；其次，采用面向对象方法可以使系统各部分各司其职、各尽所能，为编程人员敞开了一扇大门，使其编程的代码更简洁、更易于维护，并且具有更强的可重用性。

任务 1　认识类与对象

1. 类的概念

类是具有相同属性和服务的一组对象的集合。它为属于该类的所有对象提供了统一的抽象描述，其内部包括属性和服务两个主要部分。在面向对象的编程语言中，类是一个独立的程序单位，它应该有一个类名并包括属性说明和服务说明两个主要部分。例如，人具有姓名、年龄、身高、体重等特征信息，这些特征信息在类中称为属性，人还具有开车、运动、说话等行为，这些行为在类中称为服务或方法。具有属性特征和行为方法的人就是一个类。

2. 对象的概念

对象是系统中用来描述客观事物的一个实体，它是构成系统的一个基本单位。一个对象由一组属性和对这组属性进行操作的一组服务组成。从更抽象的角度来说，对象是问题域或实现域中某些事物的一个抽象，它反映该事物在系统中需要保存的信息和发挥的作用；它是一组属性和有权对这些属性进行操作的一组服务的封装体。客观世界是由对象和对象之间的联系组成的。

举例：在汽车厂里生产汽车时，首先需要设计师们设计出汽车的图纸，这个图纸就是类；然后工厂按照设计图规定的结构生产想要的汽车，被生产出的汽车就是对象，其关系如图 11-1 所示。

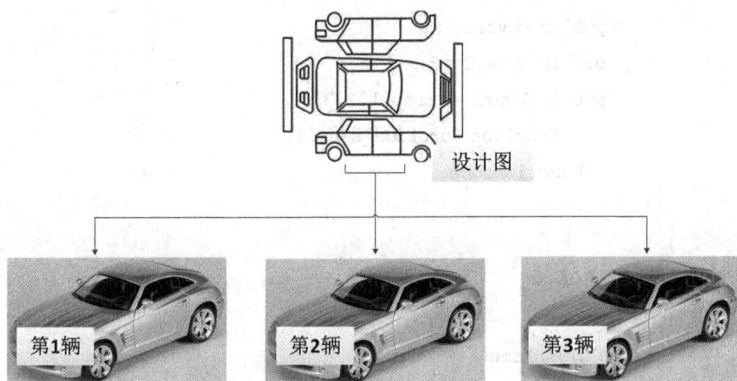

设计图

第1辆　　第2辆　　第3辆

图 11-1　类与对象的关系

▶ 11.2　类与对象的特性

任务 2　类的定义、属性、方法

类的定义由关键字 class 开始，后面跟着类的名称。类的名称不能是保留字，而且一般要大写（传统上使用小写字母表示变量，使用大写字母表示类）。在类名之后，类的定义被包围在一对花括号里。类的定义如下所示：

```
行号        代码
1          class 类名 {
2              //成员属性
3              //成员方法
4          }
```

上述语法格式中，class 表示定义类的关键字，通过该关键字就可以定义一个类。在类中声明的变量被称为成员属性，主要用于描述对象的特征，如人的姓名、年龄等。在类中声明的函数被称为成员方法，主要用于描述对象的行为，如人可以说话、走路等。

在类里定义函数与在其他地方是一样的，它们可以接收参数、具有默认值和返回值等。

类的属性与类外的变量略有不同。首先，所有属性在声明时必须用一个关键字指明其"可见性"。这些关键字是：public、private 和 protected。在介绍"继承"之前，我们就使用

public，如下所示：

行号	代码
1	class ClassName{
2	public $ var1, $ var2;
3	function function_name(){
4	//Functioncode
5	}
6	}

如上所示，类属性的声明位于方法定义之前。

属性与普通变量的另一个区别在于：如果属性在声明时被赋予初始值，这个值必须是常数，而且不能是表达式的结果。如下所示：

行号	代码
1	class ClassName{
2	public $ var1;
3	public $ var2 = 2;
4	public $ var3 = array(1,2,3);
5	function function_name(){
6	//Functioncode
7	}
8	}

而下面的类的定义是错误的。

行号	代码
1	class ClassName{
2	public $ var1 = get_date();
3	public $ var2 = $ var1 * $ var1;
4	function function_name(){
5	//Functioncode
6	}
7	}

任务 3　对象的应用

对象是类的实例化，也可以理解为"具体化"。在类定义之后，创建对象是非常容易的。在 PHP 中，这需要使用关键字 new，如：

```
$ object = new ClassName();
```

这样就创建了一个对象变量 $ object，其类型是 ClassName，而不是字符串或数组等其他的类型。为了调用类里的方法，使用的语法格式为：

```
$ object - >method_name();
```

如果方法需要接收参数，就在其语法格式方法后的括号里加上参数即可。

当不需要使用对象时，可以像处理其他变量那样删除它：

```
unset( $ object);
```

下面的代码是定义一个坐标中的点类，然后实例化一个对象并输出其坐标。

行号	代码
1	...
2	<? php

```
3        class point
4          {
5          public $ x;          //点 x 的坐标,也可定义为 private $ x;
6          public $ y;          //点 x 的坐标,也可定义为 private $ x;
7          function setx( $ set_x)
8          {
9             $ this - >x = $ set_x;
10          }
11          function sety( $ set_y)
12          {
13          $ this - >y = $ set_y;
14          }
15          function print_point()
16          {
17             echo "坐标为:(". $ this - >x.",". $ this - >y. ")";
18          }
19        }
20          if( $ point1 = new point){
21             echo "对象\ $ point1 创建成功! <br>";
22          }
23          $ point1 - >setx(6);    // $ point1 - >x = 6;
24          $ point1 - >sety(8);    // $ point1 - >y = 8;
25          $ point1 - >print_point();
26          ? >
27          ...
```

页面的显示效果如图 11-2 所示。

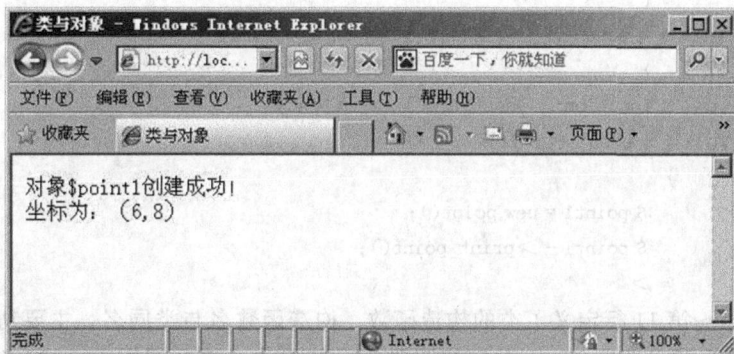

图 11-2 类与对象(坐标点)

在上例代码中第 5、第 6 行,属性的定义如果采用如下定义:

```
private $ x;
private $ y;
```

则对象 $ point1 定义成功后,要初始化该对象的坐标,则如上例第 23、第 24 行代码,
而不能使用如下代码:

```
$ point1 - >x = 6;
$ point1 - >y = 8;
```

因为属性已经改变成私有的,在类外不能直接访问私有属性。

注意:

(1)在 PHP 中,类名并不区分大小写,但对象名与变量名是区分大小写的。

(2)PHP 里的函数名不区分大小写,类里的方法名也是这样。

任务 4　类与对象的构造方法和析构方法

在日常生活中,我们往往希望类中的一些属性在声称对象时有个初始值,在使用完某个对象后释放该对象所占的内存空间,使用类的构造方法和析构方法就可以达到此目的。构造函数是类中的一个特殊函数,在 PHP5 之前,这个函数的函数名与类名相同,但在 PHP5 之后,这个函数名为"＿＿construct()"(＿＿是两个下划线),这样做的好处是使构造函数可以独立于类名,当类名发生改变时不需要改变构造函数的名字了,构造函数在对象生成时会自动调用。代码如下:

```
行号        代码
1           …
2           <? php
3        class point
4           {
5           public $ x;      //点 x 的坐标,也可定义为 private $ x;
6           public $ y;      //点 x 的坐标,也可定义为 private $ x;
7           function ___construct()  //构造函数
8              {
9               $ this - >x = 6;  //初始化点 x 的值
10              $ this - >y = 8;  //初始化点 y 的值
11             }
12          function print_point()
13             {
14              echo "该点的坐标为:(". $ this - >x.",". $ this - >y.")";
15             }
16          function ___destruct()  //析构函数
17          { echo "释放内存";  }
18          }
19           $ point1 = new point();
20           $ point1 - >print_point();
21          ? >
```

上例中第 7～第 11 行定义了类的构造函数,构造函数名与类同名,主要功能是初始化对象,如第 19 行在定义 $ point1 对象的同时进行初始化,然后调用 $ point1 对象的 print_point 方法后显示出该点的坐标。第 9、第 10 行使用了" $ this"关键字,该关键字的作用是:在类还没有实例化的时候对类的成员进行访问。第 16、第 17 行定义了析构函数,该函数没有任何参数,也不能在程序中调用对象的析构方法,它是系统自动调用的,主要用于销毁对象。

▶ 11.3　面向对象的特征

面向对象编程是目前流行的系统设计开发方式,它主要是为了解决传统程序设计方法所不能解决的代码重用问题。

面向对象的特点主要概括为：

(1)封装性。

(2)继承性。

(3)多态性。

任务 5　面向对象三大特征概念

面向对象的三大特征如图 11-3 所示。

图 11-3　面向对象三大特征

1. 封装性

封装性是面向对象的核心思想，将对象的属性和行为封装起来，不需要让外界知道具体实现细节，这就是封装思想。例如，用户使用电脑，只需要使用手指敲键盘就可以了，无须知道电脑内部是如何工作的，即使用户可能碰巧知道电脑的工作原理，但在使用时，也不会完全依赖电脑工作原理这些细节。

2. 继承性

继承性主要描述的是类与类之间的关系，通过继承，可以在无须重新编写原有类的情况下，对原有类的功能进行扩展。继承不仅增强了代码的复用性，提高了程序开发效率，而且为程序的修改补充提供了便利。

3. 多态性

多态性指的是同一操作作用于不同的对象，会产生不同的执行结果。

例如，当听到"Cut"这个单词时，理发师的表现是剪发，演员的行为表现是停止表演，不同的对象，所表现的行为是不一样的。

任务 6　继承性

1. 继承

在现实生活中，继承一般是指子女继承父辈的财产。在程序中，继承描述的是事物之间的所属关系，继承可以使多种事物之间形成一种关系体系。

例如：猫和狗都属于动物，程序中便可以描述为猫和狗继承自动物。

同理，波斯猫和巴厘猫继承自猫，而沙皮狗和斑点狗继承自狗。这些动物之间会形成一个继承体系，如图 11-4 所示。

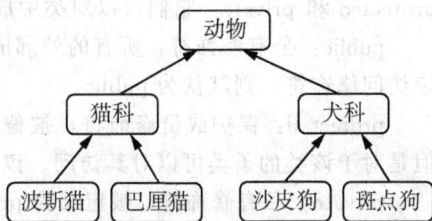

图 11-4　继承体系

2. 类的继承

在 PHP 中，类的继承是指在一个现有类的基础上去构建一个新的类，构建出来的新类被称作子类，现有类被称作父类，子类会自动拥有父类所有可继承的属性和方法。

要想完成子类对父类的继承，可以使用 extends 关键字来实现：

```
行号        代码
1          class 子类名 extends 父类名{
2              //类体
3          }
```

需要注意的是，PHP 只允许单继承，即每个子类只能继承一个父类，不能同时继承多

个父类。例如，A 类被 B 类继承，B 类再被 C 类继承，这些都属于单继承，但是 C 类不能同时直接继承 A 类和 B 类。

代码示例如下：

行号	代码
1	class Animal{
2	public $ name;
3	public function shout(){
4	echo $ this－＞name. '发出叫声！';
5	}
6	}
7	class Dog extends Animal{
8	publicfunction ___ construct($ name){
9	$ this－＞name = $ name;
10	}
11	}
12	$ Dog = new Dog('小狗');
13	$ Dog－＞shout();　　　　　//输出结果:小狗发出叫声!

在上述代码中，Dog 类通过 extends 关键字继承了 Animal 类，这样 Dog 类就是 Animal 类的子类。

当子类在继承父类的时候，会自动拥有父类的成员。因此，实例化后的 Dog 对象，拥有了来自父类的成员属性 $ name、成员方法 shout()，以及子类本身的构造方法。

当子类与父类中有同名的成员时，子类成员会覆盖父类成员。

任务 7　封装性

在 PHP 程序设计中，封装往往都是通过访问修饰符控制实现的，分别为 public、protected 和 private，它们可以对类中成员的访问做出一些限制。

public：公有修饰符，所有的外部成员都可以访问这个类的成员。如果类的成员没有指定访问修饰符，则默认为 public。

protected：保护成员修饰符，被修饰为 protected 的成员不能被该类的外部代码访问，但是对于该类的子类可以对其访问、读写等。

private：私有修饰符，被定义为 private 的成员，对于同一个类里的所有成员是可见的，即没有访问限制，但对于该类外部的代码不允许进行改变，对于该类的子类同样也不能访问。

需要注意的是，在 PHP4 中所有的属性都用关键字 var 声明，它的使用效果和使用 public 一样。因为考虑到向下兼容，PHP5 中保留了对 var 的支持，但会将 var 自动转换为 public。

代码示例如下：

行号	代码
1	class Student{
2	private $ _name;
3	private $ _age;
4	public function ___ construct($ name, $ age){
5	$ this－＞_name = $ name;

```
6                    $ this - > _age = $ age;
7                }
8            public function getName(){
9                    return $ this - > _name;
10              }
11          }
12          $ Student1 = new Student('小明', 18);
13          echo $ Student1 - > _name;          //无法访问私有属性
14          echo $ Student1 - >getName();       //输出结果:小明
```

上述代码中，Student 类的两个属性 name 和 age 都是私有成员，在类外无法直接访问。因此，若要在类外访问私有成员属性，就需要通过 public 声明的成员方法，在类内使用 $ this 进行访问。另外，在实际开发中，为了更好地区分私有成员和其他成员，一般在私有成员名称前面添加符号 _ 进行标识。

任务 8　多态性

多态性指的是同一操作作用于不同的对象，会产生不同的执行结果。在 PHP 中实现多态性非常简单，只要多个类中有同名的方法即可。

下面通过代码示例 PHP 面向对象的多态性。

行号	代码
1	class Dog extends Animal {
2	public function shout() {
3	echo '汪汪';
4	}
5	}
6	function AnimalShout(Animal $ obj) {
7	$ obj - >shout();
8	}
9	AnimalShout(new Cat); //输出结果:喵喵
10	AnimalShout(new Dog); //输出结果:汪汪

行号	代码
1	class Animal {
2	public function shout() {}
3	}
4	class Cat extends Animal {
5	public function shout() {
6	echo '喵喵';
7	}
8	}

上述代码定义了 Cat 类和 Dog 类，表示猫和狗两种动物，对于同一个操作 AnimalShout()，当传入 Cat 类对象时，结果是猫的叫声"喵喵"；当传入 Dog 类对象时，结果是狗的叫声"汪汪"。在函数 AnimalShout() 的参数中，$ obj 前面的 Animal 是类型约束，要求传入的必须是 Animal 类(或继承了 Animal 类)的对象，否则 PHP 将会报错。

任务 9　静态变量与方法

1. 类常量

在 PHP 中，类内除了可以定义成员属性、成员方法外，还可以定义类常量。在类内使用 const 关键字可以定义类常量，其语法格式如下：

```
const 类常量名 ='常量值';
```

注意：类常量的命名规则与普通常量一致，在开发习惯上通常以大写字母表示类常量名。在访问类常量时，需要通过"类名∷常量名称"的方式进行访问。其中∷称为范围解析操作符，简称双冒号。

接下来通过代码示例类常量的使用：

行号	代码
1	class　Student {
2	const SCHOOL = "web 编程技术";
3	}
4	Echo Student∷SCHOOL;//访问类常量

上述代码演示了如何在类外访问类常量。

类常量也可以在类内进行访问。在类内访问时，可以用 self 关键字代替类名，从而在以后如果需要修改类名时，避免修改类中的代码。

在开发中，类常量的使用不仅可以在语法上限制数据不被改变，还可以简化说明数据，方便开发人员的阅读与数据的维护。

2. 静态成员

在 PHP 中，静态成员就是使用 static 关键字修饰的成员，它是属于类的成员，可以通过类名直接访问，不需要实例化对象。有时候，如果希望类中的某些成员只保存一份，并且可以被所有实例的对象共享时，就可以使用静态成员。

静态成员是属于类的，当访问类中的成员时，需要使用范围解析操作符"∷"。接下来列举静态成员的访问方法。

类名∷静态成员//类名访问静态成员；

self∷静态成员//类内访问静态成员(父类中使用时，优先访问父类静态成员)；

static∷静态成员//类内访问静态成员(父类中使用时，优先访问子类静态成员)；

parent∷静态成员//类内访问父类静态成员；

对象∷静态成员//对象访问静态成员(不推荐这种方式)。

在上述语法格式中，通过类名的方式，既可以在类的内部，又可以在类的外部访问静态成员；而使用 self、parent、static 关键字的方式，仅可以在类的内部访问静态成员。另外，self、parent、static 关键字也可以访问非静态方法，但是在静态访问中不能使用 $ this，因为 $ this 是对象的引用，静态方法一般只对静态属性进行操作。

下面通过代码示例静态成员的定义和访问，具体代码如下：

行号	代码
1	class Student {
2	public static $ school;
3	public static function show() {
4	echo '我的学校是:'. self∷$ school;　//类内静态方法访问类的静态成员属性
5	}

```
6            }
7        Student::$ school = '＊＊学院';      //类外访问类的静态成员属性
8        Student::show();         //类外访问类的静态成员方法
```

从上述代码可以看出，类的静态成员在没有实例化对象的情况下就可以访问。通常在类外使用类名访问，在类内使用 self 等关键字进行访问。

任务 10　方法重写

方法重写是指子类和父类中存在同名的方法，子类方法是对父类方法的重写。静态方法和非静态方法都可以重写。重写方法时，应注意：

(1)重写方法的参数数量必须一致；

(2)子类的方法的访问级别应该等于或弱于父类中的被重写的方法的访问级别。

代码如下：

行号	代码
1	class Animal{
2	public function show(){
3	self::introduce();　　//优先访问父类方法
4	static::introduce();　//优先访问子类方法
5	}
6	public static function introduce(){
7	echo '动物';
8	}
9	}

行号	代码
1	class Cat extends Animal {
2	public function show() {
3	parent::show();　　//子类调用父类方法
4	}
5	public static function introduce() {
6	echo '小猫';
7	}
8	}
9	$ Cat = new Cat();
10	$ Cat ->show();　　//输出结果：动物小猫

在上述代码中，当调用 Cat 对象的 show()方法时，该方法调用了 Animal 类的 show()方法。Cat 类继承了 Animal 类，因此在 Animal 类中访问 introduce()方法时，self 关键字调用的是 Animal 类的 introduce()方法，static 关键字调用的是 Cat 类的 introduce()方法。

任务 11　final 关键字

PHP 中的继承特性给项目开发带来了巨大的灵活性，但有时也需要保证某些类或某些方法不能被改变。此时，就可以使用 final 关键字。final 关键字有"无法改变"或者"最终"的含义，因此被 final 修饰的方法不能被重写，被 final 修饰的类不能被继承。

下面通过代码进行示例：

```
行号      代码
1        //final 方法
2        class Animal {
3            protected final function show() {
4                //该方法不能被子类重写
5            }
6        }
7        //final 类
8        final class Cat extends Animal {
9            //本类不能被继承,只能被实例化
10       }
```

在上述代码中,定义的 show()方法使用了 final 关键字进行修饰,表示该 Animal 类的子类不能对该方法进行重写。Cat 类使用 final 关键字修饰,表示该类不能被继承,只能被实例化。在团队开发中,使用 final 可以从代码层面限制类的使用方式,从而避免意外的情况发生。

任务 12　抽象类和抽象方法

例如,动物都会叫,但是每种动物叫的方式又不同。因此,可以使用 PHP 提供的抽象类和抽象方法来实现。

定义抽象类和抽象方法的关键字是 abstract。下面学习抽象类的定义:

```
//定义抽象类
abstract class 类名 {
    //定义抽象方法
    public abstract function 方法名();
}
```

在使用 abstract 修饰抽象类或抽象方法时应注意,有抽象方法的类必须被定义成抽象类,而抽象类中可以有非抽象方法。且抽象类不能被实例化只能被继承,子类继承抽象类时必须实现抽象方法,否则也必须定义成抽象方法由下一个继承类实现。

为了更好地理解抽象类和抽象方法的使用,接下来通过代码进行示例:

```
行号      代码
1        abstract class Animal {
2            public abstract function shout();
3        }
4        class Cat extends Animal {
5            public function shout() {
6                echo '喵喵';
7            }
8        }
9        $ Cat = new Cat();
10       $ Cat ->shout();        //输出结果:喵喵
```

注意:子类中实现抽象方法的访问权限必须和抽象类中的访问权限一致或者更为宽松。如抽象类中某个抽象方法被声明为 protected,那么子类中实现的方法就应该被声明为 protected 或者 public,而不能定义为 private。

任务 13　接口的定义与实现

如果说抽象类是一种特殊的类，那么接口就是一种特殊的抽象类。若抽象类中的所有方法都是抽象的，则此时可以使用接口来定义。

```
interface 接口名{
    public function 方法名();
}
```

接口中定义的所有方法必须都是 public，这是接口的特性。

示例：定义一个通信接口。

行号	代码
1	interface ComInterface {
2	public function connect();　　//开始连接
3	public function transfer();　　//传输数据
4	public function disconnect();　//断开连接
5	}

接口中的方法都是抽象的，没有具体实现，因此需要使用 implements 关键字来实现，语法如下：

```
class 类名 implements 接口名 {
    //需要实现接口中的所有方法
}
```

接下来，对前面定义的通信接口进行实现。

行号	代码
1	class MobilePhone implements ComInterface {
2	public function connect() {
3	echo '连接开始...';
4	}
5	public function transfer() {
6	echo '传输数据开始...传输数据结束';
7	}
8	public function disconnect() {
9	echo '连接断开...';
10	}
11	}

在上述语法中，类中必须实现接口中定义的所有方法，否则 PHP 会报一个致命级别的错误。

注意：一个类可以实现多个接口，可以用逗号来分隔多个接口的名称。

一个类也可以在继承的同时实现接口，具体代码如下：

行号	代码
1	class MobilePhone extends Phone implements ComInterface {
2	//该类继承了 Phone 类并实现了 ComInterface 接口
3	}

任务 14 异常处理

1. 异常处理概述

异常处理与错误的区别在于,异常定义了程序中遇到的非致命性的错误。例如,程序运行时磁盘空间不足、网络连接中断、被操作的文件不存在等。在处理这些异常时,需要使用 try{} 包裹可能出现异常的代码,使用 throw 关键字来抛出一个异常,利用 catch 捕获和处理异常。

代码示例如下:

```
行号        代码
1          function checkNumber( $ a, $ b){
2                 if( $ a == $ b){
3                      throw new Exception('两个数字不能相等');
4                 }
5          }
6          try{
7                 checkNumber(50, 50);
8          }catch(Exception $ e){
9                 echo $ e->getMessage();   //输出结果:两个数字不能相等
10         }
```

在上述代码中,checkNumber() 用于判断两个数字是否相等,如果相等则抛出异常。其中 Exception 类是 PHP 内置的异常类,getMessage()是 Exception 类中用于返回异常信息的方法,通过异常对象 $ e 调用,即可获取当前程序中的错误信息,从而方便程序对错误进行处理。

需要注意的是,如果 try 中有多行代码,只要其中一行执行时抛出异常,后面的代码将不会执行。如果 try 中的代码调用了函数,函数中又调用了其他函数,只要其中任何一个函数抛出了异常,都会被 catch 捕获。如果一个函数在执行时抛出了异常而没有使用 try...catch 捕获,则 PHP 程序会遇到致命错误而停止。

2. 自定义异常

虽然 PHP 中提供了处理异常的类 Exception,但在开发中,若希望针对不同异常使用特定的异常类进行处理,此时就需要创建一个自定义异常类。自定义异常类非常简单,只需要继承自 Exception 类,并添加自定义的成员属性和方法即可。

(1)单个 catch 块。代码示例如下:

```
行号        代码
1          class CustomException extends Exception{
2                 public function excMessage(){
3                      $ msg = '错误行号:'. $ this->getline();
4                      $ msg .= '所在文件:'. $ this->getFile();
5                      $ msg .= $ this->getMessage(). '不是一个数字';
6                      return $ msg;
7                 }
8          }
```

```
行号        代码
1          $ var = 'abc';
```

```
2          try{
3                  //不是数字或数字组成的字符串就抛出异常
4                  if(! is_numeric( $ var)){
5                          throw new CustomException( $ var);
6                  }
7          }catch(CustomException $ e){
8                  echo $ e->excMessage();
9          }
```

上述代码定义了一个继承自 Exception 类的异常类 CustomException，在该类中添加了成员方法 excMessage()，让其按照规定的格式返回异常信息。接下来，在判断变量 $ var 时，如果 $ var 不是数字或数字组成的字符，就抛出自定义异常 CustomException，并使用 catch 捕获和处理该异常，达到了对不同异常进行特定处理的效果。

(2)多个 catch 块。对于同一个脚本异常的捕获，不仅可以使用一个 try 语句对应于一个 catch 语句，还可以使用一个 try 语句对应于多个 catch 语句，用来检测多种异常情况。

代码示例如下：

```
行号        代码
1    class CustomException extends Exception{
2            public function excMessage(){
3                    return $ this->getMessage(). '不是数字';
4            }
5    }
```

```
行号        代码
1    $ var = '12';
2    try{
3            if(is_numeric( $ var)){
4    throw new Exception( $ var. '是数字');
5            }else{
6                    throw new CustomException( $ var);
7            }
8    }catch(CustomException $ e){
9            echo $ e->excMessage();
10   }catch(Exception $ e){
11           echo $ e->getMessage();
12   }
```

在上述代码中，当变量 $ var 是一个数字或数字组成的字符串时，抛出 Exception 异常，否则抛出一个自定义异常 CustomException。由此可以看出，多个 catch 块可以更好地捕获并处理异常信息。

▶ 11.4　面向对象的应用

下面通过一个简单用户管理程序分析一下面向对象在 PHP 数据库编程中的应用。大家也可以根据以下代码的编写思路修改前面介绍的应用程序实例。

任务 15 数据库类

1. 数据库设计

使用 phpMyAdmin 来创建一个数据库 oop，然后创建数据表 user，user 表的结构如表 11-1 所示。

表 11-1 数据表 user

字段	类型（长度）	是否为空	说明
id	tinyint（4）	否	用户编号，主键，auto_increment
username	varchar(10)		用户名
userpsw	varchar(16)		用户密码
userage	tinyint（3）		用户年龄
usergrade	varchar(16)		用户级别

2. 定义封装用户操作类

在程序文件(mysql_class. php)中定义封装用户操作类 UserInfo，代码如下：

行号	代码
1	class UserInfo{
2	private $ userID;　　//属性,用户 ID
3	private $ userName;　//属性,用户名
4	private $ userPSW ;　//属性,用户密码
5	private $ userAge ;　//属性,用户年龄
6	private $ userGrade ;//属性,用户级别
7	private $ userInfo;//存储数据库返回信息的数组变量.
8	public function ___ construct($ username, $ userpsw, $ userage, $ usergrade){
9	$ this－>userName = $ username;
10	$ this－>userPSW = $ userpsw;
11	$ this－>userAge = $ userage;
12	$ this－>userGrade = $ usergrade;
13	}
14	//获取信息传递给属性的方法
15	public function getInfo(){
16	$ this－>userID = $ this－>userInfo["id"];
17	$ this－>userName = $ this－>userInfo["username"];
18	$ this－>userPSW = $ this－>userInfo["userpsw"];
19	$ this－>userAge = $ this－>userInfo["userage"];
20	$ this－>userGrade = $ this－>userInfo["usergrade"];
21	}
22	//设置返回信息的数组变量的方法
23	public function setUserInfo($ userinfo){
24	$ this－>userInfo = $ userinfo;
25	}

```
26          //返回每个属性的 public 方法.
27          public function getUserID(){
28            return $ this - >userID;
29          }
30          public function getUserName(){
31            return $ this - >userName;
32          }
33          public function getUserPSW(){
34            return $ this - >userPSW;
35          }
36          public function getUserAge(){
37            return $ this - >userAge;
38          }
39          public function getUserGrade(){
40            return $ this - >userGrade;
41          }
42        }
```

3. 定义封装数据库操作类

在程序文件(mysql_class. php)中定义封装数据库操作类 mysql，代码如下：

行号　　　代码

```
1     class mysql{
2           private $ host;
3           private $ name;
4           private $ pass;
5           private $ table;
6           private $ ut;
7           function ___construct( $ host, $ name, $ pass, $ table, $ ut){
8               $ this - >host = $ host;
9               $ this - >name = $ name;
10              $ this - >pass = $ pass;
11              $ this - >table = $ table;
12              $ this - >ut = $ ut;
13              $ this - >connect();
14          }
15          function connect(){
16          $ link = mysqli_connect( $ this - >host, $ this - >name, $ this - >pass,
$ this - >table) or die ( $ this - >error());
17              mysqli_set_charset( $ link, $ this - >ut);
18          }
19          function query( $ sql, $ type = ") {
20              if(! ( $ query = mysqli_query( $ link, $ sql))) $ this - >show('Say:',
$ sql);
```

```
21            return $ query;
22          }
23
24      function num_rows( $ query) {
25            return mysqli_num_rows( $ query);
26      }
27      function num_fields( $ query) {
28            return mysqli_num_fields( $ query);
29      }
30      function fetch_row( $ query) {
31            return mysqli_fetch_row( $ query);
32      }
33      function fetch_array( $ query) {
34            return mysqli_fetch_array( $ query);
35      }
36      function close() {
37            return mysqli_close();
38      }
39      function oop_insert( $ user){
40          $ sql = "insert into user (username,userpsw,userage,usergrade) values
("'. $ user - >getUserName(). "','". $ user - >getUserPSW(). "','";
41        $ sql = $ sql. $ user - >getUserAge(). "','". $ user - >getUserGrade(). "')";
42          $ this - >query( $ sql);
43      }
44      function oop_select(){
45          $ sql = "select * from user";
46          $ query = $ this - >query( $ sql);
47          $ num = $ this - >num_rows( $ query);
48          $ user = array();
49          for( $ i = 0; $ i< $ num; $ i ++ ){
50              $ user[ $ i] = new UserInfo(",",",",",");
51              $ user[ $ i] - >setUserInfo( $ this - >fetch_array( $ query));
52              $ user[ $ i] - >getInfo();
53          }
54          $ this - >close();
55          return $ user;
56      }
57    }
```

任务 16　使用面向对象实现用户管理

1. 添加用户程序

添加用户界面（insert. php）是一个表单，用来添加用户信息，程序代码如下：

行号	代码
1	`<! DOCTYPE html PUBLIC "-//W3C//DTD XHTML 1.0 Transitional//EN" "http://`

`www. w3. org/TR/xhtml1/DTD/xhtml1-transitional. dtd">`

行号	代码
2	`<html xmlns = "http://www. w3. org/1999/xhtml">`
3	`<head>`
4	`<meta http-equiv = "Content-Type" content = "text/html; charset = gb2312"/>`
5	`<title>面向对象-添加</title>`
6	`</head>`
7	`<body>`
8	`<center>`
9	`<table align = "center">`
10	`<tr>`
11	`<td>`
12	`<a href = "select. php">浏览用户信息</a>`
13	`</td>`
14	`<td>`
15	`<a href = "insert. php">添加用户信息</a> </td>`
16	`</tr>`
17	`</table> `
18	`<form method = "post" action = "adduser. php">`
19	`<table>`
20	`<tr>`
21	`<td>用户名</td>`
22	`<td><input name = "username" type = text size = 20></td>`
23	`</tr>`
24	`<tr>`
25	`<td>密码</td>`
26	`<td><input type = password name = "userpsw" size = 20></td>`
27	`</tr>`
28	`<tr>`
29	`<td>年龄</td>`
30	`<td><input type = password name = "userage" size = 20></td>`
31	`</tr>`
32	`<tr>`
33	`<td>用户级别</td>`
34	`<td><input type = text name = "usergrade" size = 20></td>`
35	`</tr>`
36	`</table>`
37	`<input type = "submit" value = "确定" name = "B1">`
38	`<input type = "reset" value = "重置" name = "B2">`
39	`</form>`
40	`</center>`

```
41        </body>
42        </html>
```

浏览该页面，页面运行效果如图 11-5 所示。

图 11-5　页面效果

在添加用户界面输入用户信息，然后单击"确定"按钮，这时跳转到 adduser. php，该程序文件使用封装的操作类完成用户的添加，代码如下：

```
行号       代码
1         <?
2         require("mysql_class.php");
3         $ db =   new mysql('localhost','root','','oop','GBK');
4         $ username = $ _POST[username];
5         $ userpsw = $ _POST[userpsw];
6         $ userage = $ _POST[userage];
7         $ usergrade = $ _POST[usergrade];
8         $ user = new UserInfo( $ username, $ userpsw, $ userage, $ usergrade);
9         $ ins = $ db - >oop_insert( $ user);
10        header("Location： insert.php");
11        ? >
```

2. 浏览用户程序

浏览用户程序(select. php)显示所有的用户信息，程序代码如下：

```
行号       代码
1         <! DOCTYPE html PUBLIC "-//W3C//DTD XHTML 1.0 Transitional//EN" "http://
www. w3. org/TR/xhtml1/DTD/xhtml1-transitional. dtd">
2         <html xmlns = "http://www. w3. org/1999/xhtml">
3         <head>
4         <meta http-equiv = "Content-Type" content = "text/html; charset = gb2312"/>
5         <title>面向对象—查询</title>
6         </head>
7         <body>
8         <table align = "center">
```

```
9              <tr>
10                 <td>
11                 <a href = "select.php">浏览用户信息</a>
12                 </td>
13                 <td>
14                 <a href = "insert.php">添加用户信息</a> </td>
15             </tr>
16         </table><br>
17         < table width = "50%" border = "1" align = "center" cellpadding = "0"
cellspacing = "0" bordercolorlight = "#000000" bordercolordark = "#FFFFFF">
18         <tr bgcolor = "#009900"><td colspan = "8">
19         <div align = "right"><font color = "#FFFFFF"></font></div>
20             </td>
21         </tr>
22             <tr bgcolor = "#CCFF99">
23             <td width = "10%">
24             <div align = "center">ID</div>          </td>
25             <td width = "30%">
26               <div align = "center">姓名</div>          </td>
27             <td width = "30%">
28               <div align = "center">年龄</div>          </td>
29             <td width = "30%">
30               <div align = "center">用户级别</div>          </td>
31             </tr>
32      <?
33      require("mysql_class.php");
34      $ db =    new mysql('localhost', 'root',", 'oop',"GBK");
35      $ user = array();
36      $ user = $ db - >oop_select();
37      for( $ i = 0;  $ i<count( $ user);  $ i++){
38      ? >
39      <tr><td align = "center"><? = $ user[ $ i] - >getUserID()? ></td>
40      <td align = 'center'><? = $ user[ $ i] - >getUserName()? ></td>
41      <td align = 'center'><? = $ user[ $ i] - >getUserAge()? ></td>
42      <td align = 'center'><? = $ user[ $ i] - >getUserGrade()? ></td>
43      </tr>
44      <?
45      }
46      ? >
47      </table>
48      </body>
49      </html>
```

页面运行效果如图 11-6 所示。

图 11-6　页面运行效果

任务 17　用面向对象技术实现数据分页

我们在浏览网页时，经常看到分页显示的页面。如果想把大量数据提供给浏览者，分页显示是个非常实用的方法。在本工作任务中，我们将介绍如何用 PHP 面向对象技术实现对数据库中记录的分页显示，显示效果如图 11-6 所示。

在本实例中采用 PHP 面向对象编程，将分页方法定义到一个类中，通过对这个类的实例化操作完成数据库中数据的分页输出。具体实现步骤如下。

(1)创建 page 类，定义分页方法和分页超链接方法，具体代码如下：

行号	代码
1	＜? php
2	class page
3	{
4	private $ pagesize;//定义成员变量
5	private $ page;//定义成员变量
6	private $ pagecount;//定义成员变量
7	private $ total;//定义成员变量
8	private $ conn;//定义成员变量
9	public function ＿＿ construct($ pagesize, $ page)
10	{//定义构造方法,获取参数传递的方法
11	$ this － ＞pagesize = $ pagesize;//设置成员变量的值
12	$ this － ＞page = $ page;//设置成员变量的值
13	}
14	public function listInfo(){//声明方法
15	if($ this － ＞page == "" || ! is_numeric($ this － ＞page)){
16	$ this － ＞page = 1;//如果分页变量的值为空,则为变量赋值 1
17	}
18	$ this － ＞conn = mysqli_connect("localhost","root","","book");
	//连接数据库服务器
19	
20	mysqli_set_charset($ this － ＞conn,'gbk');//设置编码格式

```
21          $ res = mysqli_query($ this->conn,"select count(*) as total from
book");//执行查询
22          $ myrow = mysqli_fetch_array($ res);
23          $ this->total = $ myrow[total];//获取查询结果
24          if($ this->total == 0){//判断如果查询结果为 0,则输出如下内容
25          echo "<table width = 520 height = 20 border = 0 align = center cellpadding = 0
cellspacing = 0>" + "<tr>" + "<td><div align = center>暂无图书信息!</div></td
>" + "</tr>" + "</table>";
26          }else{//否则
27          if(($ this->total % $ this->pagesize) == 0){
//判断如果总的记录数除以每页显示的记录数等于 0
28          $ this->pagecount = intval($ this->total/$ this->pagesize);
//则为变量 pagecount 赋值
29          }else{
30          if($ this->total <= $ this->pagesize){
//如果查询结果小于等于每页记录数,那么为变量赋值为 1
31          $ this->pagecount = 1;
32          }else{        $ this->pagecount = ceil($ this->total/$ this->
pagesize);
//否则输出变量值
33          }
34          }
35          $ res = mysqli_query($ this->conn,"select * from book order by bookid
desc limit ". $ this->pagesize * ($ this->page-1).", $ this->pagesize");
36          ?>
37          <table width = "520" border = "0" align = "center" cellpadding = "0"
cellspacing = "1" bgcolor = "#999999">
38          <tr>
39          <td width = "180" height = "20" bgcolor = "#FFFFFF"><strong><div align
= "center">图书名称</div></strong></td>
40          <td width = "80" bgcolor = "#FFFFFF"><strong><div align = "center">价
格</div></strong></td>
41          <td width = "100" bgcolor = "#FFFFFF"><strong><div align = "center">
出版时间</div></strong></td>
42          <td width = "100" bgcolor = "#FFFFFF"><strong><div align = "center">
作者</div></strong></td>
43          <td width = "200" bgcolor = "#FFFFFF"><strong><div align = "center">
出版社</div></strong></td>
44          </tr>
45          <? php
46          while($ myrow = mysqli_fetch_array($ res))
47          {
48          ?>
49          <tr>
50          <td height = "20" bgcolor = "#FFFFFF"><div align = "center"><? php
```

```
        echo $ myrow[bookname];? ></div></td>
51          <td height = "20" bgcolor = " # FFFFFF"><div align = "center"><? php
    echo $ myrow[price];? ></div></td>
52          <td height = "20" bgcolor = " # FFFFFF"><div align = "center"><? php
    echo $ myrow[issuDate];? ></div></td>
53          <td height = "20" bgcolor = " # FFFFFF"><div align = "center"><? php
    echo $ myrow[maker];? ></div></td>
54          <td height = "20" bgcolor = " # FFFFFF"><div align = "center"><? php
    echo $ myrow[publisher];? ></div></td>
55          </tr>
56          <? php
57              }
58              echo "</table>";
59          }
60          }
61              public function toPage()
62              {///声明方法,创建分页的超级链接
63              ? >
64          <table width = "520" height = "24" border = "0" align = "center" cellpadding
    = "0" cellspacing = "0">
65          <tr>
66          <td width = "342"> 共有图书  <? php echo $ this->total;? >
     本  每页显示  <? php echo $ this - >pagesize;? >   本   第
     <? php echo  $ this - > page;? >   页/共   <? php echo $ this - >
    pagecount;? > 页</td>
67          <td width = "362"><div align = "right">
68          <a href = "<? php echo $ _SERVER["PHP_SELF"]? >? page = 1">首页</a>
69              <a href = "<? php echo $ _SERVER["PHP_SELF"]? >? page = <? php
70              if( $ this->page>1)
71                  echo $ this - >page - 1;
72              else
73                  echo 1;
74              ? >">上一页</a>
75          <a href = "<? php echo $ _SERVER["PHP_SELF"]? >? page = <? php
76          if( $ this - >page< $ this - >pagecount - 1)
77              echo $ this - >page + 1;
78          else
79              echo $ this - >pagecount;
80          ? >">下一页</a>
81          <a href = "<? php echo $ _SERVER["PHP_SELF"]? >? page = <? php echo
    $ this->pagecount;? >">尾页</a>
82          </div></td>
83          </tr>
84          </table>
85          <? php
```

行号	代码
86	}
	public function ___destruct()
87	{//声明方法关闭数据库
88	mysql_close($this->conn);
89	}
90	}
91	?>

(2)实例化 page 类，通过 listInfo()方法和 toPage()方法完成分页输出数据库中数据的操作，关键代码如下：

行号	代码
1	<?php
2	$obj = new page(4, $_GET["page"]);//实例化 page 类
3	$obj->listInfo();//执行分页方法
4	$obj->toPage();//执行分页超级链接的方法
5	?>

上述代码结合 HTML 调试运行效果如图 11-7 所示。

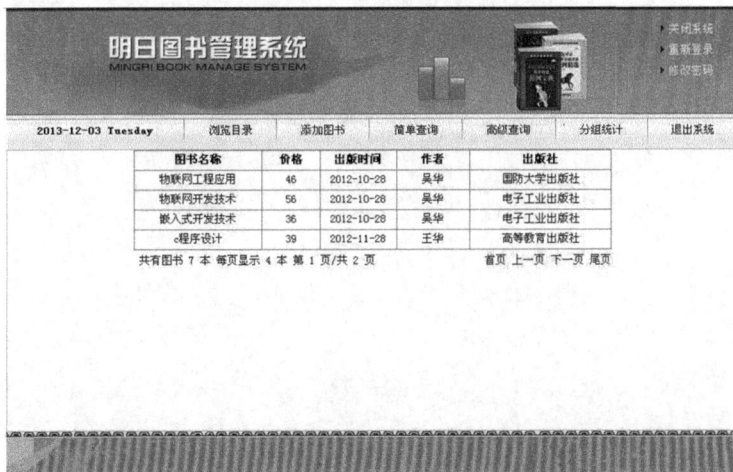

图 11-7　面向对象技术实现的分页效果

▶实训项目 11

主题：采用 PHP 面向对象编程方法开发内容管理系统。

1. 参考知识点

(1)动态网站开发的一般步骤。

(2)如何比较准确地获得网站开发的需求。

(3)需求分析与功能分析的关系。

(4)根据项目实际采用面向对象方法分析和设计。

(5)PHP 面向对象技术。

2. 参考技能点

(1)内容管理系统的页面流程。

(2)理解本章所学内容，能够根据需要在开发中有选择地使用，也要学会参考相关资料来进一步学习教材中没有提及的内容。

3. 实训训练目的

(1)理解内容管理系统的工作流程。

(2)知识技能组织训练。训练学生能够运用所学的知识和技能，辩证地选择合适的技术去实现客户的需求。

(3)能够根据文章管理系统的每一部分的功能，掌握本章所用到的面向对象知识点。

4. 实训步骤

按照教材工作任务顺序分别实训每一功能模块。

5. 提交材料

教材工作任务顺序实训每一功能页面代码，包括有类的定义和对象实例化代码。

第 12 章　面向对象＋Smarty 开发新闻发布系统

在前面的章节学习过程中，随着 Web 开发项目越来越大，项目代码的复杂度越来越高，传统的开发方法提升了项目的复杂度。Smarty 是一个 PHP 模板引擎，它提供了逻辑与外在内容的分离，目的就是要将 PHP 程序员同网页美工分离，程序员改变程序的逻辑内容不会影响网页美工的页面设计，网页美工重新修改页面不会影响程序的逻辑内容，引入 Smarty 模板技术提高了项目开发效率。

工作过程

前面的章节主要采用 PHP 的面向过程编程与面向对象编程，PHP 同时支持面向过程和面向对象编程，面向对象编程使其编程的代码更简洁、更易于维护，并且具有更强的可重用性。Smarty 模板技术能够实现 HTML 代码与业务逻辑分离，是目前 PHP 编程用到的主流开发技术。

知识领域

Smarty 是一个使用 PHP 写出来的 PHP 模板引擎，是目前业界最著名、功能最强大的一种 PHP 模板引擎。它分离了逻辑代码和外在的内容，提供了一种易于管理和使用的方法，用来将原本与 HTML 代码混杂在一起的 PHP 代码逻辑分离。

新闻发布在前面的章节也已经介绍过，本章采用 Smarty 模板＋FCKeditor 在线编辑器来实现一个新闻发布系统，通过这个实例可以学习在 PHP 大项目中使用面向对象与 Smarty 模板技术，体现页面设计和代码分离的便捷性。

学习情境

充分理解 Smarty 模板及其优缺点。

掌握使用 PHP 面向对象编程方法解决实际问题。

掌握 Smarty 模板技术常见使用方法。

掌握 Smarty 模板在 PHP 项目开发中的应用。

▶ 12.1　Smarty 模板技术

任务 1　Smarty 模板简介

1. 模板技术

什么是网站模板？准确地说是指网站页面模板。即每个页面仅是一个版式，包括结构、样式和页面布局，是创建网页内容的样板，也可以理解为做好的网页框架。可以将模板中原有的内容替换成从服务器端数据库中获取的动态内容，目的是可以保持页面风格一致。例如，有一个"简历模板"，每个人都可以按这个模板的格式将内容替换为自己的信息。

PHP 是一种 HTML 内嵌式的在服务器端执行的脚本语言，因此大部分 PHP 开发出来的 Web 应用，初始的开发模板就是混合层的数据编程。项目编写者必须既是"网页设计

者"，又是"PHP 开发者"。但实际情况是，多数 Web 开发人员要么精通网页设计，能够设计出漂亮的网页外观，但是编写的 PHP 代码很糟糕；要么仅熟悉 PHP 编程，能够写出健壮的 PHP 代码，但是设计的网页外观很难看。具备两种才能的开发人员很少见。

现在已经有很多解决方案，几乎可以将网站的页面设计和 PHP 应用程序完全分离。这些解决方案称为"模板引擎"，它们正在逐步消除由于缺乏层次分离而带来的难题。模板引擎的目的，就是要达到上述提到的逻辑分离的功能。它能让程序开发者专注于资料的控制或是功能的达成；而网页设计师则可专注于网页排版，让网页看起来更具有专业感。因此，模板引擎很适合公司的 Web 开发团队使用，使每个人都能发挥其专长。此外，因为大多数模板引擎使用的表现逻辑一般比应用程序所使用的编程语言的语法更简单，所以，美工设计人员不需要为完成其工作而在程序语言上花费太多精力。

另外，像微博、论坛、商城、SNS 及 CMS 等都有让用户自定义或选择模板切换的功能，而传统的混合开发模式则很难办到。如果实现此功能就相当于项目被重新开发一样，需要针对每种输出目标复制并修改代码，这会带来非常严重的代码冗余，极大地降低了可管理性。而采用模板技术就可将问题简化，因为项目的核心业务代码是不需要任何改变的，只需要美工人员为此开发多套模板轮流使用即可。还可以使用同样的业务代码基于不同目标生成数据，如生成打印的数据、生成 Web 页面或生成电子数据表、使用手机及其他设备呈现数据等。同样，如果有一天程序员想要改变程序逻辑，这个改变不影响模板设计者，内容仍将准确地输出到模板。因此，程序员可以改变逻辑而不需要重新构建模板，模板设计者可以改变模板而不影响逻辑。

模板引擎技术的核心比较简单。只要将美工页面(不包含任何的 PHP 代码)指定为模板文件，并将这个模板文件中动态的内容，如数据库输出、用户交互等部分，定义成使用特殊"定界符"包含的"变量"，然后放在模板文件中相应的位置。当用户浏览时，由 PHP 脚本程序打开该模板文件，并将模板文件中定义的变量进行替换。这样，模板中的特殊变量被替换为不同的动态内容时，就会输出需要的页面。

目前，可以在 PHP 中应用的并且比较成熟的模板有几十种，如 Smarty、Dwoo、Savant 等。使用这些通过 PHP 编写的模板引擎，可以让代码脉络更加清晰，结构更加合理。也可以让网站的维护和更新变得更容易，创造一个更加良好的开发环境，让开发和设计工作更容易结合在一起。但是，对于一个 PHP 程序员来说，没有哪一个 PHP 模板引擎对他是最合适、最完美的。因为 PHP 模板引擎就是大众化的东西，并不是针对某个人开发的。如果能在对模板引擎的特点、应用有清楚的认识的基础上，充分认识到模板引擎的优势和劣势，就可以知道是否选择使用模板引擎或选择使用哪个模板引擎。

2. Smarty 模板

Smarty 是一个使用 PHP 写出来的 PHP 模板引擎，是目前业界最著名、功能最强大的一种 PHP 模板引擎。

它分离了逻辑代码和外在的内容，提供了一种易于管理和使用的方法，用来将原本与 HTML 代码混杂在一起的 PHP 代码逻辑分离。简单地讲，目的就是要使 PHP 程序员同美工分离，使程序员改变程序的逻辑内容不会影响到美工的页面设计，美工重新修改页面不会影响到程序员程序逻辑，这在多人合作的项目中显得尤为重要。

它将一个应用程序分成两部分：视图和逻辑控制，也就是将 UI(用户界面)和 PHP Code(PHP 代码)分离。这样，程序员在修改程序时不会影响页面设计，而美工在重新设计或修改页面时也不会影响程序逻辑。Smarty 模板引擎的运行流程如图 12-1 所示。

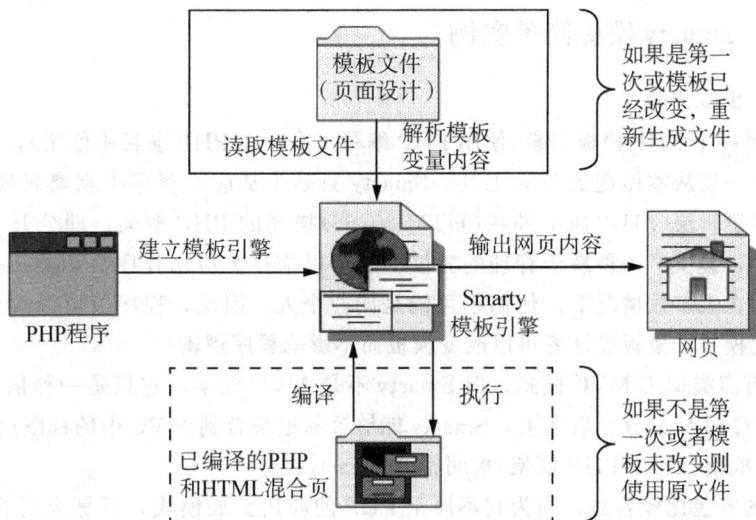

图 12-1　Smarty 模板引擎的运行流程

3. Smarty 模板优点

(1)速度快。相对于其他的模板引擎技术而言，采用 Smarty 编写的程序可以获得最大速度的提高，最主要的是可以提高开发速度。程序员、美工能够快速开发部署，易于维护。

(2)编译型。采用 Smarty 编写的程序在运行时要编译(组合)成一个非模板技术的 PHP 文件，这个文件采用了 PHP 与 HTML 混合的方式，在下一次访问模板时将 Web 请求直接转换到这个文件中，而不再进行模板重新编译(在源程序没有改动的情况下)，使后续的调用速度更快。

(3)缓存技术。Smarty 提供了一种可选择使用的缓存技术，它可以将用户最终看到的 HTML 文件缓存成一个静态的 HTML 页。当用户开启 Smarty 缓存时，并在设定的时间内，将用户的 Web 请求直接转换到这个静态的 HTML 文件中来，这相当于调用一个静态的 HTML 文件。

(4)插件技术。Smarty 模板引擎是采用 PHP 的面向对象技术实现的，不仅可以在源代码中修改，还可以自定义一些功能插件(就是一些按规则自定义的功能函数)。

(5)强大的表现逻辑。PHP 负责后台，Smarty 模板负责前端。Smarty 模板能够通过条件判断及迭代地处理数据，它实际上也是一种自定义的程序设计语言，客户在开发中富有弹性。它抛弃应用程序中 PHP 与其他语言杂糅的描述方式，使之统一样式，从 PHP 独立出来，比较安全。另外，它语法简单、容易理解，不必具备 PHP 知识。

(6)模板继承。模板的继承是 Smarty 3 的新事物，它也是诸多伟大新特性之一。在模板继承里，将保持模板作为独立页面而不用加载其他页面，可以操纵内容块继承它们。这使得模板更直观、更有效和易管理。

4. Smarty 模板缺点

以下为不适合使用 Smarty 的地方。

(1)需要实时更新的内容。例如，像股票显示，它需要经常对数据进行更新，导致经常重新编译模板，所以这一类型的程序使用 Smarty 会使模板处理速度变慢。

(2)小项目。小项目是项目简单而美工与程序员兼于一人的项目，使用 Smarty 会在一定程度上丧失 PHP 开发迅速的优点。

任务 2　Smarty 模板简单实例

1. Smarty 模板安装

Smarty 是一个 PHP 模板引擎(使用 PHP 编写出来,在 PHP 项目中使用),并不是一个在网站开发中一切从零做起的独立工具。Smarty 只是个从应用程序中剥离表现层的工具,是一种从程序逻辑层(PHP)抽出外在(HTML/CSS)描述的 PHP 框架,即分开了逻辑程序和外在的内容,提供了一种易于管理的方法。它可以描述为应用程序员和美工扮演了不同的角色,因为在大多数情况下,他们不可能是同一个人。因此,程序员可以改变逻辑而不需要重新构建模板,模板设计者可以改变模板而不影响程序逻辑。

Smarty 有点类似于 MVC 模式,但 Smarty 不是 MVC 框架,它只是一种描述层,更多地类似于 MVC 的 V 部分。事实上,Smarty 能够容易地整合到 MVC 中的视图层(V),很多流行的 MVC 框架(如 BroPHP 框架)指明整合 Smarty。

Smarty 的安装比较容易,因为它不属于 PHP 的应用扩展模块,只是采用 PHP 的面向对象思想编写的软件,只要在我们的 PHP 脚本中加载 Smarty 类,并创建一个 Smarty 对象,就可以使用 Smarty 模板引擎了。本章全部以当前 Smarty 最新版本(3.0 以上)进行讲解,新版本的 Smarty3 和旧版本的 Smarty2 相比,改动还是比较大的,最主要的还是 Smarty 内部功能的实现改动,而功能应用上改动不算太大,基本上可以向下兼容。

安装 Smarty 很简单,Smarty 库文件全部放在解压缩包的/libs/目录里面,请不要对这些 PHP 文件进行修改。这些文件被所有应用程序共享,也只能在升级到新版 Smarty 的时候得到更新,通过前面的介绍可知,就是在自己的 PHP 项目中包含 Smarty 类库。安装步骤如下所示。

(1)到 Smarty 官方网站 http://www.smarty.net/download.php 下载最新的稳定版本,所有版本的 Smarty 类库都可以在 UNIX 和 Windows 服务器上使用。例如,下载的软件包为 Smarty-3.1.8.tar.gz。

(2)解压压缩包,解开后会看到很多文件,其中有一个名称为 libs 的文件夹,就是存有 Smarty 类库的文件夹。安装 Smarty 只需要这一个文件夹,其他的文件都没有必要使用。

(3)在 libs 中会有 Smarty.class.php 和 SmartyBC.class.php 两个 PHP 文件、一个 debug.tpl、一个自定义插件 plugins 文件夹(外部使用可以扩充)和一个系统插件 sysplugins 文件夹(内部插件)。直接将 libs 文件夹复制到程序主文件夹下(也可以将 libs 目录名重新命名)。

(4)在执行的 PHP 脚本中,通过 require()语句将 libs 目录中的 Smarty.class.php 类文件加载进来,Smarty 类库就可以使用了(注意 Smarty.class.php 中的'S'大写),其他的类文件都会在 Smarty 类中自动加载完成。

Smarty3.0 以上的新版本是采用完全面向对象的新技术,所以必须在 PHP5 以上的环境下运行。以下实例是在 PHP 脚本里创建一个 Smarty 的应用实例(PHP 脚本和 libs 在相同目录下)。

Smarty 可配置四个目录,默认名称分别是 templates/、templates_c/、configs/和 cache/。这些都分别对应 Smarty 类的属性定义 $template_dir、$compile_dir、$config_dir,和 $cache_dir。

2. Smarty 模板简单实例

通过前面的介绍可知,如果了解了 Smarty 并学会了安装,就可以通过一个简单的示例测试一下，使用 Smarty 模板编写的大型项目也会有同样的目录结构。按照上一节的介绍我们需要创建一个项目的主目录 smarty1，并将存放 Smarty 类库的文件夹 libs 复制到这个目录中，还需要在该目录中分别创建 Smarty 引擎所需的各个目录，进行 Smarty 对象的创建及设置常用成员属性的默认行为。

首先在项目主目录下的 templates 目录中创建一个模板文件，这个模板文件的扩展名叫什么都无所谓。注意，在模板中声明了名为 $arr 的 Smarty 变量，放在大括号{}中，大括号是 Smarty 的默认定界符，就像在 PHP 的字符串中直接解析变量时，需要使用{}将变量包含起来一样。在 templates 目录中创建一个名为 book. tpl 的模板文件。代码如下：

行号	代码
1	`<head>`
2	`<title></title>`
3	`</head>`
4	`<body>`
5	购书信息：` `
6	图书类别：`<{$arr[0]}> `
7	图书名称：`<{$arr. name}> `
8	图书单价：`<{$arr. unit_price. price}>/<{$arr. unit_price. unit}>`
9	`</body>`
10	`</html>`

本实例中，模板文件只是一个表现层界面，还需要 PHP 应用程序逻辑，将适当的变量值传入 Smarty 模板。直接在项目的主目录中创建一个名为 com. php 的 PHP 脚本文件，作为 templates 目录中 book. tpl 模板的应用程序逻辑。代码如下：

行号	代码
1	`<? php`
2	`require(". /libs/Smarty. class. php");`
3	`$smarty = new Smarty();`
4	`$smarty->template_dir = ". /templates";`//设置模板目录
5	`$smarty->compile_dir = ". /templates_c";`//设置编译目录
6	`$smarty->cache_dir = ". /smarty_cache";`//缓存文件夹
7	`$smarty->caching = false;`//是否使用缓存,项目调试期间不建议启用
8	//左右边界符,默认为{}
9	`$smarty->left_delimiter = "<{";`
10	`$smarty->right_delimiter = "}>";`
11	`$arr = array('computerbook','name'=>'Web 编程技术—PHP + MySQL 动态网页`
	设计(第三版)','unit_price'=>array('price'=>'￥45.00','unit'=>'本'));`
12	`$smarty->assign('arr', $arr);`
13	`$smarty->display('book. tpl');`
14	`?>`

这个示例展示了 Smarty 能够完全分离 Web 应用程序逻辑层（com. php）和表现层（book. tpl）。用户通过浏览器直接访问项目目录中的 com. php 文件，就会将模板文件 book. tpl 中的变量替换后显示出来，如图 12-2 所示。

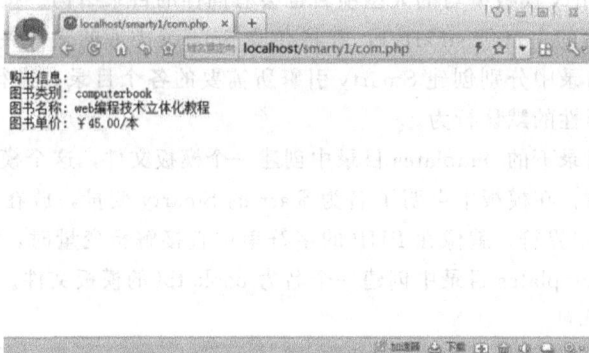

图 12-2　使用 Smarty 的简单示例输出结果

任务 3　Smarty 常用操作

在使用 Smarty 技术开发项目时，PHP 程序员除了需要完成整个项目的业务逻辑之外，还需要将用户请求的动态内容，通过 Smarty 引擎交给模板去显示。Smarty 的安装前面已经重点介绍过了。本任务重点介绍 PHP 的变量分配和加载模板进行显示，这是需要通过访问 Smarty 对象中的方法完成的，前面也仅使用过一次，这里有必要正式地介绍一下 assign() 和 display()这两个方法。

1.　assign( )方法

在 PHP 脚本中调用该方法可以为 Smarty 模板文件中的变量赋值，可以传递一对名称/数值对，也可以传递包含名称/数值对的关联数组。它的使用方法比较简单，原型如下所示：

```
void assign (string varname, mixed var)    //传递一对名称/数值对到模板中
void assign(mixed var)                //传递包含名称/数值的关联数组到模板中使用
```

通过调用 Smarty 对象中的 assign()方法，可以将任何 PHP 所支持的类型数据赋值给模板中的变量，包含数组和对象类型。下例给出分配变量到模板中，如下所示：

```
$ smarty->assign("name","Fred");      //将字符串"Fred"赋给模板中的变量{$name}
$ smarty->assign("address", $ address);    //将变量$ address 的值赋给模板中的变量
```

2.　display( )方法

基于 Smarty 的脚本中必须用到这个方法，而且在一个脚本中只能使用一次，因为它负责获取和显示由 Smarty 引擎引用的模板。该方法的原型如下所示：

```
Void display (string template [, string cache_id [, string compile_id]])
```

第一个参数 template 是必选的，需要指定一个合法的模板资源的类型和路径。还可以通过第二个可选参数 cache_id 指定一个缓存标识符的名称，第三个可选参数 compile_id 在维护一个页面的多个缓存时使用，这两个可选参数将在本章的后面章节中讨论。在下面的示例中使用多种方式指定一个合法的模板资源，如下所示：

```
//获取和显示由 Smarty 对象中的$ template_dir 属性所指定目录下的模板文件 index. htm
$ smarty->display("index. htm");
//获取和显示由 Smarty 对象中的$ template_dir 变量所指定的目录下子目录 admin 中的模
板文件 index. htm。
$ smarty->display("admin/index. htm");
//绝对路径，用来使用不在$ template_dir 模板目录下的文件。
```

```
$ smarty->display("/usr/local/include/templates/header.htm");
```

任务 4　Smarty 数组与遍历

模板变量用美元符号 $ 开始，可以包含数字、字母和下画线，这与 PHP 变量很像。你可以引用数组的数字或非数字索引，当然也可以引用对象属性和方法。

在模板中访问关联数组有两种格式，既可以使用 PHP 原生语法风格引用索引数组（Smarty3 中引入），又可以通过句号"."后接数组键的方式引用从 PHP 分配的关联数组变量。

1. foreach 遍历数组

在 Smarty3 中提供的 foreach 函数与 PHP 中的 foreach 语法格式相同，所以 foreach 语法不能接受任何属性名。使用 foreach 函数遍历数组数据，与 section 循环相比更简单、语法更干净，也可以用来遍历关联数组。Smarty 中 foreach 函数的语法格式如下：

```
//只遍历数组变量 $ arrayvar 中的值
{foreach $ arrayvar as $ itemvar}…{/foreach}
//遍历出数组变量 $ arrayvar 中的值和下标
{foreach $ arrayvar as $ keyvar=> $ itemvar} … {/foreach}
```

可以使用 foreach 循环进行嵌套遍历多维数组，$ arrayvar 通常是一个数组的值，用来指导循环的次数，你可以为循环传递一个整数。如果使用 foreachelse 从句，在数组变量无值时执行。下面通过一个例子演示关联数组与 foreach 循环的使用，参考代码如下：

行号	代码
1	<? php
2	require("./libs/Smarty.class.php");
3	$ smarty = new Smarty();
4	$ smarty->template_dir = "./templates";//设置模板目录
5	$ smarty->compile_dir = "./templates_c";//设置编译目录
6	$ smarty->cache_dir = "./smarty_cache";//缓存文件夹
7	$ smarty->caching = false;//是否使用缓存,项目调试期间不建议启用
8	//左右边界符,默认为{}
9	$ smarty->left_delimiter = "<{";
10	$ smarty->right_delimiter = "}>";
11	$ arr1 = array('city1'=>'北京','济南','青岛');
12	$ smarty->assign('array', $ arr1);
13	$ smarty->display('arr.tpl');
14	?>

在 templates 目录中创建一个名为"arr.tpl"的模板文件，代码如下：

行号	代码
1	<html>
2	<head>
3	<title></title>
4	</head>
5	<body>
6	<{foreach from= $ array item= item key= key}>
7	<{ $ key}> = <{ $ item}>
8	<{/foreach}>

```
9        </body>
10       </html>
```

用户通过浏览器直接访问项目目录中的 arr.php 文件，就会将模板文件 arr.tpl 中的数组遍历显示出来，如图 12-3 所示。

cityl=北京 0=济南 1=青岛

图 12-3　foreach 遍历数组实例

2. section 遍历数组

Smarty 的内置函数 section，是在模板中除 foreach 以外另一种遍历数组的方案。虽然 foreach 语句已经非常灵活，但绝对有必要多花费一点时间去学习 section 函数的操作。section 函数提供了很多附加选项，可以更多地控制循环的执行。在模板中必须使用成对的 section 标记遍历数组中的数据，而且必须设置 name 和 loop 两个属性。它共有 6 个可以使用的属性，如表 12-1 所示。

表 12-1　section 常用属性

属性	描述
name：（必选）	是 section 循环的名称只是标示循环唯一的名字
loop：（必选）	是用来标示是循环哪一个数组，需要使用 $
start：（可选）	循环执行的初始位置
step：（可选）	是一个步长，如果为负数，则倒序循环
max：（可选）	循环的最大下标
show：（可选）	默认为 true 即显示

section 也可以嵌套遍历多维数组，不过要注意的是，丢给 section 的数组必须是下标从 0 开始的顺序索引数组，因为 Smarty 引擎在编译时将 section 函数替换成了 PHP 的 for 循环。如果你的数组索引不是从 0 开始的连续正整数，可以改用 foreach 来进行遍历。此外，section 标记也可以使用可选的 sectionelse 子标记。当 loop 属性指定的数组为空时，则输出 sectionelse 区域中的内容。

下面通过一个例子演示关联数组与 section 循环的使用，代码如下：

```
行号      代码
1        <? php
2        require("./libs/Smarty.class.php");
3        $ smarty = new Smarty();
```

338

4	$ smarty - >template_dir = "./templates";//设置模板目录
5	$ smarty - >compile_dir = "./templates_c";//设置编译目录
6	$ smarty - >cache_dir = "./smarty_cache";//缓存文件夹
7	$ smarty - >caching = false;//是否使用缓存,项目调试期间不建议启用
8	//左右边界符,默认为{}
9	$ smarty - >left_delimiter = "<{";
10	$ smarty - >right_delimiter = "}>";
11	$ arr = array(
12	array('id' = >1,'title' = >'标题 1'),
13	array('id' = >2,'title' = >'标题 2'),
14	array('id' = >3,'title' = >'标题 3')
15	);
16	$ smarty - >assign('news', $ arr);
17	$ smarty - >display('arr.tpl');
18	? >

在 templates 目录中创建一个名为"arr.tpl"的模板文件,代码如下:

行号	代码
1	<html>
2	<head>
3	<title></title>
4	</head>
5	<body>
6	<{section name = sn loop = $ news}>
7	<{if $ smarty.section.sn.first}>
8	<table border = 1>
9	<th>id</th>
10	<th>title</th>
11	<{/if}>
12	<tr>
13	<td><{ $ news[sn].id}></td>
14	<td><{ $ news[sn].title}></td>
15	</tr>
16	<{if $ smarty.section.sn.last}>
17	</table>
18	<{/if}>
19	<{sectionelse}>
20	there is no news.
21	<{/section}>
22	</body>
23	</html>

用户通过浏览器直接访问项目目录中的 section.php 文件,就会将模板文件 arr.tpl 中的数组遍历显示出来,如图 12-4 所示。

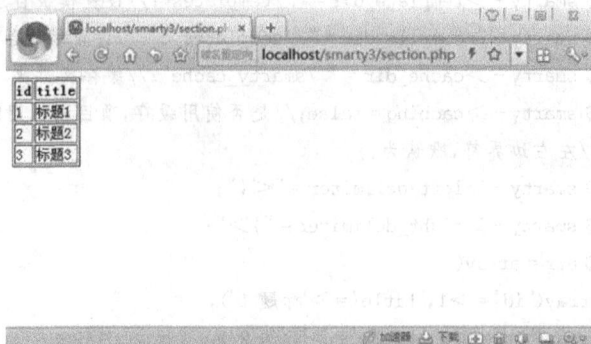

图 12-4　section 遍历数组

12.2　面向对象＋Smarty 实现新闻发布系统

任务 5　Smarty 模板与 FCKeditor 编辑器

Smarty 是一个使用 PHP 写出来的 PHP 模板引擎，它实现了逻辑与内容的分离。简单地讲，目的就是要使用 PHP 程序员同美工分离，使程序员改变程序的逻辑内容不会影响美工的页面设计，美工重新修改页面不会影响程序的逻辑，这在多人合作的项目中显得尤为重要。

FCKeditor 在线编辑器是一个专门使用在网页上属于开放源代码的所见即所得文字编辑器。它采用轻量化设计，不需要太复杂的安装步骤即可使用。而且可以和 PHP、JavaScript、ASP、ASP. NET、JSP 等不同的编程语言相结合。

1. Smarty 模板类的使用方法

下载 Smarty 安装包，解压后有三个目录，其中 libs 模板文件目录下有一个 Smarty. class. php 文件，该文件是整个 Smarty 模板的核心类，模板文件的扩展名通常为 .html 或 .tpl。通常，需要在 Web 应用程序目录下建立如下所示的目录结构。

appdir/smarty/libs，此目录对应压缩包下的 libs 目录，存放 Smarty 需要的类文件。

appdir/smarty/templates_c，存放一些编译文件。

appdir/smarty/templates，此目录存放模板文件，程序用到的模板文件都放在该目录下。

appdir/smarty/configs，存放相关配置文件。

在 Smarty 提供的方法中，最常用的是 assign()方法和 display()方法。assign()方法用于为模板变量赋值，其语法格式为：

    void assign(string mbvname,mixed var)

其中，参数 mbvname 表示被赋值的模板变量的名称，参数 var 是所赋给变量的值。display()方法用于显示指定模板，其语法格式为：

    void display(string template[,string cache_id[,string compile_id]])

其中，template 表示模板资源的类型和路径，参数 cache_id 用于指定缓存号，compile_id 用于指定编译号。

下面通过一个实例介绍 Smarty 模板在 PHP 程序中的使用。首先定义一个简单模板文件，命名为 smarty. tpl，并保存在当前目录的 templates 子目录下。该模板文件代码如下：

行号	代码
1	{＊这里是 Smarty 模板的注释 ＊}
2	＜html＞
3	＜head＞
4	＜title＞{＄page_title}＜/title＞
5	＜/head＞
6	＜body＞
7	大家好，我是{＄name}模板引擎，欢迎大家在 PHP 程序中使用{＄name}。
8	＜/body＞
9	＜/html＞
10	{＊模板文件结束 ＊}

在上面的代码中，第 1 行中的{＊与＊}之间的部分是模板页的注释，它在 Smarty 对模板进行解析时不进行任何处理，仅起说明作用。{＄name}是模板变量，它是 Smarty 中的核心组成，由左边界符{与右边界符}包含着，以 PHP 变量形式给出。

接下来完成显示模板的 PHP 程序，命名为 Smarty. php，代码如下：

行号	代码
1	＜? php
2	require('. /smarty/libs/Smarty. class. php');
	//包含 smarty 类文件
3	＄smarty = new Smarty();　　//建立 smarty 实例对象 ＄smarty
4	＄smarty-＞template_dir = ". /smarty/templates";//设置模板目录
5	＄smarty-＞compile_dir = ". /smarty/templates_c";//设置编译目录
6	＄smarty-＞left_delimiter = "{";
	//设定左右边界符为{}，Smarty 推荐使用的是＜{}＞
7	＄smarty-＞right_delimiter = "}";
8	＄smarty-＞assign("name", "Smarty");　//进行模板变量替换
9	＄smarty-＞assign("page_title", "Smarty 的使用");
	//进行模板变量替换
10	＄smarty-＞display("smarty. html");
11	//编译并显示位于 . /templates 下的 smarty. html 模板
	? ＞

运行这个 PHP 文件，查看源文件，我们会看到如图 12-5 所示的内容。

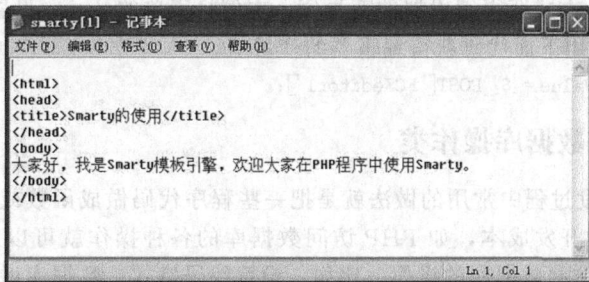

图 12-5　Smarty 模板的简单应用

从图 12-5 所示代码中可以看到，smarty. tpl 中的模板变量都被 Smarty 模板引擎换成了PHP 普通的输出数据的用法，即使用 echo 结构输出 Smarty 模板引擎获取的实际变量。从这个文件的内容，读者应该看到 Smarty 模板引擎处理模板的机制。

2. FCKeditor 在线编辑器使用方法

登录 FCKeditor 官方网站，下载 FCKeditor 安装包，解压文档到网站目录下，fckeditor 目录包含 FCKeditor 程序文件。check. php 用于处理表单数据。add _ article. php 和 add _ article _ js. html 分别是 PHP 调用 FCKeditor 和 JavaScript 调用 FCKeditor 的实例脚本文件。

调用 FCKeditor 必须先载入 FCKeditor 类文件。具体代码如下：

```
行号        代码
1          <? php
2          $ oFCKeditor = new FCKeditor('FCKeditor1') ;//创建 FCKeditor 实例
3          $ oFCKeditor ->BasePath = './fckeditor/';//设置 FCKeditor 目录地址
4          $ FCKeditor ->Width = '100 %';//设置显示宽度
5          $ FCKeditor ->Height = '300px';//设置显示高度的高度
6          $ oFCKeditor ->Create() ;//创建编辑器
7          ? >
```

通过浏览器打开 http://127.0.0.1/add_article. php 查看 FCKeditor 安装效果，如图 12-6 所示。

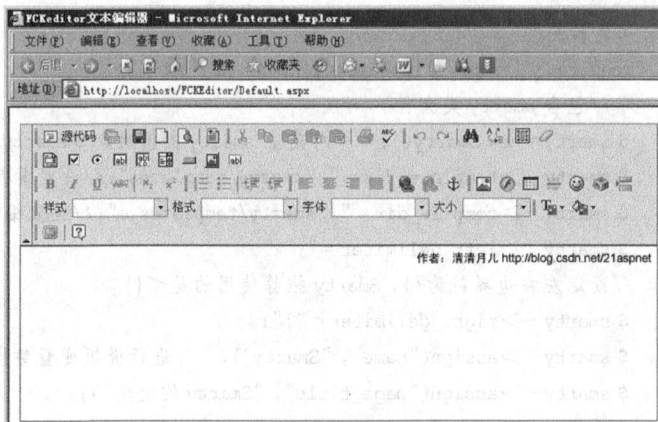

图 12-6　FCKeditor 界面

注意：如果您想将 FCKeditor 创建为 HTML 结果代码，以便于在模板引擎里面调用（如 Smarty)可使用如下代码：

```
$ output = $ oFCKeditor ->CreateHtml() ;
```

可以通过 POST 方式获得编辑器的变量值。本例将表单的 action 设置为 check. php，您可在 check. php 里使用下面代码获得编辑器的变量值。

```
$ fckeditorValue = $ _POST['FCKeditor1'];
```

任务 6　封装数据库操作类

在 Web 编程开发过程中常用的做法就是把一些程序代码做成函数或者封装成类，这样可以重复使用，节省开发成本，如 PHP 访问数据库的各种操作就可以封装成数据库操作类，封装 PHP 各种访问数据库的操作。比如：设置编码格式、数据库增删改查等操作，很方便使用，使用数据库操作类可以加速 Web 开发速度。

创建一个 mysql. php 文件采用面向对象方法封装常用的 PHP 访问数据库的操作，代码示例如下：

```
行号        代码
1           <? php
2           class mysql
3           {
4               var $ db_host = 'localhost';
5               var $ db_username = 'root';
6               var $ db_password = '';
7               var $ db_database = 'news';
8               function connect() {
9                   $ db = new mysqli( $ this - > db_host, $ this - > db_username, $ this -
    > db_password, $ this - > db_database);
10              if(mysqli_connect_errno()) {
11                  echo "连接数据库失败!";
12                  exit;
13              }
14              return $ db;
15          }
16              function query_exec( $ query) {
17                  $ db = $ this - > connect();
18                  $ result = $ db - > query( $ query);
19                  return $ result;
20              }
21          }
22          ? >
```

任务 7　使用 Smarty＋FCKediter 实现新闻发布系统

使用 Smarty 模板＋FCKeditor 实现新闻发布，在此主要介绍新闻的添加和修改功能的代码实现，其他功能与此相类似。在本实例中用到了两个 Smarty 模板，一个是 index. html，为首页模板；另一个是 addnews. html，为添加或修改新闻页面模板。其中 index. html 模板文件的主要代码如下：

```
行号        代码
1           ...
2           {section name = news loop = $ news}
3           <tr>
4           <td bgcolor = " # FFFFFF"><div align = "center">{ $ news[news]. id}</div
    ></td>
5           <td bgcolor = " # FFFFFF"><div align = "center"><a href = ". /index. php?
    action = editnewsview&id = { $ news[news]. id}">{ $ news[news]. title}</a></div></td>
6           <td bgcolor = " # FFFFFF"><div align = "center">{ $ news[news]. date}</
    div></td>
7           </tr>
8           {/section}
9           ...
```

上述代码的第 2～第 8 行是使用 section 语句循环输出模板变量，该语句可用于比较复杂的数组。其语法格式为：

{section name = "sec_name" loop $ arr_name start = st_num step = sp_nem …}

…

{/section}

参数 name 表示循环的名称，loop 为循环的数组，start 表示循环的初始位置，比如 start＝2 表示从数组的第 2 个元素开始，step 表示步长，name 和 loop 是必选参数。

addnews. html 模板文件的主要代码如下：

行号	代码
1	…
2	`<form name = "form1" method = "post" action = "index. php">`
3	`<p>`标题
4	`<input name = "title"  type = "text" id = "title" value = "{$ title}">`
5	`</p>`
6	`<p>`内容：`</p>`
7	`<p>{$ editor}</p>`
8	`<p align = "center">`
9	`<input type = "submit" name = "Submit" value = "提交">`
10	`<input type = "hidden" name = 'action' value = {$ actionvalue}>`
11	`<input name = "id" type = "hidden" value = "{$ id}">`
12	`</p>`
13	`</form>`
14	…

上述代码的第 7 行是输出模板变量。

下面创建一个 index. php 文件，该文件用于完成数据库的连接、修改新闻和添加新闻以及 Smarty 类实例化的操作，代码如下：

行号	代码
1	`<meta http-equiv = "Content-Type" content = "text/html; charset = utf-8">`
2	`<? php`
3	`require('./smarty/libs/Smarty. class. php');`
4	`require('./mysql. php');`
5	`require('./FCKeditor/fckeditor. php');`
6	`$ action = $ _REQUEST['action'];`
7	//定义一个函数用于调用 FCK
	`function editor($ input_name, $ input_value)`
8	`{`
9	`global $ smarty;`
10	`$ editor = new FCKeditor($ input_name);`
11	`$ editor ->BasePath = "./FCKeditor/";` //指定编辑器路径
12	`$ editor ->ToolbarSet = "Default";`
	//编辑器工具栏有 Basic(基本工具),Default(所有工具)选择
13	`$ editor ->Width = "100 %";`
14	`$ editor ->Height = "320";`
15	`$ editor ->Value = $ input_value;`
16	`$ editor ->Config['AutoDetectLanguage'] = true;`
17	`$ editor ->Config['DefaultLanguage'] = 'en';` //语言
18	`$ FCKeditor = $ editor ->CreateHtml();`

```
19              $ smarty - >assign("editor", $ FCKeditor);      //指定区域
20          }
21       switch ( $ action){
22         case 'addnewsview':
23              $ smarty = new Smarty();
24              $ smarty - >template_dir ='./smarty/templates';
25              $ smarty - >compile_dir ='./smarty/templates_c';
26              $ smarty - >assign('page_title','新建新闻');
27              $ smarty - >assign('actionvalue','addnews');
28              editor('content','');//调用编辑器,并定义文本域名为 content(与下面
addnews 中的 $ _REQUEST['content']对应
29              $ smarty - >display('addnews. html');
30              break;
31         case 'addnews':
32              $ title = $ _REQUEST['title'];
33              $ content = $ _REQUEST['content'];
34              $ db = new mysql();
35              $ button = $ _REQUEST['Submit'];
36              if(empty( $ title) || empty( $ content)){
37              echo "请填写完成! <META HTTP - EQUIV = \"Refresh\" CONTENT = \"1; URL
=./index. php? action = addnewsview\">";
38              }else{
39              $ sql = "insert into news values(id,'admin','$ title','$ content',NOW())";
40              $ db - >query_exec( $ sql);
41              echo "操作成功! <META HTTP - EQUIV = \"Refresh\" CONTENT = \"1; URL =
./index. php\">";
42              }
43              break;
44         case 'editnewsview':
45              $ smarty = new Smarty();
46              $ smarty - >template_dir ='./smarty/templates';
47              $ smarty - >compile_dir ='./smarty/templates_c';
48              $ smarty - >assign('page_title','修改新闻');
49              $ smarty - >assign('actionvalue','addnews');
50              $ id = $ _REQUEST['id'];
51              $ query = "select * from news where id = $ id";
                $ db = new mysql();
52              $ result = $ db - >query_exec( $ query);
53              $ rs = $ result - > fetch_assoc();
54              $ smarty - >assign('title', $ rs['title']);
55              // $ smarty - >assign('content', $ rs['content']);
56              $ smarty - >assign('actionvalue','editnews');
57              $ smarty - >assign('id', $ rs['id']);
58              editor('content', $ rs['content']);
59              $ smarty - >display('addnews. html');
```

```
60              break;
61          case 'editnews':
62              $ title = $ _REQUEST['title'];
63              $ content = $ _REQUEST['content'];
64              $ id = $ _REQUEST['id'];
65              $ button = $ _REQUEST['Submit'];
66                $ db = new mysql();
67              if ( $ button == '提交'){
68                  $ sql = "update news set title = '$ title',content = '$ content',date =
NOW() where id = $ id";
69                  $ db -> query_exec( $ sql);
70                  echo "操作成功! <META HTTP - EQUIV = \"Refresh\" CONTENT = \"1; URL =
./index. php\">";
71                  }
72              break;
73          default:
74              $ smarty = new Smarty();
75              $ smarty -> template_dir = './smarty/templates';
76              $ smarty -> compile_dir = './smarty/templates_c';
77              $ smarty -> assign('page_title','新闻管理');
78              $ smarty -> assign('actionvalue','delnews');
79              $ query = "select * from news";
80              $ db = new mysql();
81              $ result = $ db -> query_exec( $ query);
82              while ( $ rs = $ result -> fetch_assoc()) {
83              $ array[] = array("id" => $ rs['id'], "title" => $ rs['title'],"
date" => $ rs['date']);
84                  $ smarty -> assign('news', $ array);
85              }
86              $ smarty -> display('index. html');
87          }
88      ?>
```

在浏览器地址栏输入 http://localhost/smartapp，进入如图 12-7 所示页面。

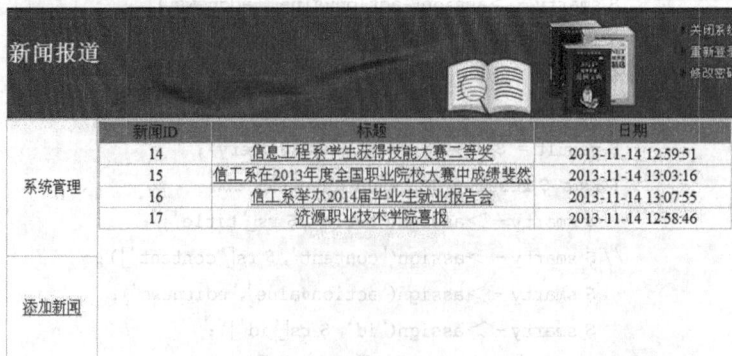

图 12-7   Smarty 模板＋FCKeditor 实现新闻发布主页面

选择任意一条新闻，进入修改新闻页面，如图 12-8 所示。

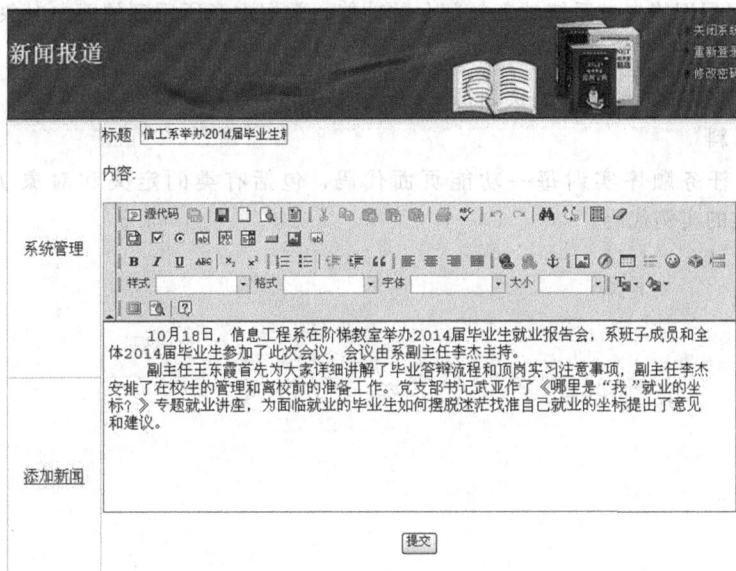

图 12-8　Smarty 模板＋FCKeditor 实现新闻修改

选择添加新闻，进入添加新闻页面，显示效果与修改新闻页面类似。

在大的项目设计中，可以把 Smarty 的有关配置单独组成一个配置文件，该配置文件主要包含有设置模板的边界符、包含 Smarty 类文件、设置目录变量、设置模板目录位置、设置编译目录位置、开启缓存等，一般在调试程序时缓存关闭。

通过 Smarty 模板技术的应用，使 PHP 程序和 HTML 模板分离开来，实现了程序员和页面美工人员的各司其职，这是我们学习动态网站的很重要的方法。但更深的模板技术以及 MVC 设计模式的相关应用，希望有能力的同学进一步研究。

▶实训项目 12

主题：采用 PHP 面向对象编程方法和 Smarty 模板技术开发网络考试系统。

1. 参考知识点

(1)动态网站开发的一般步骤。

(2)如何比较准确地获得网站开发的需求。

(3)需求分析与功能分析的关系。

(4)根据项目实际采用面向对象方法分析和设计。

(5)PHP 面向对象技术和 Smarty 模板技术。

2. 参考技能点

(1)网络考试系统的页面流程。

(2)理解本章所学内容，能够根据需要在开发中有选择地使用，也要学会参考相关资料来进一步学习教材中没有提及的内容。

3. 实训训练目的

(1)理解网络考试系统的工作流程。

(2)知识技能组织训练。训练学生能够运用所学的知识和技能，辩证地选择合适的技术

去实现客户的需求。

（3）能够根据网络考试系统的每一部分的功能，掌握本章所用到的面向对象知识点。

4. 实训步骤

按照教材工作任务顺序分别实训每一功能模块。

5. 提交材料

教材工作任务顺序实训每一功能页面代码，包括有类的定义和对象实例化代码，Smarty 模板类的实例代码。

参考文献

[1] 刘振岩. 基于 Linux 的 Web 程序设计——PHP 网站开发[M]. 北京：人民邮电出版社,2008.

[2] 徐辉. PHP Web 程序设计教程与实验[M]. 北京：清华大学出版社，2008.

[3] 龚泰宁. 用 PHP5 轻松开发 Web 网站[M]. 北京：科学出版社，2006.

[4] 袁鑫. PHP 开发从入门到精通[M]. 北京：中国水利水电出版社，2010.

[5] 潘凯华. PHP 经典编程 265 例[M]. 北京：清华大学出版社，2012.

[6] 高洛峰. 细说 PHP[M]. 第 2 版. 北京：电子工业出版社，2012.

参考文献

[1] 刘德寰, 陈斌. Emoji 的 Web 解析与应用——FUP 的编码及实现[J]. 北京: 人民邮电出版社, 2002.

[2] 胡参. PHP Web 开发学习手册[M]. 北京: 清华大学出版社, 2008.

[3] 吴志祥. 精通 PHP 技术及其 Web 开发[M]. 北京: 科学出版社, 2006.

[4] 李刚. PHP 开发从入门到精通[M]. 北京: 电脑科技出版社, 2012.

[5] 陈鹏飞. PHP 编程技术 300 例[M]. 北京: 清华大学出版社, 2012.

[6] 张孝祥. Java 程序设计[M]. 第 2 版. 北京: 电子工业出版社, 2016.